それでも
イギリス人は
犬が好き

女王陛下からならず者まで

飯田 操 著

ミネルヴァ書房

目次

凡例

一、人名、地名などの固有名詞の表記は原語主義を原則とした。

二、基本的には、イギリスの国家形成の歴史に応じて、「イギリス（の）」（Britain, British）と「イングランド（の）」（England, English）の使い分けをした。

書名や引用文中において、イングランドの覇権を前提として、「イングランド」で「イギリス」を代表させている使用例があるが、この場合も右記の使い分けに準じた。

三、イギリス固有の文化に言及するものとして「ドッグ・ファイティング」（dog-fighting）、「グレイハウンド・レーシング」（greyhound-racing）、「フォックス・ハンティング」（fox-hunting）を用い、日本語としてはより一般的な「闘犬」「ドッグ・レース」「キツネ狩り」とは区別した。

四、「スポーツ」（sport）は広義で用いた。本来「娯楽・気晴らし」の意味をもっていたこの語は、一七世紀に釣りや狩猟など「野生動物を捕獲する楽しみ」の意味を加え、一九世紀には「野外において身体を使う運動」という今日的な意味を帯びるようになる。この語義変化の過程を踏まえてこの語を使用し、並行して「娯楽」「気晴らし」という語を用いた場合もある。

狩猟などに言及する語句としては、主として「野外スポーツ」（outdoor sports, field sports）を用いたが、各時代におけるニュアンスを考慮し「田園スポーツ」（rural sports）や「カントリー・スポーツ」（country sports）を用いた場合もある。

「アニマル・スポーツ」（animal sports）は狭義で用い、「ブラッド・スポーツ」（blood sports）、つまり、残酷で、血なまぐさい、いわゆる動物いじめのスポーツ・娯楽の意味で用いた。「残酷スポーツ」(cruel sports)という語を用いた場合もある。

「見るスポーツ」(spectator sports)は、グレイハウンド・レーシングなどの、自ら身体を動かすのではなく、見て楽しむスポーツ・娯楽に言及するものである。自らの身体を動かしてこのスポーツに参加する側からすれば、これは「見せるスポーツ」でもある。しかし、本書においては、「見せるスポーツ」という語は、とくに、共同体の有力者が自らの力を誇示する場となったフォックス・ハンティングに言及する場合に用いた。

五、通貨および通貨単位の名称については、引用・参考文献に応じて、それぞれの時代の名称を用いた。「ギニー」(guinea)は一・〇五ポンド(pound)に相当する金貨で、弁護士費用や絵画、競走馬などの高額な取引に用いられた通貨単位である。「ソブリン」(sovereign)は旧一ポンド金貨。シリング(shilling)は一九七一年までの通貨単位で二〇分の一ポンド、一二ペンス(pence)であった。

イングランド銀行発表の資料によれば、一ポンドの価値は、二〇〇〇年度を一として、一九五〇年度二〇・四九、一九〇〇年度五五・五二、一八五〇年度四九・一七、一八〇〇年度三〇・一九、一七五〇年度八一・九五、一七〇〇年度七四・八三、一六五〇年度七一・七一、一六〇〇年度一二二・九三の比率で推移している。ちなみに二〇一〇年における円とポンドの為替レートは一ポンド一二〇円台から一四〇円台の間で変動している。

六、度量衡については、文脈に応じてイギリスの伝統的な単位を用いた。換算表は左記のとおりである。

一マイル(mile)=一七六〇ヤード、約一六〇九・三メートル
一ヤード(yard)=三フィート、三六インチ、九一・四四センチメートル
一フート〈フィート〉(foot〈feet〉)=一二インチ、三〇・四八センチメートル
一インチ(inch)=二・五四センチメートル

一ポンド(pound)=約〇・四五四キログラム

序章　イギリス人の動物愛護精神

一　イギリス人の犬との濃密な関係

動物愛護の国民

エリザベス女王の犬好きはつとに有名である。近況を伝えるニュースに愛犬のコーギーやラブラドール・レトリヴァーを伴って登場することも多い。二〇〇七年三月六日の『スカイ・ニューズ』の記事も、その愛犬ぶりをしのばせるものである。ウィリアム王子とハリー王子が、女王の電話機にいたずらして、「何かご用。こちらはリズよ。今は玉座をはずしているから、フィリップに急ぎのご用なら、番号1を押してちょうだい。チャールズにご用なら番号の2を、コーギーにご用なら番号の3をどうぞ」という留守電用メッセージを吹き込んだというのである。そもそも女王がこのような留守電機能を実際に使用するかどうかも疑問であるが、この記事の最後は、八〇歳の女王が、孫の王子たちに、携帯電話からのメールの送り方を習ったという文章で結ばれている。真偽のほどはさておいて、親近感を起こさせる記事である。孫の王子たちとともに、愛犬たちが女王の生活のなかで重要な位置を占めていることが分かる。

図序－1　愛犬と過ごす家族（イーリーにて）

二〇〇三年の暮れには、犬好きの女王にとって悲しい出来事があった。王室の別邸のあるサンドリガムで、女王の愛犬であるコーギー犬のフェアロスが、アン王女の飼っているブル・テリアにひどく咬まれ、容態が悪化してついに安楽死させられたのである。このブル・テリアはその前年にもウィンザーで二人の少年に咬みついて怪我を負わせていた。側近によると、フェアロスは女王の元にもっとも長くいた犬で、女王がとくに可愛がっていたという。公式な発表はないが、女王が深い悲しみに沈んでいるとBBC（イギリス放送協会）をはじめとする多くのメディアが伝えた。

ヴィクトリア女王をはじめとして、伝統的に、イギリス王室の人々は犬好きであるが、王室に限らずイギリス人は犬好きなようだ。犬のいる生活は市井の人々の生活にも広く、深く浸透している（図序－1）。公園の芝生でリードをはずされた犬たちが互いに戯れたり、パブでビールを傾ける人たちのテーブルの下で愛犬が前足に顎を乗せて所在なさげに待っていたりする光景はごく普通である。繁華街で、まるで慰めるかのように物乞いをする主人に付き添って同情を集める犬を見ることは決して珍しくないし、ときには路上で楽器を演奏しながら歌う主人の傍らでタイミングよく声を張り上げて客寄せをする犬も眼にする（図序－2）。あらゆるところでさまざまな犬の姿が見られるのがイギリスである。実際、二〇〇七年の統計によれば、人口一億二〇〇〇万人を超える日本における犬の数がおよそ六六三万匹であるのに比べ、人口およそ六〇〇〇万人のイギリスには七三〇万匹の犬がいるそうだ。このことから見てもイギリスが犬の国であることはうなずけよう。ただ、それは数の問題ではない。イギリスの犬には、概して存在感があり、犬と主人の間には得も言われぬ信頼関係が漂っている。人々の生活のなかに犬が深く入り込み、成熟した関係が出来上がっている証拠かもしれない。

図序－2　街角で歌う犬（ケンブリッジにて）

イギリス人と犬のこのような関係は、辞書の定義にもうかがえる。福原麟太郎の『英学三講』に英語の辞書の読み方を指南する章があり、『辞苑』の「いぬ」の定義に比べると、『ポケット版オックスフォード英語辞典』の「犬」（dog）の定義は、人間の生活のなかで犬がどういう役割をしているかということに重点をおいたものであると説明されている。つまり、「狩猟、牧羊、警護で人間の役に立つこと、仲間であること、猫と仲が悪いことで知られている」という説明には、使用される頻度に順じて定義を並べる辞書の基本的な約束事に従えば、イギリス人にとって「犬」と言えば、まず狩猟のイメージ、続いて牧羊、番犬、友達としてのイメージが浮かぶことが示されており、さらには、猫とは敵対関係にあるが人とは「仲間であること」まで付け加えられ、限られた文章のなかにイギリス人と犬との関係が見事に説明されているというのである。イギリス人にとって犬は、主従の関係にあるのではなく、「仲間」「友達」「朋輩」である。少なくとも、それが理想の姿であることをこの辞書の定義は語っている。

そのようなイギリス人と犬との付き合い方を示す典型的な例が、ジェイムズ・ヘリオットの『犬物語』に見られる。そのうちの一編「葉巻をどうぞ」では、妻に先立たれ、いまは唯一の友となった老犬と暮らす貧しい老人が登場する。老犬が不治の病に冒されていることが判明し、ヘリオットは仕方なく安楽死の処置を勧めるが、老人はなかなか同意できない。しかし、犬のそばに座り込んで、一言もしゃべらず長い間犬を静かになで続けた後、老人はよろよろと立ち上がり、悲しみをこらえながら「分かりました。ではお願いします」と言う。身じろぎせずに、こぶしを握りしめたり緩めたりしながらそばに立っていた老人は、犬が息を引き取るのを見届けると振り返り、「もう、苦しむことはないのですね」と安堵したように言う。代金を尋ねる老人に、その心配は要らないと言って玄関を出たヘリオットの背後から、老人の呼ぶ声が聞こえる。スリッパのままで、足を引きずりながら走ってきた老人の頬には涙の跡があり、まだ濡れているが、老人は微笑みながら、何か茶色い物を差し出す。よく見ると、ずっと昔のお祝いのときの記念の品なのか、大事にとってあって、いまはボロボロになった一本の葉巻だった。

フィクションではあるが、ヘリオットのこの物語は、獣医師としての実体験に基づいたものである。経済的にもぎりぎりに追いつめられた孤独な生活のなかで、この老人にとって老犬がいかにかけがえのない伴侶であったかがひしひしと伝わってくる。本来牧畜民族で肉食文化をもつイギリス人は、われわれ日本人と比べると、動物の屠殺や安楽死にたいしてクールな感情をもつと言われるが、ここには洋の東西、文化の違いを超えた、仲間としての動物に対する深い愛情が語られている。イギリスにはこのような動物物語の伝統があるが、ときには感傷的になるこのような動物を主体とした物語の背景には、自らを動物愛護の国民であるとするイギリス人の自負があるように見える。

しかし、近年イギリスでも動物虐待の増加が社会問題となり、ついに二〇〇六年、それまでにあった動物虐待を防止するための二〇以上の法律を整理・統合して、新たに動物福祉法が成立する。この法律の施行を伝える二〇〇七年九月一七日のＢＢＣ放送は、動物福祉相ベン・ブラッドショーの「この度成立した法律は、動物愛護の国民という名声にふさわしいものとなるだろう」という談話を紹介している。そこには動物愛護の国民としての自負とそれを裏切る現実がほの見えている。

この法律は、一九一一年に成立した動物保護法に代わる新法案であった。その主な特徴は、それまでの動物保護に関する法律がどちらかと言えば家畜としての動物に対する残虐行為を想定して作られていたのに比べて、愛玩動物としての動物に対する残虐行為に重点を移して禁止条項を設定していることである。加害的な残虐行為だけでなく十分に世話をしないで放置することにも罰金だけでなく実刑が科せられることになり、十分な食べ物と水を与えること、病気の治療をすること、適正な住環境を整えることが義務づけられた。特別な場合をのぞいて断尾や断耳は禁じられた。しかし、不妊手術や去勢は違法とはされなかった。

このような新しい法律の制定の背景に動物に対する残虐行為の増加があったことが、いくつかの新聞報道に辿れる。二〇〇三年四月三〇日発行の『イヴニング・テレグラフ』は、「悲惨な動物たち――われわれは動物虐待の国民になりつつあるのか」という見出しを付けた記事を、「イギリス人はずっと動物愛護の国民として有名であった。しかしながら、動物愛護団体の王立動物虐待防止協会（ＲＳＰＣＡ）

が発表した最近の数字は、驚くべき残虐と放棄の実態を明らかにしている」という言葉で始め、二〇〇二年度に動物への残虐行為を心配する市民からの通報が一一万六四五八件あったこと、そして王立動物虐待防止協会によって一万五一四〇匹の病気や怪我の動物が治療のために保護され、六五九件が救出の必要があったこと、一六一件が住居への立ち入り調査が必要であったことを報じている。また、不服申立てが八五六一件あったが、そのうちの二二九件が有罪となり、六六件が起訴されたことを報じている。

二〇〇五年七月二〇日の『タイムズ』も「愛犬家の国民に傷つけられるペットの増加」という見出しの記事を掲載し、「愛犬家の国としてのイギリスの名声は疑問視されている。王立動物虐待防止協会の調査によれば昨年度動物虐待の事例が急激に増加したとのことである」という書き出しで、この国に動物に対する残虐行為が蔓延しつつあることを嘆いている。

これらの記事は、二〇〇六年の動物福祉法の成立に向かう世論の高まりを伝えるものであるが、いずれにも動物愛護の国民であるという評判が揺らぎだしたことに対する苦渋がにじみ出ている。先に見た数字が物語っているように、まるで動物を物と考えるようなきわめて支配的な感情から来る残虐行為が後を絶たない現実があるというのである。この現実を語るのに、口をそろえて自分たちが動物愛護の国民であると言うのにも胡散臭いところがある。

言葉に文化が反映しているとすれば、イギリスにおける犬と人間の関係は、われわれがイギリス社会のあちこちで眼にする光景とは異なっていたと考えられる。つまり、「犬」(dog) という語は、「くだらない人間」を表すのに使われてきたし、福原も『英学三講』で説明するように、「堕落する」(go to the dogs)、「投げ捨てる」(throw to the dogs) などの成句には、犬が惨めで不運な存在の代表であるかのように扱われてきた痕跡がある。人間と犬の間には概して支配・被支配の構造があり、犬は軽蔑の対象であったことが分かる。

このことを詳細に論じたのが、ウィリアム・エンプソンの『複合語の構造』における「イギリスの犬」と題された論考である。さまざまな文学テキストに言及しながら、一六世紀から一八世紀にかけて「犬」が「悪党」とか「おべっか使い」「皮肉屋」「性的にふしだらで、汚物にひかれ、残酷にもなる負け犬」などの否定的連想を伴って使用されたこと、犬を友達として受け入れるヒューマニズムに通じる感情をもって扱われることは希薄であったことが説明されている。

残酷なイギリス人

実際、イギリスで動物愛護の精神が意識されるのは一八世紀になってからのようである。キース・トマスはその著『人間と自然界』において、一六世紀、一七世紀を通じ、イギリス人は動物への残虐行為で有名であったことを豊富な例を挙げて指摘する。首まで土のなかに埋めた雄鶏に石を投げたり、ヒキガエルを空中高く放り投げたり、猫を高いところから落として足で着地できるか試したりするいわゆる「動物いじめ」のさまざまな遊びが子供たちの間で広く行われていたが、それらは、アヒルを犬に追わせたり、肉食の大魚であるパイクの群がる池にガチョウや鶏を投げ込んで、その苦しむ姿を見て楽しむ大人たちの残虐行為を映し出すものであったと述べる。

鎖につながれた熊に犬をけしかけて楽しむ「熊攻め」（図序-3）や同じく牛に犬をけしかける「牛攻め」は、一二世紀に始まるプランタジェネット朝時代から、あるいはもっと前から、イングランドでは盛んに行われていたが、エリザベス朝のロンドンにおいて、一段と人気が高まる。当時、ロンドンでは、木戸銭をとって芝居を見せる商業演劇が成立し次々と常設の芝居小屋が誕生したが、相並んで「動物い

図序－3　熊攻め（16世紀の木版画）

じめ」の娯楽を提供する常設小屋にも人々は集まった。これらの遊興施設は、ペストの流行やピューリタンなどの運動によってロンドン市中からは閉め出され、テムズ川南岸のサザク地区に集められていたが、人々は日常的に残酷な動物いじめを楽しんでいたのである。

　これらの見世物小屋は、興行の内容から「ベア・ガーデン」と呼ばれたが、それが建っている場所にちなんで「パリス・ガーデン」と呼ばれる有名な小屋もあった。ウィリアム・シェイクスピアやベン・ジョンソンらの作品を上演する芝居小屋と並んでベア・ガーデンがあり、人々は芝居と同じように熊攻めや牛攻めの娯楽を楽しんだのである。この娯楽においては、攻められる雄牛や熊も傷を受けるが、熊の反撃にあって命を落とす犬や牛の角で跳ね飛ばされる犬もあり、その奮闘と苦難が観客の興奮を誘ったらしい。犬同士を闘わせる「ドッグ・ファイティング」や二羽の雄鶏にカギヅメをつけて戦わせる「闘鶏」も同じように盛んに行われたようである。

　中世、そして一五、一六世紀のイングランドにおいて、闘鶏や告解の火曜日に広く行われていた紐でつないだ鶏に棒を投げて楽しむ「鶏当て」などの気晴らしは非難されたという。熊攻めや牛攻めに対しても、ピューリタンを中心にした強い非難があった。しかし、大勢としてはこれらのスポーツは階級を問わず広く楽しまれたようである。当時の人々の残酷さに対する意識は現在とは全く異なっていたのである。傷つき血塗《ちまみ》れになりながら最後まで戦う雄牛や熊、そして犬の姿は嫌悪や恐怖よりも勇猛さに対する賛美に結びついた興奮を引き起こしたらしい。隣接した芝居小屋で上演されたシェイクスピアの『リア王』において、娘たちに裏切られたリア王が嵐の荒野で髪の毛を掻きむしり、うなり声をあげて苦しむ姿は、むしろ喜劇的な場面として喝采を送られたとも言われる。同じく、シェイクスピアの『ウィンザーの陽気な女房たち』には、二人の婦人に言い寄るが結局裏をかかれてテムズ川に投げ込まれる羽目に陥ったフォールスタッフが、「なんの良心の呵責もなく、生まれたばかりで眼も開いていない犬の子を溺死させる」ようにテムズ川に放り込まれたことに憤慨するが、そのような残虐行為は、当時さほどの罪の意識もなく日常的な行為として当たり前のように行われていたのであろう。

しかし、一七世紀に入ると牛攻めに対する非難の声が聞こえるようになる。王政復古期の一六六〇年から一六六九年にわたる詳細な日記を残したサミュエル・ピープスは、一六六六年八月一四日の日記にサザクで見た牛攻めについて、観客席にまで犬が跳ね飛ばされたことを書き残し、この娯楽を「たいへん野蛮で、不愉快な娯楽」だと述べている。同じく王党派の日記作者ジョン・イーヴリンも、一六七〇年六月一六日の日記において次のような文章を残し、当時の動物を用いる娯楽への嫌悪を表している。

友人たちと闘鶏やドッグ・ファイティング、熊攻めや牛攻めが行われているベア・ガーデンへ行った。ある雄牛は、試合場からかなり高いところにある桟敷に座っていた婦人の膝の上まで犬を放り上げた。可哀想に二頭の犬が命を落とし、最後は馬の背に乗った猿の余興で終わった。野蛮で不潔な動物どもに心底うんざりした。

共和制の時代に公的には禁止されたものの内密には相変わらず続いていた動物を用いる残酷な娯楽は、王政復古とともに再び公然と行われるようになっていたのである。ただ、動物への残虐行為に対する非難は、このような個人的な感慨にとどまっていなかった。たとえばジョン・ロックは『教育論』において、「子供ははじめから生き物を殺したりいじめたりすることを嫌うように育てられなければならない」と述べて、社会改革の必要を説いている。当時にあって先進的であったロックのこのような考えは、一七三〇年代にその起源が見られる福音主義の運動によって増幅されることになる。

道徳的な生活を重視する福音主義は、家庭生活と子供の教育を重視し、粗野で刹那的である伝統的な民衆娯楽と必然的に対立したが、その運動が社会的影響力をもつにつれて、動物に対する残虐行為の道義的意味についての哲学的な考察や残虐行為に対する抗議が数多く現れるようになる。一七四〇年代になると、恐らく子供の養育それ自体への関心の増大のため、少年の野蛮さが多くの大人を悩まし始めた。一七〇〇年代中頃には、子供たちに「動物愛護の心」を教えるパンフレットや同趣旨の子供向けの物語が現れるようになる。

当時、すでに風刺版画や図版を伴うパンフレットが人々に広く情報を伝え、ときにプロパガンダの役割を果たすようになりつつあったが、その分野で主導的役割を果たしたウィリアム・ホガースは、彼自身非常な犬好きであったということもあってか、動物に対する虐待を正面切って糾弾した。一七五一年に制作された連作版画『残酷の四段階』は、若い動物虐待者が常習的殺人者に堕落する様を描いたものであり、その「残酷の第一段階」（図序-4）の図版にはガキ大将のトム・ネロが犬の肛門に矢を突っ込もうとしているのをはじめ、犬の尻尾に骨をぶら下げたり、猫を宙づりにしたり、小鳥の目を焼き潰したり、屋根裏の部屋の窓から羽根をつけて猫を放り出したりしているなど、さまざまな残虐行為が描かれている。トム・ネロが成人して御者になっている「残酷の第二段階」では、吝嗇な法廷弁護士たちが四人も乗り込んだため馬が転倒し、怒ったネロが馬の目を棒で潰し、むち打っているほか、その傍らでは、歩みののろい羊を棒で撃ち殺してしまった家畜商人、大人二人が乗ったうえに大きな荷物を背負わされたロバなどの様子が描かれている。ホガースはこの版画を制作した動機について、自ら編んだ『逸話集』において次のように述べている。

これらの版画は、心ある人々にわが国の首都の街路を堪え難いものと感じさせる光景、すなわち動物の虐待を矯正することを期待して作られた。もしその効果があり、動物に対する残虐行為を防ぐことができれば、その作者であることを誇りに思うだろう。

図序－4　ホガース「残酷の第一段階」

『残酷の四段階』は、子供時代の残虐行為は残酷な人間を作るという当時広く啓蒙された考え方を視覚化したものであったが、まさしく動物に対する虐待が日常茶飯事に行われていた当時のロンドンの現実を示すものであった。ホガースの「自叙伝ノート」に記された「ロンドンの通りで見かける可哀想な動物の残虐行為をやめさせることができたらと思うが、あまりに強力なやり方はできない。というのは石の心をもつ人々が逆にこの版画に刺激されるかもしれないから」という懸念からもその現実がうかがえる。

残虐行為への反省と慈悲心

このように、一八世紀に入ると、それまでのピープスやイーヴリンなどの一部の特別に慈悲深い人々やピューリタンだけではなく、広く、教養ある人々が動物に対する同情を主張するようになる。ジャーナルの世界を主導し、社会的影響力のあるジョゼフ・アディソンやリチャード・スティールらも論陣を張り、そこに「慈悲」という概念が持ち込まれるようになる。「慈悲」はキリスト教精神を代表する美徳であるが、トマスは、「一七二〇年代には『慈悲心』とか『慈悲』という語は文学用語のなかでももっとも好まれる言葉になっていた」と指摘する。そのうえで、「人間であれ、動物であれ、苦しんでいるのを見たり、聞いたりするのは悲しい」というウィリアム・ウラストンの言葉を引用し、このような感受性が中産階級の人々に広く受け入れられ、一八世紀半ばには優しさや涙もろさが流行していたと述べる。

現実には動物を用いる残酷な娯楽は盛んに行われていたが、一七二〇年頃には、それまでは学校行事として行われてきた鶏当てを野蛮であるとして禁止する学校が出てきたし、一七七三年にはバーミンガムで牛攻めが禁止される例もあった。また、一昔前には、闘争心に富み、死をものともしない勇猛果敢な犬マスティフやブルドッグを自らの国民的象徴としてはばからず、牛攻めや熊攻めなどの残酷な娯楽を楽しんでいたイギリス人の動物に対する態度が外国人旅行者を驚かせたが、一八世紀後半になると外国を訪れたイギリス人の口から動物の残酷な扱いについて驚きの声があがるようになる。ポルトガルで闘牛を見たウィリアム・ベックフォードは、一七八七年七月八日の日記に「その光景にとても不快になった。神経を逆なでにされ、その夜はずっとわが身が切り刻まれるような感じがした」と書き残し、ロバート・サウジも闘牛を「いまわしい娯楽」と述べている。また、トバイアス・スモレットは南フランスで、痩せこけた荷馬やロバが酷使されているのを目にし、同情の声を残している。

確かに、それ以前にも動物に対する同情や慈愛を示す言説はなかったわけではない。動物への残虐行為は悪だとする考えについて、トマスは、ギリシャ・ローマ時代に菜食主義を主張したプルタルコスやポルフュリオスにさかのぼることができると言う。さらに、中世イングランドの聖人伝説のいくつかにも慈悲深い聖人の逸話や言葉が残されているほか、一五世紀から一九世紀の間には動物の虐待に反対する膨大な数の説教や小冊子があると述べる。しかし、その根底にあるのは、「人間には動物を飼育し、食料や衣類のために殺す資格はあるが、暴虐を加え、不必要な苦痛を与えることは許されていない」という考えであり、当初の動物愛護論は主として、「人間は創造物の管理者である」という旧約聖書に内在する教義に依拠していると述べる。また、ピューリタンが動物を用いる残酷な娯楽を非難したのは動物のこうむる苦痛に同情したからであったが、真の理由はこれらの娯楽が大量飲酒や賭博と結びついていたからであると述べる。そして、トマスは、ディクス・ハーウッドの『動物愛――いかにイギリスで発達したか』における「動物への同情的な関心は、一七〇〇年以前にはごくわずかである」という言葉や、ピーター・シンガーの『動物の解放』における「三世紀のポルフュリオスと一六世紀のモンテーニュの間には動物虐待自体を非難したものは一人もいない」という見解を援用して、動物に対する虐待を悪だとする考えが芽生えるのは一八世紀になってからであると述べる。

哲学の分野では、一七五一年に出版された『道徳哲学』において「ヒューマニティの法則」を説いたデイヴィド・ヒュームや、一七五五年に遺作として出版された『道徳哲学大系』において「動物には無益な苦痛をこうむらない権利がある」と主張したフランシス・ハチソン、一七七六年に『動物に対する慈悲の義務および虐待の罪に関する論考』を発行したハンフリー・プリマットなど、動物に対する残虐行為を戒める言葉を発する宗教家や思想家が次々と現れ、動物愛護論を展開する。このようにして高まった思いやりと慈悲心を尊重する考えが、やがてジェレミー・ベンサムの功利主義につながってゆくとともに、文学者たちの間に動物に対する感傷的な感情を広めることになる。

文学の分野でも、それまでの人間中心的な考えに疑問をいだき、動物虐待に反対する声がしきりに聞かれるようになる。当時は詩が文学の主流をなしていたが、ジョン・ゲイの一七一四年の作品『羊飼いの一週間』では、いまわの際に残してゆく家畜のことを心配した少女のことが語られ、一七二六年から数年をかけて出版されたジェイムズ・トムソンの四部作『四季』では、畜殺や狩猟、牧羊、小鳥の飼育、釣りなどに対する嘆息と非難が繰り返される。無類の動物好きであったウィリアム・クーパーが一七八五年に出版した『課題』では、動物への虐待は人間の堕落が引き起こしたものであり、人間の慈悲心を育てるためには虐待を防止する法律とともに子供たちに動物愛護の精神を育てる教育が必要があることが提言されている。一七八五年に書かれたロバート・バーンズの「メイリーの遺言」では、雌羊の遺言という擬人的手法を用いて動物に対する残酷な仕打ちへの反省が求められている。一八〇〇年作のウィリアム・ワーズワスの「鹿跳びの泉」には、すべての命あるものと感情を共有すべきことがうたわれている。一八〇三年に書かれたウィリアム・ブレイクの「無垢の予兆」では、籠で小鳥を飼うこと、狩猟、馬の過酷な使役、闘鶏、昆虫へのむやみな殺生が厳しく非難されている。

さらに重要なことは、一七八〇年以後、子供向けの動物愛護精神を盛り込んだ教訓的な物語や小冊子が次々と発行されることである。一七八六年にはトリマー夫人の『たとえ話――動物の扱い方を子どもに教えるための本』が発行され、一七八八年にはアルノー・ベルカンの『子供の友』がマーク・アンソニー・メランとバルボー夫人によって翻訳・出版された。

ハーウッドがこの分野における先駆的な著書である『動物愛――いかにイギリスで発達したか』において詳述するように、一八世紀は、次の世紀に立法化される動物愛護の精神に連なることになる動物への意識が形を取り始めた時代であった。それは、古くから広く「卑劣な」とか「下品な」とかいう軽蔑的なイメージを伴って使用されてきた「犬」という語に「暖かい共感的な」なイメージが加わるというエンプソンの指摘にあるように、犬に対する意識の変化にも辿れる。

このような変化が起こった背景に、人間中心主義的な伝統の崩壊があることをトマスは指摘する。その根拠として、一七二七年発行の「人間の驕りをたしなめる詩」という副題のついたヘンリー・ベイカーの『宇宙』のなかにある、「人に嫌われるヒキガエルも這い回る虫も／人間と同じように、全世界にとって必要なものである」という詩行や、一七九四年に書かれたサミュエル・テイラー・コールリッジの「年少のロバへ」における、ロバに呼びかける「やあ、君、兄弟よ、よろしく」という詩行などを挙げる。そして、自然界の他の創造物と人間は仲間であり、友達であるという革命的な思想は、一八世紀末のロマン主義の一つの特徴となっていたと述べる。現実の生活においては闘鶏や牛攻めなどの民衆娯楽は相変わらず盛んであったし、上流階級の者たちの狩猟も広く行われていた。しかし、創造物の頂点に在る人間がすべての創造物の管理者であるという考えに対して、ほかのいかなる動物も人間と同じく神の被造物であるという考えが次第に広がり、人間の支配は絶対的なものではないと考えられるようになってきていた。

トマスはまた、この変化が、皮肉にも、「すべてのものを喜ばせる」という点で時代の功利主義とも結びついていたことを指摘する。慈悲心や思いやりという美徳が尊重されるようになった背景に都市の発達と、動物が労働用の家畜よりはペットとして人間生活のなかに存在するようになった事実も挙げる。そして、この動物愛護の精神が奴隷制度や公開死刑に対する反対運動、あるいは苛酷な労働環境の改善運動と通底しており、野卑な労働者階級の文明化の意識と結びついていったことを論述する。

ジェイムズ・ターナーも、その著『動物への配慮』において、一八世紀における慈悲心を重視する風潮を取り上げ、この人道主義的な感受性が奴隷制反対や動物への同情に拡大したとし、その背景にベンサムに代表される功利主義的道徳やフランス革命に鼓吹された権利思想があると述べる。同時に、ジョン・ローレンスという進歩的な農業者が馬の飼育に関する書物のなかで「動物の権利」について長い一章を当てているように、「人間の権利」とともに「動物の権利」が求められるまでになったが、それはいまだ急進的な一部の者の主張であって、共感はしてもそれを本気で考えるものはいなかったのが実状であったことも指摘する。

確かに相変わらず残酷な動物を用いる娯楽は盛んに行われていたし、厳しい生活のなかで使役動物の安寧に配慮がなされることはほとんどなかった。しかし、生活に余裕があり、社会改革意識の強い、自らが善意の人であることを疑わない人々の間で高まった動物愛護の意識は、立法化によって実行力を付与されることになる。一八二二年の畜獣虐待禁止法を皮切りに次々と動物保護法案が提出されて成立し、一八二四年には動物虐待防止協会が発足するのである。

二　動物虐待禁止法と動物虐待防止協会

アースキンの主張

一九世紀初めに次々と成立したこれらの動物保護法は簡単に議会を通ったわけではなかった。動物に対する虐待の防止に表立って反対する者はいなかったし、慈悲に異を唱える理由は誰にも見いだせなかった。しかし、そのような法案に積極的に賛同する者は少なく、この問題の重要性は認識されなかった。多くの者にとって動物に対する残酷の意味が自覚できていなかったのである。現在なら残酷であると考えられる動物に対する行為がごく当たり前のこととして、罪の意識や心の痛みを感じることなく、人々の生活のなかに深く入り込んでいたからである。

これらの法律の制定を牽引したのは、まず、一八世紀に高まった動物愛護精神の洗礼を受けた、社会改革の意識をもった人たちであった。一八〇〇年の年頭、議会における福音主義の主導者であり、さまざまな社会改革の運動にかかわっていたウィリアム・ウィルバーフォースを数人の紳士が訪れ、牛攻めを禁止する法案提出を嘆願した。ほかにも重要な法案をかかえていたウィルバーフォースは、すぐとはいかないが、ほかに法案提出を引き受ける議員がいなければ、引き受けることにやぶさかでないことを約束した。このような動きのなかで、その年の四月、シュローズベリー選出の国会議員ウィリアム・パルテニーが、「残酷で無慈悲な娯楽」を不当だとする法案を提出した。しかし、関心を示す議員はほとんどなく、この法案は否決された。二年後の一八〇二年に、今度はジョン・デントによって同趣旨の法案が提出されたが、これも完全に無視された。デントは一八〇五年にも法案を提出する意思を示したが、結局断念せざるを得なかった。「このような法案の提出は議会の権威を損なう」というのが当時の世論であった。

一八〇九年五月、元上院議長のトマス・アースキンが上院で、牛攻めのような残酷な娯楽だけではなく、「すべての家畜に対する無慈悲な残虐行為」を禁じる法律が必要であることを訴えた。アースキンはこのときトマス・ヤングが『動物に対する慈愛についての小論』で展開した動物愛護論に言及するとともに、クーパーの『課題』からの詩行を引用しながら法案提出の理由を説明する。一八世紀に高まった動物愛護精神がその立法化に連なった一つの証左がここに見られるとともに、政治パンフレットや議会の演説に詩が頻繁に引用される、詩人が人々の良識の形成に大きな役割を果たした時代であったことが分かる。

この演説が功を奏したのか、アースキンが保守派の大物政治家であったからか、上院では圧倒的多数でこの法案は可決された。しかし、下院では出席者が少なく、議長の慎重審議の提案に賛同者があり、結局否決された。否決はされたもののこれまでの両議院での審議で自信をもったアースキンは翌年再度この法案を提案したが、驚いたことに法案に対する厳しい意見が相次ぎ、結果的に、この法案は通らなかった。

アースキンの挫折のあと、動物に対する残虐行為を法律によって禁止しようとする試みは長らくなされなかったが、一八二一年ゴールウェイ地区選出の議員であったリチャード・マーティンが中心になって、畜牛や荷馬の残酷で不当な使役を禁止する法案が下院に提出された。ロンドンをはじめとする都市部から法案を支持する嘆願書が殺到し、法案は下院をすんなりと通過したが、上院での審議前に議会が閉会し、この年に法案は通らなかった。しかし、翌年に再び提出された法案は両院を難なく通過して、俗に「マーティン法」と呼ばれる「畜獣の残酷で不当な取り扱いを禁止する法律」が成立した。

このようにしてイギリスで、そして恐らくは世界中で最初の、動物に対する残虐行為を法律で禁止し、違反者には罰金刑や禁固刑が科せられる法律が誕生した。しかし、動物に苦痛を与える残虐行為を禁止するという目的の裏には、別の動機が潜んでいたことが指摘されている。

というのは、一連の虐待禁止法案の先駆けとなったのが、ウィルバーフォースやパルテニーによって提出された雄牛に犬をけしかける残酷なスポーツの牛攻めを不法とする法案であるが、いずれも個々の動物の苦痛や恐怖に対する配慮から生まれたものではなく、牛攻めという残酷な娯楽の廃止を訴えるものであった。つまり、野蛮で残酷なスポーツを野放しにすることによる人心の荒廃を憂うところから発したものであった。

アースキンの法案においても、その提案理由に「多くの有益な動物の力と能力を人間の支配と利用、満足に従わせ、また食用にするのは全能の神を喜ばせるが、このように動物を残酷に抑圧的に扱ってその支配権を濫用することは、きわめて不当で非道徳的であるのみならず、このうえなく有害な見本となって、人間の自然な感情に反して心を非情にしがちである」とあるように、動物に与える苦痛への配慮ではなく、動物に対する残虐行為が人間を残虐にするという考えが前面に出ている。反対派の機先を制するためか、アースキンが提案理由を説明する際にクーパーの『課題』から引用したのは、「人間の便益、健康や安全に／差し障りがない限り、人間の権利や要求が優先され／ほかの生物の命を絶つことも許される」という、幼い頃の残虐行為が残酷な人間を作ることを語る詩行に先立つ部分である。このように、この法案でも、適用される対象が家畜全体に広げられたものの、動物に対する人間の支配が前提として容認されており、その濫用が禁止されているにすぎない。そして、下院での討論のなかで、保護される対象は荷役に従事する馬やロバなどで、狩猟や釣りなどの野外スポーツにおける動物に対する残虐行為は除外されることになる。つまり、牧畜や荷役などに従事する下層階級の残虐行為が問題視され、上流階級にはもとから残虐行為はないと考えられたのである。

マーティンの方法

マーティン法もつまるところは、その正式な名称「畜獣の残酷で不当な取り扱いを禁止する法律」に明らかなように、人間の残虐行為を禁止するためのものであった。この法案を通すためにマーティンがとった巧妙な戦略にもそれは表れている。乗合馬車の所有者から出された「自分の所有している馬が御者や召使いによって虐待されている」という嘆願書に同情を示す国会議員を見て、マーティンは一八二一年にまず、「馬をみだりにかつ残虐に打ち、酷使した者があり、それについて宣誓したうえでの告発が治安判事になされたときは、告発された者は刑事訴追される」という内容の法案を作る。残虐行為の対象を馬に限定したのは問題が拡散するのを避けるためでもあったが、何よりも駅馬車や荷馬車に用いられる馬に対する残虐行為が大通りで日常的に見られ、もっとも人目をひくものであることをマーティンは計算に入れていたのである。下院の委員会では例のごとく、その必要をまったく認めない意見や「立法化するような問題ではない」とする意見がある一方で、「保護の対象を馬に限定するのは妥当ではない」などの議論があり、法案はより一般的な「雄馬、雌馬、去勢雄馬、ラバ、ロバ、雌牛、若雌牛、去勢若雄牛、去勢雄牛、羊その他の畜獣を、みだりにかつ残虐に打ち、酷使し、また虐待する者」を処罰の対象とするよう修正される。一八二一年に法案を提出した際の読会の途中でもマーティンは馬を虐待したかどで二人の男を告訴しているが、これは、法案を通すための巧妙な示威行為であった。また、法案成立後も、二週間も経たないうちにマーティンは二人の男を告訴している。一人は馬をむちで打って虐待した男、もう一人はスミスフィールド市場でつないでいた馬をむちの柄で殴打した男であった。彼らは、動物虐待のかどで有罪にされ、罰金を払った最初の被告人であった。これも法案を実効力のあるものにするためのマーティンのパーフォーマンスであったと言える。マーティンのこの方法は、ジョージ・クルックシャンクの素描「スミスフィールド市場でのリチャード・マーティン」（図序－5）に如実に描かれている。マーティンが狙ったのは、動物を苦痛から解放することよりも、労働者階級の残虐行為の禁止であったのである。マーティン法では、去勢していない雄牛は虐待の対象からは外されていた。つまり、ウィルバーフォースらが求めた牛攻めの禁止には至らなかったのである。

SMITHFIELD
Bow wow wow!
図序－5　スミスフィールド市場でのリチャード・マーティン

　一八二二年の法案成立に勢いづいて、マーティンは一八二三年には牛攻めとドッグ・ファイティングを禁止する法案を、一八二四年には保護の対象を犬、猫、猿、その他の動物に拡大する法案、熊攻め、その他の残酷な動物いじめのスポーツを禁止する法案、そして屠殺される馬の扱いに関する法案を、一八二五年には再度熊攻め、アナグマ攻め、ドッグ・ファイティングを全面禁止にする法案を、一八二六年には荷車を引いたり、焼き串を回すなどの労役に使用される犬を保護する法案を次々と提案するが、いずれも成立せずに終わる。

一八三三年になってようやく、「テンプル・バーから五マイル以内での熊攻め、闘鶏、アナグマその他の動物いじめや動物闘争に五ポンド以下の罰金を科す」ことを定めた法案が通った後、一八三五年に動物虐待禁止法が成立する。正式には「残酷で不適切な動物の取り扱い、畜獣を追い立てて移動させる際の加害行為、およびそれに関する諸法を統合・修正し、必要な規定を設ける法律」と称されるこの法律は、「物言わぬ動物たちのマグナカルタ」とも言われるように、マーティン法以降の動物虐待に関する意識の拡大を反映したものになっている。マーティン法での保護の対象は馬、牛、羊などの狭い意味での家畜を意味する「畜獣」(cattle)であったが、この法律では犬を含む今日的な意味での「家畜」(domestic animals)に拡大され、動物を闘わせる残酷なスポーツの禁止範囲がイギリス全土に拡大されたほか、これらの動物に十分に餌を与えないなどの飼育上の残虐行為の禁止なども盛り込まれた。

しかし、初期の動物保護法案は、動物が受ける苦痛への配慮から起こったものではなく、動物を扱う労働者や動物を用いる娯楽を楽しむ民衆の残虐行為を禁止するという意識から起こったものであったことは否めない。今日の動物愛護の意識からすれば不十分なものであるし、当時のイギリス階級社会を反映した矛盾を内包したものであったが、マーティン法とそれに続く動物虐待防止法案は当時としては画期的なものであった。その成立を支えたのは一八世紀以来徐々に高まってきた動物への配慮、人間中心主義への反省、博愛主義の運動であったが、これらの法律を実効あるものにするうえで大きな役割を果たしたのが、動物虐待防止協会であった。

この種の団体としては、一八〇二年に設立された悪習防止協会がその運動の一環として動物に対する虐待を取り上げていたし、一八〇九年にはリヴァプールで「動物に対する理不尽な残虐行為を防止する協会」と名乗る団体が活動していたことがあった。法律の整備とともに動物虐待の防止に取り組むために社会的な活動をする何らかの団体の設立が長らく望まれていた。マーティン法成立の後、この法律をザル法にしないためには、そのような団体が必要であることを切実に感じたマーティンと、マーティン法成立に力を貸したウィルバーフォースやアーサー・ブルームらが、一八二二年一一月、ロンドンのセント・マーティン・レーンに古くからある有名なコーヒーハウスの「オールド・スローターズ」に集まり、動物虐待の防止に取り組む団体の設立について話し合った。動物虐待防止協会が発足したのは、それから一年半あまり後の一八二四年六月、同じコーヒーハウスに二一名のメンバーが集まった会合においてであった。設立趣意書によれば、その目的は「動物を苦痛から解放すること、下位の動物に対する慈愛活動を促進・拡大すること」であった。この目的を遂行するために、「啓蒙的な小冊子などを刊行し、公衆の善導をはかること」と「首都の市場や街路、食肉処理場、御者の品行などを監視する手段を講じるために二つの委員会を組織すること」も明記された。実際、協会は虐待を監視・告発する専門員をおき、発足早々六三件の虐待を告発し、最初の一年間で主としてスミスフィールド市場における一四九件の動物虐待行為において有罪判決を勝ち取っている。ちなみにロンドン首都警察が設立されるのは一八二九年のことである。

しかし、ほどなく協会は活動資金に事欠き、会長を務めていたブルームは負債のために収監の憂き目に遭う。協会は存続の危機にさらされるが、遺産による寄付金によって財政危機を乗り越える。一八三〇年代に入ってからは、会員数も増え、財政的にも安定し、協会は順調に発展する。即位前の一八三五年にすでに協会の後援者になっていたヴィクトリア女王が、即位後の一八四〇年に協会に対して「王立」の名を冠することを許可し、以後「王立動物虐待防止協会」と名乗ることになる。

動物愛護運動の隠れた意味

このように動物虐待防止運動は決して順調に進んだわけではなかった。しかし、まがりなりにも動物虐待防止運動が世界中で最初に実を結んだと言えるならば、その背景に何があったのであろうか。一つには福音主義の勢力の増大により、大量飲酒や賭博などの悪習の抑圧が叫ばれるとともに、動物に対する残虐行為を含む民衆娯楽への批判が強まっていたことがある。また、チャールズ・ダーウィンの進化論も微妙に関係していた。つまり、人間とほかの物言わぬ動物との間に引かれていた一線が取り除かれた結果、「動物に対する残酷さは、自分と同じ人間に対する残酷さを導く」という一八世紀以来の慈悲に関する伝統的な考え方が強化されることになったのである。つまり、「堕落した」とか「未開の」「野蛮な」「獰猛な」「残忍な」「非人間的な」などの言葉で形容される動物に対する残虐行為は、民衆の人間性を「残酷で獰猛な」ものにするという大義が、再確認されることになったのである。このことが、一般民衆の慣習の洗練と道徳の向上をめざす福音主義の運動とも微妙に結びついたのである。

このような動物への残虐行為に対する意識の高まりと動物に対する虐待の防止運動の進展との関連を認めたうえで、ターナーは、そこにはまたイギリスの都市化と産業化の影響があることを付け加える。動物が働き手として重要な役割を果たした農業社会から工業社会に変化するなかで、いつ果てるとも分からない動物いじめの娯楽は、機械と時間に追われる労働者の生活のなかで間尺に合わなくなってきていたからだと述べる。その証拠に、実際には動物に対する残虐行為を防止する理由で動物いじめの娯楽は禁止されたが、時間も暇もある富裕な有閑階級のスポーツであるフォックス・ハンティングや、時間も場所もあまり必要としない闘鶏がそこから除外されていたというのである。当時においても、ウィリアム・ウインダムのように、下層階級の者も上流階級の者と同様に娯楽をもつ権利があると主張した人物もいたことを紹介したうえで、ターナーは、さらに、もう一つ冷めた見方を加える。動物愛護運動は、支配階級の慈悲心のはけ口であったというのである。

当時の動物愛護運動を主導したのは、社会的地位のある、真面目で上品な、慈悲心の強い人たちであった。体面を重んじ、自らの社会的評価を気にすることから、ときには揶揄を込めて「リスペクタブル・ピープル」(respectable people)、すなわち尊敬すべき「立派な人たち」と呼ばれた者たちである。数の上ではるかに少数のこれらの支配者層が、真に優しい人たちであり、産業構造の底辺で苛酷な労働を課せられ、むさ苦しい住居で厳しい生活に苦しんでいる労働者に同情し、そのような状況を改善しようとしても、階級社会のしがらみと、富と成功を崇拝するイデオロギーあるいは利己主義のために、自らの同情のはけ口を見いだせないでいた。その代償として、自分たちの慈善の対象を虐げられている動物に向けたのではないか、つまり、搾取されている労働者から虐待されている動物へとその罪悪感を転移させたのではないかと言うのである。

ターナーは、このように、当事者たちにその意識はなかったとしても、当時の動物愛護の主導者たちの動物愛護の活動には一種の知的鎮静剤の役目を果たすところがあったのではないかと推測し、そこには罪悪感だけではなく恐怖もあったのではないかと分析する。それは、差し迫った革命の恐怖、「粗野で野蛮な」民衆によって支配される社会の恐怖、要するに、無秩序の恐怖であった。下層階級の野蛮な娯楽への熱狂や使役動物の酷使は、彼らが野蛮であることを証明していた。上流階級を中心に展開された動物虐待防止法案に賛意を表す人々や動物虐待防止協会の会員は、動物虐待のなかに、酒に溺れ、些細なことで喧嘩をする下層階級の野蛮さを見ていた。暴力的な衝動がいつまでも動物だけに注がれるものではないことを危惧していた。そこには、イギリス人の慈悲の背後にある「動物虐待は、人間に対する残虐行為を生み出す」という伝統的な考えがあった。

動物虐待防止協会の活動を支持する人々は、本来改革論者ではなく、暮らし向きのよい、面子を重んじる体制派の人々であり、ヴィクトリア朝における資本主義の恩恵に浴し、功利的な産業社会に満足していた。しかし、「すべての人に幸せを」という功利主義の基本理念からすると、身の回りにある現実は恥と恐れを起こさせるものであったのである。動物愛護運動は、彼らが心の平安を得る一つの方法であった。つまり、慈悲に訴えることは自分たちの保身のための隠れ蓑であった。そこまで考えずとも、そこには支配階級の鼻持ちならない善意の押しつけがあった。子供、民衆、植民地の人間は、教化すべき文明化の対象であると見なされたのである。それは、慈悲心に訴える感傷主義を生み出した人間中心主義が形を変えて現れたものであり、ブリティッシュネスと同義のイングリッシュネス、つまりイングランド中心主義と連なっていた。

すべての創造物の頂点にある人間はすべての創造物の管理を委ねられていると考える人間中心主義における慈悲心は、「未開の人々を野蛮から救う」という文明化の使命の独善性と通底していた。当時動物愛護に関心を寄せた人々は帝国としてのイギリスの繁栄を享受した人々であったが、大英帝国は、テューダー朝に始まるブリテン島におけるイングランド支配の確立、スコットランドおよびアイルランドの併合、そして海洋大国としての発展の結果成立したものである。大英帝国の形成がイングランドの覇権を内包した帝国主義的な拡大の過程そのものであるがゆえに、イングリッシュネスとブリティッシュネスは同義であると言える。この統治のシステムは、政治・経済の分野だけではなく、広く文化一般、そして人々のものの考え方にも影響を及ぼしていた。「文明化」の背後に「支配」や「搾取」が潜んでいたように、動物愛護の思想と行動にもさまざまな思惑が隠れていたのである。

一方で、動物愛護に関する意識の高まりは、単に動物を虐待から守るというだけではなく、広く動物に対する関心を高め、それがまた動物愛護の運動に寄与することにもなった。そのような表れの一つが、一八〇〇年から一八〇五年にかけて発行されたシドナム・エドワーズの『図説ブリタニアの犬』であった。正確な彩色図版の入った、犬を狩猟などとは全く無関係に注意に値すると見なしたイギリスで最初の本であった。その四年後には、犬の逸話を集めたジョゼフ・テイラーの『犬の一般的性格』という書物も出版される。慈善を説く前世紀の動物物語に連なるものであるが、犬に関する感傷的な、感動物語の最初のものであった。そして、動物虐待防止法案が議会に相次いで提案される頃と前後して、イギリスでは愛玩犬の飼育が大流行したことも事実である。農村社会から工業社会への変化は、それまでの犬の役割を変化させつつあった。熊攻めや牛攻めに用いられたブルドッグやさまざまな狩りに用いられた猟犬さえ、愛玩犬に変身し、目新しさを求めてさまざまな新しい犬種が作られた。

イギリスが動物愛護の国であることが自他共に認められているとすれば、それは世界に先駆けて動物保護法を制定し、動物虐待防止協会を発足させた国であるからであろう。また、その後も、動物愛護運動、そして動物の福祉を訴え、飼育状況の改善を求める「アニマル・ウェルフェア」の運動についての先進国の一つであることも事実である。しかし、かつてイギリスはどこよりも動物に残酷であったことがあったし、いまも、独自の問題をかかえている。いずれにせよ、イギリス人は古来動物に対する関心、とりわけ犬に対する愛着の強い国民である。それは、いまや世界中の言語において市民権をもつに至った「スポーツ」という言葉が、犬とともに暮らすイギリス人の生活のなかから生まれ、その語義を変化させてきたことからもうかがえるし、イギリス人がブルドッグを国家表象として用いることにやぶさかでなかったことからも分かる。
イギリスが真に動物愛護の国であるのか、それともそれは幻想にすぎないのか。本書では、現在イギリスで注目を集め、政治の争点ともなっている四つの事例を取り上げ、イギリス人と犬との関わりについて考察する。
まず、第**1**章では、古くは軍用犬や番犬として使われ、また熊攻めや牛攻めなどにおける一方の主役として活躍し、犬同士の戦いであるドッグ・ファイティングにも使用されたブルドッグやマスティフの社会との関わりを辿る。かつては国家表象としてもてはやされたこともあったが、やがて残酷な民衆娯楽に対する非難の声が高まるとともに社会の表舞台から消えた、鋭い牙と激しい威嚇の声で闘った犬たちの歴史である。
第**2**章では、かつては王侯貴族の所有物であった愛玩犬が次第に下位の階層にも飼育され、一九世紀には社会的なステータス・シンボルとして広く飼育され、現在に至っていることを辿る。とくに、ヴィクトリア朝のイギリスで流行した愛玩犬としての犬の飼育は、いまや世界中に広がっている観があるが、そこには大英帝国特有の統治意識が反映していることが見られる。つまり、尾を振って媚びる愛玩犬の歴史とそこに内在する問題点を探る。
第**3**章では王侯貴族の狩りの供であったグレイハウンドが、一九世紀末に民衆娯楽の雄であるグレイハウンド・レーシングの主役になる経緯を辿り、ここにもイギリス特有の階級意識があることを見る。つまり、速い足をもった犬たちの歴史の光と影を振り返る。
第**4**章では、グレイハウンド同様猟犬であるフォックスハウンドを用いるフォックス・ハンティングが時代と共にその形態を変え、大英帝国の制度を表象する国民的スポーツになった経緯、フォックス・ハンティングの賛否によって二分したかに見えるイギリス社会の特質について考える。鋭い嗅覚をもった犬たちの歴史を辿るものである。

終章では、個々に考察した四つの事例に通底するイギリス人の動物観について考察し、イギリス人の動物愛護意識の根底にある考え方について新たな考察を試みる。

第1章　アニマル・スポーツと階級社会

一　ドッグ・ファイティングと動物虐待

密かに行われ続けるドッグ・ファイティング

ドッグ・ファイティング（闘犬）は、二頭の犬を闘わせる娯楽の一つで、熊攻めや牛攻めなどのほかの動物を用いる娯楽とともにその起源は古いと考えられる。金銭を賭けて行われるのが普通で、一七世紀のイングランドではすでに人気の高い民衆娯楽として広く行われていた。一八三五年の動物虐待禁止法によって禁止されるが非合法に行われ続け、いまもなお、とくに常識や習慣に逆らって反社会的な行動をとる若者たちの間で密かに行われている節がある。

二〇〇七年八月三〇日のBBC放送は、スコットランドのエディンバラにおいて、かねてからドッグ・ファイティング開催の首謀者であるとの噂があった男の住居が一四人の警察官とスコットランド動物虐待防止協会の監視員によって強制捜査され、一九九一年に制定された、闘犬の所有・繁殖・販売を原則的に禁じた危険犬法によってイギリスでは飼育を禁じられているピット・ブルが発見されたことを伝えた。スコットランドでもドッグ・ファイティングは消えてなくなっているはずの娯楽であるのだが、場末の酒場や人里離れた農家の納屋などで密かに行われているのが現状だと言われる。

このときの捜査は、前年の二〇〇六年に公布された、「動物を闘わせる娯楽に参加すること」「飼育している動物に必要な世話をしないこと」、そして「闘犬用の訓練器具を所有すること」を禁止した動物健康福祉法に基づいたものであった。近年のドッグ・ファイティングの密かな流行について、スコットランド動物虐待防止協会の管理主任のマイク・フリンは、「不法なドッグ・ファイティングで使われる犬は飼い主には大した金になるものだから、闘争本能に長けた犬に育て上げる訓練は成犬に近づくとすぐに始まるのです。……試合に出ているときだけでなく、最初の試合に出る前から、闘犬たちは残酷の犠牲であり、恐ろしい危害を与えるか、受けるかなのです。……犬たちは専門医の治療を受けることはなく、次々と行われる試合のために傷だらけなのです」と言葉を連ねて、ドッグ・ファイティングに関する残虐性の根深さを指摘した。

二〇〇九年四月二五日のBBC放送でも、不法なドッグ・ファイティングの流行が凶暴性のある危険な犬の増加に関与しているのでは、との危惧が述べられた。危険犬法の施行以降、犬による傷害事件は三倍以上に増加し、二〇〇八年には三八〇〇件に上ったというナショナル・ヘルス・サーヴィスの統計資料も紹介された。この法律の存在にもかかわらず危険な犬が増え続けている理由について、王立動物虐待防止協会は、この法律の曖昧さにあるとした。つまり、危険犬法において、危険な犬種としてピット・ブル・テリア、土佐闘犬、ドゴ・アルヘンティーノ、フィラ・ブラジレイロが規定されているが、ほとんど意味がないと指摘したのである。イギリスでもっとも規模の大きい犬の保護団体であるドッグズ・トラストの獣医部長クリス・ローレンスも、「ピット・ブルの同定は不可能である」と述べ、「実際、偶然にピット・ブルが生み出されることもあり得る。たとえば、ラブラドールとボクサー、あるいはラブラドールとマスティフとの交配によってピット・ブルと見分けのつかない犬は作出可能である」という見解を示した。ところが、新しい法律で「警察当局によって外見からピット・ブルと見なされた犬はすべからく検挙される」という条項が示されたため、放棄される犬が増え、猫や人に対する傷害事件が増加したとも言われている。番組では、ピット・ブルをはじめとする危険な犬の根絶を狙った危険犬法の不備が明白になったいま、早急に飼い犬に対する規制を強め、残酷な飼育法や、犯罪に犬を使用することを禁じる新たな法律を作るべきだという王立動物虐待防止協会の見解が伝えられた。

ドッグ・ファイティングが引き起こす社会不安

さらに、二〇〇九年五月二一日のＢＢＣ放送は、「火のついた煙草を押しつけられた火傷や骨折の形跡のある犬が増えていること」や、「二〇〇八年にはロンドンで七一九頭の危険な犬が捕獲されたが、二〇〇二年から二〇〇六年までの間の捕獲数は四三頭であったこと」に言及し、反社会的な行動をとる若者たちの間で、勝負の傷跡を残した強面の闘犬がステータス・シンボルとなり、威嚇の道具に用いられるだけでなく、喧嘩の道具に使われる風潮が強まっていることを報じた。そして、スコットランド・ヤードが「ドッグ・ファイティングの増加と犬を用いた反社会的な行動」に大きな危惧をいだいていることを伝えた。勝負によって傷を負った犬の増加を毎日身をもって実感している王立虐待防止協会のハムズワス動物病院の獣医デイヴィッド・グラントの「すべての犬について言えることだが、いくつかの犬種においては、攻撃的にならないようにとくに注意を払って管理する必要がある。飼い主には自分の犬をコントロールする責任がある」という言葉は切実である。

二〇〇九年六月二九日のＢＢＣ放送は、ドッグ・ファイティング開催の主要人物が四カ月の禁固刑と生涯にわたる犬の飼育禁止の判決を受けたことを伝えた。以前にも同様の判決を受け、犬の飼育を禁じられていたにもかかわらず、これを無視してドッグ・ファイティングを開催したのであった。地方判事は、反省のない法律無視と動物を闘争用に訓練する恣行に言及し、「犬が他の犬に危害を加えるのを見て楽しむ娯楽」の残虐性を厳しい口調で非難した。この男の住居を家宅捜査した警察は、傷を縫合するための糸や注射器、犬を安楽死させるための薬剤を押収したほか、全身傷だらけの三頭の犬を保護した。この一件について、王立動物虐待防止協会の主任警部イーアン・ブリッグズは、「この度の判決は、大きな前進である」と述べたが、同時に、「どんなに犬を愛しているかまくしたてるのだけれども、この男は決してドッグ・ファイティングをやめようとしなかった」と付け加えた。「俺と犬とは兄弟以上の仲だ」とか「あいつに命をかけているんだ」とかいう言葉で、自分が真の愛犬家であることを標榜する闘犬の飼い主は多い。社会の片隅に追いやられ、暴力や不正な手段を使ってでものし上がるしかない自分と、命を賭して闘う飼い犬とを重ね合わせているようなところもある。この娯楽の残虐さが取り上げられ、不法な興奮剤の使用や法外な賭け金が動いていることが指摘されるとともに、禁断のスポーツとしてドッグ・ファイティングはさらに盛んになっているようである。

この娯楽の愛好家にとって、ドッグ・ファイティングの醍醐味は犬の勇猛果敢な闘いを見ることにあるのだろう。しかし、そこに、激しい闘いによってかき立てられる興奮、犬への思い入れと賭け金にかかわる欲望が介在していることは確かであり、法律で禁じられたこの娯楽がおおっぴらに行われることがはばかれられているがゆえに一層、まるで規制の主な理由である残酷さの抑制をあざ笑うかのように、ときにはいずれかの犬が命果てるまで闘わせる過激な勝負を求める傾向があることも事実である。法律を無視したドッグ・ファイティングが反社会的な若者を中心に過激な形で行われているとすれば、動物虐待禁止法成立の背景にあったとターナーが指摘したような、被支配者層の反逆を恐れる支配者層の恐怖が生まれたとしてもおかしくない。イギリスでも新たな格差社会が生まれつつあると言われ、一九世紀の動物愛護運動の背後にあった階層間の対立構造が重なって見えるのである。

先に、イギリスにおいても飼い主の無知や身勝手による動物虐待が増加し、その対策として二〇〇六年に動物福祉法が制定されたが、その効果がなかなか見えない状況にあることを見た。ドッグ・ファイティングの流行がそれに輪をかけるような形で、より苛烈な動物に対する残虐行為を助長しているのかもしれない。また、凶暴な闘犬による危害が動物に対する恐怖をあおっているとも考えられる。実際、一八三五年に動物虐待禁止法が施行された後にもドッグ・ファイティングが密かに行われ続けたように、二〇〇六年の動物福祉法を意に介さぬかのような残虐行為が次々と明るみに出ているのである。これは、まさしく一八三五年の動物虐待禁止法以降のこの国の動物愛護運動をないがしろにするものであり、それ以前の動物虐待が当たり前のように行われていた慈悲なき社会へ逆戻りするのではないかという懸念をいだかせるものである。このような事態に至った背景に何があるのか、ドッグ・ファイティングを取り巻くイギリス人の犬への関心とその社会的変化を中心に辿ってみたい。

二　称揚された闘う犬の歴史

イングランドの勇士・マスティフ

人間社会の変化に応じて人と動物との関係に変化が生じるのは当然のことである。農業中心の社会から産業社会に移行するとともに、それまで大きな役割を果たしていた多くの家畜は、都市の人々の生活からは姿を消していった。しかし、従来の家畜としての役割は失われたが、ほかの馬や牛などの家畜と違って人々の生活に深く入り込んでいた犬は、人間の仲間として、家庭犬あるいはペットとして人間の生活に適応することをより強く求められるようになった。ただし、このような傾向は一九世紀の半ばのイギリスで顕著になったことであり、長い歴史からみれば、ほんの一五〇年前のことである。それまでは、人間にとって犬の重要な役割は猟犬、牧羊犬、番犬、軍用犬としてのものであり、鋭い牙と強靱な顎、不屈の闘争心がその特性として重視された。

一六世紀の末頃、イングランド人は自分たちの国が犬の国であることを誇りにしていたようである。ジョン・リリーの『ユーフュイーズと彼のイングランド』にはイングランドに言及する「この国には一つ優れたことがある。スパニエル、ハウンド、マスティフなどあらゆる種類の犬がいることだ」という言葉がある。ファインズ・モリソンの『旅行記』にも、「イングランドでは世界中のほかのどの地域よりも犬が多いし、その種類も多い」という指摘があり、さまざまな犬の種類への言及がある。当時、イングランドが犬の国であることは、ヨーロッパ諸国に鳴り響いていたようである。アブラハム・オルテリウスもまた『世界劇場縮図』において、イングランドで注目すべきものは女性と「素晴らしく大きく、ほれぼれするような猛々しさと強さをもつマスティフ」であると述べている。このほかにも、多くの旅行者がイングランドの犬、とりわけマスティフに注目している。

オルテリウスの言葉にあるように、当時有名であったのはマスティフであった。『オックスフォード英語大辞典』には、「犬」(dog) という英語そのものが、「大きくて、力の強い種類の犬」を指し、近隣諸国の言語に「イングランドの犬」という形で移入されたと説明されている。カエサルの『ガリア戦記』にすでに、ブリテン島に大きな体の番犬がいたことが書かれ、中世を通じて、さまざまな種類の大

図1−1　闘う犬・マスティフ

型犬が、番犬として、あるいは使役犬として働いていたことを示す資料がある（図1－1）。「マスティフ」の語源を辿れば、「飼い馴らされた、おとなしい」という意味のほかに「雑種の」の意味もあるように、もともとは、人によく馴れた大型犬の総称であったと考えられる。

恐らくは、イングランドの勢力が強くなり、自国意識が高まるなかで、マスティフはイングランドの犬として、新たな意味を付与されて脚光を浴びるのである。『ヘンリー五世』のなかでシェイクスピアは、フランスの将軍たちにこのように言わせている。

ランビュアズ　あのイングランドの島はなかなか勇敢な生き物を生み出します。彼らのマスティフは、比類のない勇気をもっています。
オーリアンズ　愚かな野良犬ですよ。ロシアの熊の口のなかへ眼をつぶって飛び込んで行き、腐ったリンゴのように頭を砕かれるのだから。
それをほめれば、ライオンの唇の上で朝食をとる蚤を勇敢だと言うようなものですよ。
軍司令官　まさにそのとおりです。そして、イングランドの男はマスティフと同じなのです。
知恵を女房と一緒に国に残し、

闇雲に突っ込んでくるのだから。
連中に大量の牛肉と鋼鉄の武器を与えれば、
狼のように食らい、悪魔のように戦うでしょう。

オーリアンズの説明するマスティフの勇猛果敢な闘いぶりは熊攻めのイメージで語られるが、これより先、三幕五場にはイングランドの風土が生み出すイングランド人の兵士の勇猛な気質に驚く軍司令官の言葉があり、ここではイングランド人の男たちとマスティフはその勇猛果敢な闘いぶりで結びつけられている。

剣を交えて血塗れになって闘うことが現実であった当時には、粗野ではあっても剛胆な勇気が評価されていたのであった。それは大陸の列強のなかに割って入ろうとする国家形成期のイングランドの自国意識とも密接に結びついており、当時のイングランド人は熊や雄牛に立ち向かう犬に自らを重ねていた節がある。

熊攻めは当時、勇敢な兵士を生み出す国の国民的娯楽として広く是認されていたのである。そして、マスティフの勇猛な特質は、実際、このスポーツのためにのみあったのではなかった。広範囲な公文書集成とも言うべき『ステート・ペイパーズ』によると、エセックス伯爵ウォルター・デヴェルーは一五九八年のアイルランド遠征に一万二〇〇〇人の兵士と三〇〇〇頭のマスティフを伴ったという記録がある。これは信じがたい数字だが、別に二〇〇頭から三〇〇頭のマスティフを連れて行ったという記録もある。いずれにせよ勇猛なマスティフが軍用犬として用いられたことは事実であろう。また、ヴァージニアの植民地にもマスティフは連れて行かれた記録が残っている。

また、外国に赴任したイングランドの大使たちは、勇猛果敢なマスティフのことを吹聴し、ときにはマスティフを進物として贈ったらしい。それは、イングランドの強さを誇示する一つの政策であり、東インド会社も同様の政策をとった。一六一五年にムガール帝国でイングランドから贈られたマスティフがヒョウと熊を次々と倒したがペルシャ犬は臆して何もできなかったという記録や、同年にインドでは若いマスティフがトラを殺したという記録などが存在する。また、ロンドンを訪れた外国の大使は、熊攻めや牛攻めにしばしば招待された。ウィリアム・ハリソンの『イングランドの描写』には「フランス王の目の前で、一頭のマスティフが、独力で、まず巨大な熊を、次にヒョウを、そしてライオンを次々と倒した」さまが書き残されている。これは一五七二年二月のことで、フランス王を歓待するだけではなく、当時進行中であったエリザベス一世とアランソン公爵の婚姻の交渉において、イングランドの力を誇示する意味をこの行事が帯びていたことを意味する。一七世紀において、熊攻めや牛攻めは、野蛮な興奮を引き起こす粗野な民衆娯楽として楽しまれただけでなく、自国意識形成の道具でもあったのである。

マスティフとブルドッグ

一五七〇年にジョン・キーズによってラテン語で書かれ、一五七六年にエブラハム・フレミングによって翻訳・出版された『イングランドの犬について』のマスティフについての説明からも、当時イングランドの人々がこの犬に寄せていた思いはうかがえる。

マスティフあるいはバンドッグと呼ばれるこの種の犬は、巨大で頑強であり、不格好であるが、好奇心旺盛である。図体が大きく重量もあるため敏捷ではない。外見は恐ろしく、勇猛で心胆を寒からしめる。人間を恐れて臆するところがない。したがって、いかなる武器にもひるむことがなく、その剛胆の気が矯められることはない。

一五七五年にエリザベス女王の行幸を得た初代レスター伯爵ロバート・ダドリーは、歓待の一環としてケニルワース城で熊攻めの余興を催した。このときの様子をロバート・レイナムというロンドン市民が友人に書き送っているが、その手紙のなかに、「六月の一四日、女王陛下がお越しになって六日目のことですが、一三頭の熊が中庭につながれ、大型のバンドッグが外庭に集められました」という部分がある。ここで述べられている「大型のバンドッグ」はマスティフのことだと考えられる。マスティフとバンドッグを同犬種として説明するキーズの『イングランドの犬について』では、マスティフは大型の犬と説明されているが、「キツネやアナグマを寄せつけないためや、野生や家畜の豚を追うために使われる。また、牛攻めにも使われる」という説明も付け加えられている。この説明からすると、この犬は、それほど大型ではなく、敏捷で、狩りに向く適度の大きさの犬であるとも考えられる。熊攻めや牛攻めにおいても、当初、それが主に宮廷人の間で楽しまれていた頃には、勇猛な大型のマスティフが用いられていたが、この娯楽が一般庶民にも広く楽しまれるようになる頃から比較的小型のマスティフが好まれるようになってきたようである。小さな犬が大きな熊や雄牛に果敢に立ち向かう方が、悲壮で、大きな興奮を呼び起こすことが分かってきたからである。一七一九年に発行された『イングランド見聞記』で、フランス人旅行者のアンリ・ミソンは牛攻めの様子を事細かに伝えている。

数人の肉屋と紳士が、自分の犬を使いたくてうずうずしながら、めいめいの犬の両耳をつかみ、雄牛を取り巻いている。勝負が始まると、一頭の犬を放つ。犬は雄牛の周りをぐるぐる回る。雄牛は、身動きできず、軽蔑した眼で犬をにらみつけ、角を向けて犬が近づけないようにする。

ここで登場する犬について、ミソンは欄外に「並の大きさである」という注を付けている。この後に続く「犬は牛の腹の下にもぐり込んで、牛の鼻面や喉袋に食らいつこうとする。一方、牛は角を犬の腹の下に滑り込ませて、空中高く跳ね上げようとする。犬はそうはさせじと地面に這いつくばるが、ときには角に掛かり三〇フィートも跳ね上げられ、墜落したときに首の骨を折り、落命する犬もいる」というような描写から、ここで牛攻めに使われている犬は、体高の比較的低い、それほど大きくはない犬であると考えられる。

すでにここには、ブルドッグを想起させるものがある。牛の角に掛けられないように、牛攻めには次第に足の短い犬が使われるようになっていたのである。その結果、一九世紀の初めには、「マスティフ」は大型のマスティフのみを指すようになり、とくに番犬として広く用いられた中型のマスティフは、「バンドッグ」と呼ばれ、牛攻めに用いられたマスティフは「ブルドッグ」と呼ばれる傾向があったと考えられる。

「ブルドッグ」という呼称は、頭の形が雄牛に似ていることに由来するという説もあるが、一般には牛攻め用に改良された犬であることに由来するという説が広く行き渡っている。当時のブルドッグは、今日広く知られているイングリッシュ・ブルドッグのように鼻面は短く詰まっていないし、弓形に開いた外股の短足ではない。また、ことさらに大きく張り出した胸をしているわけではない。イギリスを表象するものの一つであり、しばしばウィンストン・チャーチルと重ね合わされる現代のブルドッグは、一九世紀になってから愛好家たちによってマスティフとパグなどを交配することによって作り出された犬種である。食らいついたら離れない強靱な顎を誇張し、不敵な面構えで獰猛さを強調しているが、この犬種は、決して実戦的な闘犬ではなく、愛好家たちの想像力によって作り出されたペットの類である。国家表象はしばしば戯画化されるように、かつて熊や雄牛に挑み掛かったブルドッグの勇猛さが誇張され、結果的に広く受け入れられたものである。実際に熊や雄牛に立ち向かったブルドッグの流れを引くのは、一般に「ピット・ブル」と呼ばれているスタッフォードシャー・ブル・テリアやアメリカン・ピット・ブル・テリア、アメリカン・スタッフォードシャー・ブル・テリアである。獰猛で危険な犬として、イギリスでは飼育が制限されているが、犬同士を闘わせるドッグ・ファイティングに用いられているのはこれらの犬である。

国家表象としてのブルドッグ

シェイクスピアの一六〇〇年頃の作品である『ヘンリー五世』においてすでに、マスティフの勇猛さとイングランド軍兵士の勇敢さと重ね合わせる自国意識の発露が見られることを先に述べたが、実際に、一五九八年にロンドンを訪れたドイツ人のポール・ヘンツナーは、その旅行記『イングランドへの旅』において、ロースト・ビーフなどとともにイングランド的なものとして「イングランドのブルドッグ」に言及している。また、マスティフあるいはブルドッグがその後も「イングランドの犬」として様相を深めていったことは、スイス人の旅行者であるビート・ルイ・ド・ムーラールトの一七二六年の手紙からもうかがえる。

忌憚なく言えば、イングランド人と彼らの犬の間には多くの点で非常に強い類似性がある。どちらも、寡黙で強情、腰は重いが疲れをしらない。決して喧嘩好きではないが、勇猛で、戦いに熱中し、殴打には鈍感で、引き離すことは不可能である。

図１−２『イングランドの犬』

西洋社会には古くから、動物を擬人化する『イソップ物語』などの寓意物語の伝統や、動物を紋章に用いるエンブレムの伝統があるが、一八世紀になって国家間の勢力争いが激しくなるとともに、国家表象として動物を用いて権勢を誇ったり、逆にそれを揶揄の道具にすることが盛んになる。とくに、人々のゼノフォービア、すなわち外国や外国人に対する嫌悪や恐怖をあおって自国意識を涵養する目的で作られた風刺画やパンフレットにそれぞれの国を表象する動物が現れる。イングランドを表象する動物としては、王室紋章に使われている「イングランドのライオン」とともに、マスティフあるいはブルドッグと覚しき「イングランドの犬」が登場する。

面白いことに、その初期の事例は、一六七二年に世に出たオランダの風刺画（図１−２）に見られる。図版の中央に仰向けに倒れているのはイングランドを表象する女性で、高慢の象徴であるクジャクを抱えている。彼女を踏みつけているのはオランダを表象する女性である。一方、画面の前方では、オランダ人の男性が犬の尾を斧で切り落とそうとしている。この男に向かって吠えかかっている犬もいるが、多くの犬は逃げ去ろうとしている。また、すでに痛手を負ったのか、座り込んで傷をなめているように見える犬もいる。この風刺画は、勢力を拡大してきたイングランドを牽制するもので、高慢なイングランドの僭越が戒められ、勇猛果敢な「イングランドの犬」の力は難なくオランダによって矯められているのである。

The Gallic Cock and English Lyon or A Touch of the Times

図１－３ 『フランスの雄鶏とイングランドのライオン』

The Whipping Post!
Makes poor Britannia shew her Breech.

図１－４　ジョーンズ『むち打ちの柱』

一八世紀の中頃から一九世紀の初めにかけて、イギリスはこのような風刺版画の全盛時代に入るが、一七三九年の作者未詳の風刺画『フランスの雄鶏とイングランドのライオン』（図１‐３）には、「フランスの雄鶏」に目をつつかれて苦戦する「イングランドのライオン」が描かれている。画面の右端に描かれた「イングランドの犬」はライオンを助けようとするが、鎖で木につながれている。これは、イギリス商船の船長ロバート・ジェンキンズがスペインの艦船の臨検を受けた際に片耳を切り落とされた事件に端を発した戦争において、フランスとスペインに対して断固とした態度をとることができなかったロバート・ウォルポール政権を批判する風刺画である。

また、一七六二年のデイヴィッド・ジョーンズ作の『むち打ちの柱』（図１‐４）には、イングランドを表象するブリタニアが半裸で柱に縛り付けられ、スコットランドの民族衣装であるキルトを着た男にアザミのむちで打たれている様子が描かれている。ここにも、ブリタニアを助けようとするが、鎖につながれているためにどうすることもできない「イングランドの犬」が描かれている。この男はジョージ三世に重用されたスコットランド出身の第三代ビュート伯爵ジョン・ステュアートである。当時、スコットランドおよびスコットランド人に対するイングランド人の偏見と優越感は強く、図版はビュート伯爵がスコットランド寄りの政策を進めていると考えるイングランド人の危惧を表したものである。本来はイギリス統一の象徴であったはずのブリタニアは、ここではイングランドの表象として用いられている。

この後、ブリタニアは、大英帝国の発展とともにイギリス全体、そして大英帝国の表象として盛んに登場するようになるのであるが、「イングランドの犬」も、また、国家表象あるいはナショナル・キャラクターとして次第にブルドッグの姿を明確にしてゆくのである。

PUNCH, OR THE LONDON CHARIVARI.—December 31, 1859.
JOHN BULL GUARDS HIS PUDDING.

図1－5　「ジョン・ブル、プディングを守る」

大英帝国のブルドッグ

一九世紀に入ってそれまでの風刺版画に代わって社会風刺の手段として登場したジャーナルにブルドッグが盛んに現れるようになる。その代表とも言えるのが、一八四一年にヘンリー・メイヒューによって創刊された絵入り週刊誌『パンチ、あるいはロンドンのシャリヴァリ』である。この週刊誌は、副題にうかがえるように、一八三二年にパリで創刊され、辛辣な風刺を売り物にして成功した日刊紙『シャリヴァリ』のロンドン版を狙ったもので、創刊当初、その激しい社会風刺で人気を集めた。その風刺性は一八世紀初めの摂政時代の風刺版画の伝統をくむものでもあったが、その主たる読者がそれまでの貴族や地主を主体にしたイギリス経済・社会体制の変化を牽引して新たに台頭してきた中産階級であったため、『パンチ』は、次第にその価値観や生活感を映し出すようになる。ある意味では、社会の中層から上下の社会変動を見る風俗雑誌の様相を帯びるようになる。主題の「パンチ」については、諸説あるが、民衆娯楽として人気の高かったスラップ・スティック的な人形劇である「パンチとジュディ」に由来するとされる。人形劇で妻のジュディと激しい殴り合いを演じるパンチと同じく大きなわし鼻のパンチ氏が紙面のあちこちに、世相を風刺する編集者として、あるいは世論の代表者として登場するが、彼の傍らにも、ブルドッグあるいは当時すでに愛玩犬として中産階級にも愛されていたパグとも見える愛犬トビーが寄り添っている。

そして、この週刊誌の真骨頂ともいうべき挿絵に、すでにイギリスを表象するキャラクターとして確立していたジョン・ブルと二重写しにされたブルドッグが、やはりイギリスの表象として盛んに登場するのである。ジョン・ブルは、一七一二年に発行されたジョン・アーバスノットの『ジョン・ブル物語』の主人公で、オランダを向こうにまわして国益を守る典型的なイングランド人として登場する。その後、スコットランドやフランスなどの内外の敵対者に対抗するイングランドを表象する人物として、さまざまな風刺画や政治的パンフレットにしきりに現れ、民意の代弁者としてときには相反する政治的な立場や信条を主張するために利用される。帝国形成期には、根本においてイングランドの利益を守る典型的なイングランド人であるジョン・ブルは、イングランド覇権を内在させたイギリスを表象するナショナル・キャラクターとして用いられるようになる。

Mr. Bull. "INVASION, INDEED! THAT'S A GAME TWO CAN PLAY AT!—WHY, TO HEAR THESE POODLES TALK, ONE WOULD THINK MY BULL-DOG WAS DEAD!"

図１－６「侵略だって、本当に！」

たとえば一八五九年一二月三一日号に掲載された「ジョン・ブル、プディングを守る」というキャプションのついた図版（図１－５）には、「古きイングランドよ、永遠に！」と記された大きなプディングを背に、鉄砲を手に身構えた威圧的な軍服姿のジョン・ブルが登場し、足下には威嚇的なブルドッグが控えている。プディングはイングランドの富を表象している。一方、一八五九年一一月一二日号の、「侵略だって、本当に！　プードルどもがしゃべり立てるものだから、イギリスのブルドッグは死んでしまったと思われるだろうな」というジョン・ブルの言葉を添えた図版（図1-6）には、イギリスを表象するジョン・ブルが登場する。ここでも、ジョン・ブルの傍らにブルドッグが控えている。この図版の背景には、クリミア戦争、アロー戦争、セポイの反乱などの騒動が続き、対処方法をめぐって第三代パーマストン子爵ヘンリー・ジョン・テンプルの内閣とダービー伯爵エドワード・ジョージ・スタンリーの内閣の間で政権がめまぐるしく代わった一八五〇年代の後半における世相がある。これに関連したものに、「お気に入りの肖像——新しい出で立ちのジョンブル」というキャプションのついた風刺画がある。一八五九年半ばに、パーマストン子爵を首相、ジョン・ラッセルを外相、ウィリアム・ユアート・グラッドストンを大蔵相とする内閣は、イタリア統一をめぐるフランスの干渉をかろうじて回避するが、このときのフランスの干渉を批判したもので、国民感情を映し出すジョン・ブルの落ち着いた、威圧的な姿とともに、それを支えるかのようなブルドッグの姿が描かれている。

　時代はずっと下がるが、いずれもイギリスを表象するジョン・ブルとブルドッグがまさに一体化したものに、ブルドッグの胴体にウィンストン・チャーチルの顔のついた戯画や陶器像がある。ヴイサインをした手を差し出すお決まりの姿や、トレード・マークとも言える葉巻やステッキを手にもったチャーチルがブルドッグを従えていたり、あるいはそのような姿をしたチャーチルの顔がブルドッグにすげ替えられたものもある。二〇〇三年に発行された、長年チャーチルの警護にあたったウォルター・トンプソンによるチャーチルに関する逸話集の書名『ブルドッグのそばにいて』からも言えるが、典型的なイギリス人としてしばしばジョン・ブルに擬せられるチャーチルとともに、ブルドッグが強いイギリスあるいは逞しいイギリス人の表象となっているのである。

三　アニマル・スポーツの伝統

テューダー朝の熊攻め

ブルドッグがイギリスの国家表象として確立した背景には、軍用犬あるいは番犬として名をとどろかせたマスティフの存在があったことは確かであるが、熊攻めや牛攻めにおけるブルドッグの活躍が大きかった。この「強いイギリス」の表象は大英帝国形成の時期と重なり合って確立されてゆくが、それはまた、イギリス社会で広く行われた動物を用いる民衆娯楽によって支えられていたと言える。つまり、残酷さへの非難はあったが、それを勇猛果敢なものとして賞賛する声が大勢を占め、「強い犬」は不屈の敢闘精神の隠喩として容認されていたのである。

熊攻め、牛攻め、闘鶏、ドッグ・ファイティングなどなど数え上げればきりがないほど、「動物いじめ」のさまざまな娯楽がイギリスにはあった。猟犬の訓練が娯楽化したものであるのか、狩猟そのものが擬似狩猟として娯楽化したものであるのか、それともローマ時代の残酷な余興にその起源があるのか定かではないが、これらを総称して「アニマル・スポーツ」と呼ぶ。この語は、本来は、もっと広義の「生きた動物を用いるスポーツ」を指す言葉であろうが、いまやイギリスの民衆娯楽についての古典となった観のあるロバート・W・マーカムソンの『イングランド社会の民衆娯楽――一七〇〇年―一八五〇年』におけるように、いわゆる「動物いじめの娯楽」に限定して使われる傾向がある。これらの娯楽はその残虐性のゆえに文字どおり「残酷スポーツ」あるいは「ブラッド（流血）スポーツ」と呼ばれることもあるが、それに対して「スポーツ」という語を用いるべきではないという主張もある。しかし、『オックスフォード英語大辞典』が、「スポーツ」の語義の一つに「野生動物を捕獲する娯楽」があるとし、一七世紀に現れたこの語義の初出例としてアイザック・ウォルトンの『釣魚大全』におけるカワウソ狩りに言及する文例を挙げているように、「スポーツ」という語は本来決して「流血」とは無縁ではない。

残虐性への非難を含んだ「ブラッド・スポーツ」という語が広く使われるようになったのは、博愛者同盟の創設者であるヘンリー・ソルトがしきりに使ったからだと言われている。少なくとも一九世紀に入って動物愛護運動が盛んになるまでは、残酷さを指摘する声はないわけではなかったが、大勢としてはこのようなアニマル・スポーツを容認し、称揚する伝統がイギリスにはあったと言える。

一七世紀初めの風刺詩人サミュエル・バトラーは、ドン・キホーテよろしく馬にまたがって各地を旅した見聞記の形をとった『ヒューディブラス』において熊攻めの来歴について次のように語っている。

しかし、いまや一段と残酷さを増した娯楽が、
村のわいわい連を集めていた。
古くからの気晴らしの一つで、
物知りの肉屋が熊攻めと呼んでいるものだ。

勇気の要る、危険な余興であり、
絶賛を受けた英雄も数々いる。
その起源を古代ギリシャのイストミアや
ネメアの競技会とする説もあれば、
北天にあって、杭につながれた熊のように、
極柱の周りを回る星座にあるとする説もある。

ネロの時代にキリスト教徒の同胞を殺害した、
異教徒のことも本で読んで知っている。
キリスト教徒を熊の毛皮で包んで縫い合わせ、
耳の周りに犬をけしかけたというのだ。
そこから、間違いなく、この俗悪な、
キリスト教に反する娯楽が生み出されたのだ。

しかし、一二世紀にはすでにこの娯楽はロンドンを中心に広く楽しまれていた。一一七四年に書かれたウィリアム・フィッツスティーヴンの『ロンドンの描写』には、「冬の祭日には、若者たちは、午前中、イノシシが音をあげるまで攻め立てられ、牙を立てて向かってくる雄豚が徹底的に痛めつけられるのを見て楽しむ。雄牛や大きな図体の熊が犬に攻め立てられる余興もある」という記述が見えるし、一三六三年にはエドワード三世が、かつては弓術の訓練にいそしんだ国民が、この種の「不誠実で、つま

らない、無益な娯楽」に耽っていることを嘆き、これらを禁じる布告を出している。

この娯楽は、テューダー朝のイングランドにおいて一層盛んになり、王侯貴族や宮廷人から徒弟まで、広く市民に楽しまれた。シェイクスピアの作品には先に見た『ヘンリー五世』の例のほかに、一六〇六年作とされている『マクベス』にも、敵に攻囲され、いよいよ追い詰められたマクベスの「奴らは俺を杭に縛り付けた。もう逃げることはできない。熊のように最後まで闘うしかないのだ」という熊攻めのイメージで語られる台詞がある。パリス・ガーデンをはじめとするベア・ガーデンには庶民だけでなく王侯貴族も足繁く訪れ、芝居を観るのと同じように動物いじめを楽しんだと言われる。

すでに見たように、宮廷内でも、外国大使の歓迎行事など事あるごとに熊攻めや牛攻めが行われた。エリザベス一世が戴冠した翌年の一五五九年五月二五日にも、フランス大使一行をもてなす晩餐会の後、イングランドの勇猛な犬たちによる熊攻めと牛攻めが行われ、女王と大使一行は「夜の六時までこの余興を楽しんだ」という記録が残されている。

ジェイムズ一世もエリザベス一世に劣らずアニマル・スポーツを好んだ、当時、国王の求めに応じて熊や犬を準備し、この行事を取り仕切る「国王御用命熊係」という役職があったが、一六〇四年にこの役を仰せつかったのが、有名な俳優でフォーチュン座の小屋主でもあったエドワード・アリンだった。アリンは、ローズ座の小屋主であるフィリップ・ヘンズローとともにパリス・ガーデンの持ち主でもあったのだが、この娯楽に必要な動物を集めるのは容易ではなかった。どんどん消耗されるので熊や雄牛、犬が半ば強制的に集められたために悶着が起こることも多く、やがて一定期間のうちに一定の動物を提供する約束を交わす地域も現れた。この時期、この娯楽は国家的娯楽として国を挙げて維持されていたと言える。また、王侯貴族の間だけではなく、むしろ国民的娯楽として社会のあらゆる階層にも人気があった。商業演劇の担い手であったアリンが、この娯楽を商売の道具にするのに手をこまねいているわけがなかった。アリンによる興行の宣伝文である。

明日は木曜日、バンクサイドの
ベア・ガーデンにてエセックス伯の
手練れによる大試合を開催予定。
いかなる挑戦にも応じる所存。
一頭の熊に五頭の犬をけしかけるのが五ポンド、
雄牛をさんざん苦しめて倒すのも五ポンド。
さらに面白いことには、馬や猿の登場する
愉快な余興もあり。国王陛下万歳。

図1－7　オルケン『牛攻め』

犬をけしかける動物は、熊や雄牛だけではなかったことがここにもうかがえる。ロンドン塔で飼育されていたライオンがその対象になることがあったし、当時、まだブリテン島に棲息していた野生のイノシシやアナグマが登場することもあった。

この娯楽はまた、ロンドンで行われただけではなく国中に広まっていた。パリス・ガーデンの興行のように大がかりではなかったが、地方の都市や農村でも祝祭日や縁日の呼び物として、また酒場の主催する娯楽として盛んに行われるようになっていた。やがて、熊やアナグマの入手が次第に困難になるにつれて、家畜として飼育されているため入手が容易で、猛々しさをとどめている雄牛を用いる牛攻めに重点が移っていった。広場の中央に立てた杭に雄牛をつなぎ、犬をけしかけるという安直な形で行われるものも多かった。気性の激しい馬が用いられることもあったが、イギリスでは人々の馬に対する愛着が深く普通には食肉用にはされないため、馬ではなく主として牛が広く用いられた。牛攻めで殺された牛の肉は食肉用に処分された。食肉用の動物の雄は若いときに去勢されるのが普通で、去勢されていない雄牛は牛攻めにかけられた後でないと食用に適さないとされた。激しい運動によって血が薄くなり、肉が柔らかくなると考えられていたのである。

これらの時代を通じて、イギリス人と犬との深い関係は続いていた。残酷だという非難はあったものの、牛攻めは相変わらず人気のある娯楽であったことは、ヘンリー・オルケンの一八二〇年頃の作とされる『牛攻め』(図1－7)をはじめとする多くの絵画作品からもうかがえる。勇猛な犬は、イギリス文化の中心にあったのである。その一方で、牛攻めを禁じる法令の制定を求む声も強くなっていた。何らかの形で祝祭に結びつき、無礼講的な開放感を伴うこの娯楽はしばしば暴動まがいのどんちゃん騒ぎを引き起こしたのが主な理由であった。

ドッグ・ファイティングの流行

動物を用いた娯楽の歴史において、もっとも手強い狩りの相手であった熊に犬をけしかける熊攻めと比較的容易に手に入る最大・最強の動物である雄牛に犬をけしかける牛攻めが主流をなしていたが、その根底には犬を用いて動物を狩るスポーツの伝統があった。攻撃の対象としてアナグマやイノシシが用いられることがあったことはすでに述べたとおりである。その意味では、犬同士の力を競うドッグ・ファイティングは、他の動物を相手とするこれらのアニマル・スポーツとは異なり、当時やはり民衆娯楽として人気の高かったレスリングやボクシングと同じように、公平な力試しであり、名誉をかけたものであった。

ドッグ・ファイティングが盛んになるのは一九世紀に入ってからのことであるが、見世物の娯楽としては一七世紀の中頃に始まっていた。このことは、友人たちと訪れたベア・ガーデンで、闘鶏とドッグ・ファイティング、熊攻めと牛攻めが行われていたことを書き残している、先に見たイーヴリンの一六七〇年六月一六日の日記によって確かめられる。

一八世紀に入ってもこの娯楽が人気を保っていたことは、ゲイの一七二八年の作品『乞食のオペラ』において、悪漢たちのたまり場として、マラバン・ガーデンズやホックリー・イン・ザ・ホールなどのドッグ・ファイティングが行われた場所への言及があることによっても確かめられるが、ゲイの一七三八年発行の『寓話集』に収められている「マスティフ」からは、実際のドッグ・ファイティングの場の熱気と興奮が伝わってくる。

ホックリーホールでもマララバンでも、
わが犬の闘いぶりは知れ渡っている。
奴は、臆病者のがき大将のように、
人前で始めた喧嘩をなだめられて、
途中でやめたりはしない。

闘いの結果が名誉であろうと恥辱であろうと、
そのおこぼれにあずかろうなどと考えるのは早計。
男たちは、口汚くののしりあい、
雷鳴のような大声でどなりちらしながら、
しっかりとつないである犬たちを引き離した。
あらゆる方向からこん棒と足蹴りが飛び出し、
マスティフの皮にあたって跳ね返った。
いまやすっかり汗と血にまみれた、
引き離された戦士は、しばしの間、突っ立っていたが、
ちょっかいを出してくる犬に、躍りかかった。
そいつは、恐れをなして声を上げ、這いつくばった。
やがて、腰を上げ、両の胴に傷を負って戦意を失い、
すごすごと立ち去った。

このようなロンドンの闘犬場を足繁く訪れたのは「血気盛んな若者たち」であった。彼らは、しきりに強い闘犬を求めた。第二代キャメルフォード男爵トマス・ピットはそのような一人であった。一八〇三年ピットは、犬の体重一ポンドにつき二ギニーの代価で、当時無敗を誇っていた闘犬を譲り受ける。この犬の重量はおよそ四〇ポンドだったので、八〇ギニーがこの犬の値段であった。しかし、実際には、現金ではなく、ピットが愛用していたピストルとピストル・ケースでこれに代えた。ピストルの値打ち

は四〇ギニー、ケースの値打ちは四四ギニーだとされた。ピットの意図は、このような誉れ高い犬を金でやりとりするのはその名誉を汚すものであるということであった。

ピットの持ち犬になった後、友人であったボクシングのイングランド・チャンピオン、ジェム・ベルチャーにちなんで「ベルチャー」と名付けられたこの犬は、その後、ある試合では並み居る敵に致命傷を与え、そのうちの三頭にはその場で引導を渡すという勇猛果敢な闘いぶりを示し、一〇四試合で勝利したと伝えられている。ピットは、後に、「こんなにも無敵な二つのものは、一緒におくのがよい」と言って、この犬をベルチャーに贈った。ベルチャーは喜んでこの好意を受けたが、謙遜してこの犬の名前を「トラスティ」に変えた。大きな傷跡を身体に残し、鋭い牙をのぞかせる、この犬の版画（図1-8）が残されている。血気盛んな数々の逸話を残しているピットは、一八〇四年、親しかった友人と些細なことで喧嘩し、ピストルでの決闘によって命を落としている。このような道楽の世界が存在し、このような名誉に生きる男がいた時代があったのである。ドッグ・ファイティングはそのような男たちのよりどころであった。

トマス・ローランドソンの版画『ドッグ・ファイティング』（図1-9）からも実際の試合の様子が手に取るように分かるが、ここに一八二五年の一月一八日の夕方に、当時もっとも有名な闘犬場であったウェストミンスター・ピットで行われたドッグ・ファイティングの模様を伝える『スポーティング・マガジン』の記事がある。

ウェストミンスター・ピットは首都のドッグ・ファイティング愛好家であふれんばかりの満員であった。彼らはボニーと札付きの新参者ガスとの勝負を楽しみにしていた。賭け金は四〇ソヴリンに上った。

すべての段取りは観客が十分に満足するものであった。リングは洒落たシャンデリア式の燭台とふんだんに並べられた燭台の灯で明るく照らされていた。犬たちは午後八時に、オーナーに先導されて、万全の状態で登場した。ボニーの人気が三対一で、試合開始の一〇分前までこの賭け率が続いた。これはボニーに対する信頼の証であった。それはひとえにあまねく知られているボニーのこれまでの輝

図1－8　勇猛なる闘犬・トラスティ

図1－9　ローランドソン『ドッグ・ファイティング』

かしい戦績によるものだった。特別に贔屓《ひいき》のない観客にとっては、新参者のガスが闘志あふれる激しい闘いの炎を放っているように見えた。決闘は通しで一時間五〇分続いた。結局、ボニーが意識不明の状態でリングから運び出され、暖かい寝床に入れられ、すぐに包帯が巻かれた。三〇〇人近い人がこの試合を見に来ていた。

これらのドッグ・ファイティングは入場料を取り、その大部分は興行主すなわち闘犬場の小屋主の収入となったが、一部は勝負に勝った犬のオーナーの取り分に当てられた。観客はその勝負に金を賭け、犬のオーナーの間でも現金による賭けが行われた。勝負の公正さを保つために細かい規則があり、おおよそ次のような形で行われた。

(一)　試合は犬の体重別に行われ、勝負の前に厳格な体重測定があった。双方で合意した審判が二名と、時計係がおかれた。一二フィート四方の正方形のリング上で行われた。
(二)　試合に先だって、危険な毒物や油が塗られていないかを確かめるために犬の身体は舌でなめられた。不審がある場合には試合後にも舌でなめて確認された。
(三)　双方に直径およそ二フィートのコーナーが相対するようにおかれ、セコンドによって犬は放たれた。交互にいずれの犬も中央に引かれたセンター・ラインを越えて攻撃することが求められ、最終的にセンターラインを越えて四本の脚すべてが入った状態で相手側の陣地にいる犬が勝者となった。
(四)　セコンドは試合中犬に触れてはならなかった。

（五）試合の終了は、セコンドが犬を抱き上げることでなされた。ただし、これは、双方の犬が離れているときにのみ許された。また、犬を抱き上げて試合の中止を求めた場合でも、相手の犬がなおも攻撃を続けてきた場合には、犬を降ろして勝負を続行しなければならなかった。

ドッグ・ファイティングの大衆化

このように一九世紀になると、ロンドンをはじめとする産業都市において、より大規模に、商業としてドッグ・ファイティングは行われるようになる。それを支えたのは、一つにはジャーナルの発達であった。とりわけ、狩猟や釣りなどの野外スポーツだけではなく、都市娯楽として新たに人気を得てきた闘鶏やドッグ・ファイティングなどを扱うスポーツ関係のジャーナルが陸続と誕生する。たとえば、『ベルズ・ライフ』や『スポーティング・マガジン』には、これらの興行の宣伝欄が常設されていたし、試合結果や試合の予告が掲載されていた。

『ベルズ・ライフ』について見てみると、一八二九年八月九日号の「体重四五・五ポンドのスコットランドの犬が、ついに同じ体重のスプリングと、今月二一日の金曜日に、二〇ポンドを賭けて対戦する。いずれも名うての猛犬であり、この試合への関心はいやましに高まっている」や一八三四年一月二六日号の「グラスゴーのマリー氏は、体重三四ポンドの白毛の犬ロックと体重二五ポンドの茶毛の犬スプリングを所有しており、王国全土から同体重の挑戦者を募っている。賭け金は一〇ポンドから二五ポンドを希望している」、あるいは一八三四年三月二三日号の「アイルランドの犬が闘いの相手として体重四一ポンドのイングランドの犬を広く募っている。賭け金は三ポンドから一〇ポンド。詳しくはランカシャーのへイウッドにあるパブ『ウィート・シーフ』に問い合わせられたし」などの記事がある。ドッグ・ファイティングはイギリス全土で広く行われ、郷土意識を反映したものになっていたことが分かる。

また、闘犬の飼育がロンドンを中心とした裕福な階級の者から地方のブリーダーの間にも広がっていたことが、先にも一度登場したドッグ・ファイティングの愛好家であったキャメルフォード男爵トマス・ピットに高額で引き取られた犬がさらにヨークシャーへ売られていったという事実からも分かる。

その犬は、一八〇九年にH・B・チャールトンの『ワスプ、チャイルドそしてビリー』（図1－10）に描かれた三頭のブルドッグのうちのビリーである。一八三五年に発行された『ニュー・スポーティング・マガジン』のこの絵についての解説のなかに次のような文章がある。

図1－10　チャールトン『ワスプ，チャイルドそしてビリー』

文明化の前進により、牛攻めはめでたく流行から外れた。しかし、イギリス固有のものであるため、ほかの国に連れて行かれたらその本領である獰猛さを発揮できない、そんな犬種の純正な見本として、そしてまた当時の名高い犬の肖像画として、ここに挙げた絵は気に入っていただけるかもしれないし、あながち不適切なものではないかもしれない。……白毛の犬、ビリーは、当時とても名高い犬で、かの有名なキャメルフォード卿に一〇〇ギニーあるいは一二〇ギニーで買い取られ、その後、ヨークシャーのボイトン家の所有するところとなった犬である。

このように闘犬の肖像画が描かれ、犬の繁殖や飼育が商売になるほど商業的な興行として成立する一方で、ドッグ・ファイティングは、庶民の安直な娯楽としても流行した。ロンドンでは一七世紀中頃から、肉屋や呼び売り商人、テムズ川の船頭の間でドッグ・ファイティングが盛んになり、手塩にかけて育てた闘犬を闘わせる勝負があちこちで行われ、街角には闘犬用の断耳の宣伝や闘犬を売り出す張り紙が方々に見られたという。

そのようなドッグ・ファイティングの会場となったのは主としてパブであり、ネズミを小型犬に追わせるネズミ攻めや闘鶏などと並んで、ドッグ・ファイティングが広く行われていた。日曜日には、何十頭ものブル・テリアがパブの周りにつながれ、飼い主たちは自分の犬の試合が始まるまで酒場で杯を重ねるという一種牧歌的な風景があちこちで見られた。しかし、パブの主人が売り上げを伸ばすためにとったこの客寄せの手段は、犬たちの激しい闘いと飲酒による興奮でパブを喧噪の場所にすることがままあり、ドッグ・ファイティングは次第に荒くれ者の残酷な娯楽として警戒されるようになった。当局が恐れたのは、この娯楽の残酷さそのものより、この娯楽に集まり、賭けや酒によって興奮をあおられた群衆が暴徒化することであった。一七七六年の『デイリー・ガゼッティア』にはホルボーンの上級警吏によって行われた手入れの様子が記されている。

二五〇人以上の闘犬愛好家、ならず者、煙突掃除人がドッグ・ファイティングをやっているのが発見された。警吏がリング上に踏み込むやいなや、連中は警吏に向かってマスティフ犬をけしかけた。

粗野で乱暴なドッグ・ファイティングについては、ロンドン北部のイズリントンの郷土史に、一九世紀の初めにこの地方にあった、ドッグ・ファイティングの開催場所として有名であったパブ「コペンハーゲン・ハウス」についての記述がある。パブの所有者が売り上げを伸ばすためにこの残酷な娯楽を積極的に催し、日曜日の朝にはパブの庭は六〇頭に及ぶ獰猛な闘犬と大酒を飲んだ荒くれ者であふれかえり、残酷な娯楽が次から次へと午後まで続いたという。何度も繰り返された警告や住民の強い抗議の後、ついに一八一六年に治安判事はパブの営業許可を取り消したという。

図1－11　オルケン『路上のドッグ・ファイティング』

しかし、このような取り締まりにもかかわらず、この時代、動物を用いる残酷なアニマル・スポーツは広く民衆の間に広がっていたことが、同じく一八一六年に書かれた、ロンドンのベスナル・グリーンでのアニマル・スポーツの繁盛ぶりを嘆く教区牧師の言葉からもうかがい知れる。

日曜日の朝は毎週、礼拝の間、数百人の人々が教会の境内に隣接する空き地に集まり、そこで牛攻めやドッグ・ファイティング、アヒル狩り、賭け事に耽る。

また、なかには広場や街角で、まるで出会い頭に行われるようなドッグ・ファイティングもあった。オルケンによる一八二〇年の『路上のドッグ・ファイティング』(図1－11)などにそれはうかがえるが、このようなドッグ・ファイティングは、しばしば悶着のもととなり、騒動の原因ともなったことは想像に難くない。後に狂犬病が流行するようになると、それまで町中をうろついていた、ときににわか仕立ての闘犬に仕立て上げられた獰猛な犬への恐怖が大きくなる。勇猛果敢な犬のイメージが獰猛で危険な動物のイメージに変化するのである。

ブラック・カントリーのドッグ・ファイティング

このようにさまざまな側面はあるが、ドッグ・ファイティングの人気の根底には、闘う犬に対する飼い主や支持者の熱い思いもあった。ロンドンの大規模なドッグ・ファイテングを中心に、優秀な血統の犬に肩入れし、競って所有しようとする裕福な人々がいた反面、手塩にかけて自分の犬を育てるドッグ・ファイティングの愛好者もいた。一八三五年の動物虐待禁止法の成立による牛攻めの衰退があったが、同じように禁じられたにもかかわらずドッグ・ファイティングは、むしろこの法律の成立以後さらに広く行われる傾向があった。大がかりな牛攻めに比べると、安直に行うことが可能であったため、ドッグ・ファイティングが労働者の間に広まったからだとされる。

しかし、動物虐待禁止法の成立以前から、この娯楽は庶民の間で根強い人気を保っていた。この時期、この娯楽がもっとも盛んであったのは、ロンドンよりもイングランド中部の産業地域や北部地方、アイルランドであった。とくに、豊かな石炭と鉄鉱石を産出したことにより一八世紀から重工業が発達し、工場から排出される煤煙に町並みが薄黒く汚染されたために「ブラック・カントリー」と呼ばれたバーミンガムの北西部地方において、炭鉱夫を中心とする労働者の間でその勝敗に金銭を賭ける娯楽として広がっていたのである。当初は牛攻めに使われたブルドッグをはじめとする闘犬が用いられたが、やがて、テリアとの交配によって、ブルドッグの特性である勇猛で不屈の闘争精神に加えてテリアの頭の良さと敏捷さを兼ね備えた闘犬が作り出された。これが興奮を高め、ドッグ・ファイティングをさらに面白いものにしていた。

当時、これらの犬は、ブルドッグとテリアの交配によって作り出されたために、単純に「ブル・テリア」と呼ばれていた。しかし、今日「ブル・テリア」として正式に認定されている犬種は、「ブル・テリア」と呼ばれた当時の闘犬とは明らかに異なっている。イギリスにおける犬種の認定は、一八七三年に創設されて以来、犬種ごとに典型的な形態を規定した犬種標準を作り、血統犬の保存と育成を統括してきた団体であるケネル・クラブによって行われてきたが、初期の闘犬用のブル・テリアとホワイト・イングリッシュ・テリアやダルメシアンなどとの交配を重ねて作り出された、あの卵形の顔をした短足のブル・テリアが、その得意な体型と容貌で愛玩犬としていちはやく人気を確立し、一八八〇年に犬種として認定されたのである。

本来「ブル・テリア」と呼ばれてしかるべき初期の闘犬の血統は、ドッグ・ファイティングの試合場を表す「ピット」という語を冠した、文字どおり「闘犬」を意味する「ピット・ドッグ」や「ピット・ブル」、それが作出された地方の名を冠した「スタッフォードシャー・ブル・テリア」と呼ばれる犬種に引き継がれている。「スタッフォードシャー・ブル・テリア」という犬種名がケネル・クラブによって公式に認定されたのは一九三五年のことである。

さて、これらの初期のブル・テリアのオーナーやブリーダーになったのは、貧しい炭鉱夫や農民、そしてその家族であった。強い犬を育てて売ったり、強い犬のオーナーとして賭け金を得るという欲望もあったが、強さそのものへの憧憬ともいうべきものがあった。危険で苦しく、厳しい炭鉱夫の仕事や搾取の激しい貧農の生活のなかで、血塗れになりながらも死ぬまで戦い抜く不屈の精神が、彼らの心を励ますのであった。厳しい生活は一面で家族の絆を強め、犬は家族ぐるみで育てられた。家族とともに写った愛犬の写真（図1－12）からは、家族の希望と誇り、愛情が伝わってくる。それは試合場で繰り広げられる残忍な光景とはいかにも裏腹なものである。ある炭鉱夫は帰宅するなり「ミルクはどうした」と妻に尋ね、「子供にあげました」と答える妻に「どうして子犬にやらなかったのだ」と不機嫌になったという。このような話が、ブラック・カントリーでは語り継がれた。

一八六六年に発行されたジョージ・R・ジェシーの『イギリスの犬の歴史についての研究』にはこんな話も載っている。一人の旅行者がブラック・カントリーにあるウェンズベリーの町にさしかかったところ、突然教会の鐘が鳴り出す。「何の鐘か」と尋ねると「サルに子供が産まれたお祝いさ」という答えが返ってくる。よく聞くと、サルとはその町では知らない者のない雌のブル・テリアで、普通ならもう子供を産めないほどの老犬なのだが、めでたく初産を済ませたというのである。ブル・テリアの繁殖においても人工交配が繰り返されることが多く、高齢での出産には難産や死産が多かったため、サルの無事な出産には人々の喜びが大きかったのであろう。なお、このような地方では、子犬を残して母犬が死んだ場合、女性たちが自分の母乳を与えるという記述も加えられている。いずれも、この地域が闘犬の飼育に熱心で、犬が人間同様のあるいはそれ以上の家族であることが分かる。

図1－12　スタッフォードシャー・ブル・テリアを育てる家族

ウィリアム・ハックウッドの『古くからのイングランドのスポーツ』には、命をかけて闘ったが武運つたなく敗れた犬をめぐる次のような逸話が紹介されている。

次の水曜日、五ポンドでドッグ・ファイティングが開かれた。一時間半の闘いの後、一方の犬が倒れて、死んだ。勝利した犬も相手の犬より一時間半長く生きていただけであった。しかし、それは、この犬を勝利者と見なすのに十分であった。飼い主はすぐさま、死んでしまったチャンピオンを自宅の庭に埋葬する準備に取りかかった。そこへこの犬の応援者の一人がやって来て、葬儀に一層の栄誉を添えようと、「しばし待たれよ。ひとっ走りして聖書を持ってくるから、埋葬のお祈りをしよう。彼ほどそれに相応しいものはない」と言った。

手塩にかけて育てた飼い犬の死は痛切なものであり、多くの闘犬はねんごろに葬られた。しかし、闘犬の飼育と訓練には、このように牧歌的でも、感傷的でもない厳しい面も当然あった。「負け犬に憐みは無用」という掟が生きている世界でもあった。実際、試合で敗北した犬は、その場で殺されるか、処分するために持ち去られるかのいずれかであることも多かった。一方、勝った方の犬は、飼い主やその犬に賭けた者たちにいたわられ、抱いて連れ帰られた。温かい湯で身体を洗われた後、毛布にくるまれて暖かい暖炉の前におかれ、負った傷のために命を落とすか、生き抜いて再び勝負の場にでるまで手厚く看病された。

厳しさは勝負の場だけにとどまらなかった。人間の子供たちにひもじい思いをさせても、子犬に、ミルクのみならず肉や卵などの栄養あるものも与えたが、ある段階に達すると闘争精神を養うために飢餓状態を強いることもあった。また、一腹の子犬のうちでも、有望な犬だけが残され、それ以外の子犬は処分されるのが普通であったし、有望な犬のために、ほかの子犬がいわゆる「かませ犬」にされることもあった。攻撃の的にされる耳を切る断耳はごく当たり前のように行われていた。

付け加えるならば、闘犬に仕上げる訓練には、ほかのさまざまな残虐行為が付随していた。その一つに、犬に口輪をつけて、地上から一八インチのところにぶら下げられた猫を入れた袋に跳びかからせるものがあった。押し込められた猫が鳴きだすと犬は袋に跳びかかり、袋が揺れだすとさらに興奮し、疲れきるまで、袋に咬みついたり、前足を掛けたりする行為を繰り返した。敏捷性と闘争心を強めるための訓練であった。

四　動物虐待禁止法とドッグ・ファイティング

無視された動物虐待禁止法

犬と犬を闘わせるドッグ・ファイティングは、一八三五年の動物虐待禁止法以降、イギリスでは表向きには行われていない。しかし、この娯楽の全盛期は、一八一〇年代から一八六〇年代までだと言われる。先に述べたように、動物虐待禁止法の施行によって熊攻めや牛攻めのような広い場所を必要とする大がかりな娯楽は比較的早く姿を消していったが、その代償でもあるかのように安直に行うことのできる犬と犬を闘わせるこの娯楽は、闘鶏などとともにむしろ一層盛んになったと言われる。警察の取り締まりが緩慢であったせいもあるが、法律で禁じられているにもかかわらず、この娯楽は二〇世紀の初め頃までは半ば公然と行われ、相変わらず新聞紙上に各地で行われる闘犬の勝敗が掲載され、優秀な血統の子犬販売の宣伝が載っていた。
このような実態は、オーストラリアの新聞『ブリズベーン・クーリアー』の一八八九年一二月一八日号に掲載された記事「ロンドンのドッグ・ファイティング」からもうかがえる。

現在のロンドンでドッグ・ファイティングが盛んに行われていることをほとんどの人は知らない。しかし、それは事実である。たとえば、ロンドンのウェスト・エンドの一角でそれは行われている。そこを訪れてみると、天井から秤がぶら下がっている部屋に案内された。部屋に入ったとき、白毛の犬は秤にのっており、ぶちの犬は体重を量り終えたところだった。いずれも二八・五ポンドと記録された。どちらの犬も完璧に鍛え上げられていた。腰はスズメバチのように細く、肋骨がヴァイオリンの弦のように張り出ていた。同時に身体の後部と肩の筋肉は盛り上がり、がっしりと引き締まっていた。どちらの犬も口輪をつけ、すべてのことはてきぱきと進められた。

犬の体重が量られたこの部屋から、この後、筆者は、少し離れたところにある試合場に案内される。そこはリングが特設され、一隅に酒を供するバーのある大きな部屋で、すでに一〇〇人ほどの人が集まっている。試合は、かつてウェストミンスター・ピットで開催されたドッグ・ファイティングと同じように、審判をおき、一定のルールのもとに行われる。
法律によって禁止された後も、このような表に出ないドッグ・ファイティング（図1‐13）は行われ続けたと考えられる。一八七〇年に発行されたある報告書によると、「ランデヴー」とも呼ばれた試合場は最後まで伏せられたが、試合の段取りが決まると、法の追求を避けるため、最大の用心が払われた。

ドアにはかんぬきがかけられ、窓はしっかりと閉じられ、背水の陣が敷かれた。勝負が終わるまで、どんな状況が起ころうと、誰一人としてその場から出ることができなかった。カムフラージュとして数匹のネズミとテリアがいつも手元におかれた。警察の捜査があったとき、素早く闘犬を隠し、ネズミ攻めをやっていたと言い抜けるためであった。

しかし、禁止されたがために地下で行われるようになり、次第に反社会的な様相を強めていったものもあった。『フィールド』の一九〇二年九月二〇日号には、ブラック・カントリーのウルヴァーハンプトンにあるビルストンで錠前師のベリンジャムという男が自宅をドッグ・ファイティングの会場として提供したかどで起訴されたという記事が掲載されている。家宅捜査した警官が、リング上に全身傷だらけの二頭のブル・テリアが一頭は死んで、もう一頭は息も絶え絶えに横たわっているのを発見した。ドッグ・ファイティングが行われていた明らかな証拠であった。一時間半にわたって一〇人あまりの人間が現場に居合わせたという。

『フィールド』は同年九月二七日号でこの件に関する続報を掲載し、「ドッグ・ファイティングは、ある社会層の人々の娯楽として一般に考えられている以上に広く蔓延している。先日ビルストンの民家で

図１－13　法律を無視して続けられるドッグ・ファイティング

摘発され、首謀者の一人がおよそ六ポンドの罰金を科せられた一件のように下層階級の者によってのみ行われているわけではない」と述べ、罰金だけではこの残酷な娯楽を抑止するのは無理であり、より厳しい議会法の制定が必要である理由を次のように述べる。

昔は、このような残酷な見世物は、だいたいビア・ハウスやいかがわしいタヴァーンで行われた。しかし昨今では、私的な場所で開かれる。興行主が摘発される危険が少ないからである。同好の仲間内で活動している興行主たちは、訓練されたブル・テリア間のドッグ・ファイティングをいつだって手配できる。かなりの費用は要るが、一〇ポンドや二〇ポンド、あるいは三〇ポンドだって、わが国や他の国々のこの娯楽を支える血気盛んな若者には大した額ではない。

そして、一時間以上にわたって死闘の続くドッグ・ファイティングを「古き良きイギリス」を表すものだと興奮気味に語るこの娯楽の愛好者が現に存在することを紹介し、次のように結んでいる。

一般の人々はビルストンで発覚したドッグ・ファイティングのことを知って恐怖を感じているようだが、われわれはその事件に驚いているだけではない。われわれの驚きは、このような見世物の発覚件数が実際の開催よりもずっと少ないことにある。

このように残酷な娯楽であるドッグ・ファイティングに対する次第に高まる非難を受けて、一九一一年に、動物を闘わせること、それに参加すること、場所を提供することなどを禁止する条項を含む動物保護法が制定される。しかし、マイケル・ビレットが一九九四年発行の『イングランドのカントリー・スポーツの歴史』において指摘しているように、取り締まりが厳くなればなるほど、この娯楽はアンダーグラウンドの世界に深く潜行し、その残酷さもエスカレートしたきらいがある。

あらゆる形態の動物いじめを総括的に禁じた一八三五年の動物虐待禁止法でも禁止されていたが、一九一一年の動物保護法によってさらに強力に、そして明確な形でドッグ・ファイティングは禁止された。しかし、このさらなる法律の制定にもかかわらず、ブル・テリアの試合は一九八〇年代まで密かに行われ、現在もなお行われている可能性がある。なぜなら、ごく最近の一九八五年にも王立動物虐待防止協会がドッグ・ファイティングに参加したかどで七人の男を告発したからである。

ビレットがここで言及している一九八五年の告発事件とはハートフォードシャーのチェスントで起こり、「イギリスにおける二〇世紀最初のドッグ・ファイティングの告発事件」として大きく報道され、国中の関心を集めたものである。しかし、実際には、少なくとも先に見たビルストンの一件はあったのであり、事実とは異なっていた。動物愛護運動の高まりを受けたものか、マスコミ関係の過剰な反応があったことは確かである。

しかし、一九八五年以降も、一般社会の非難にもかかわらず、ドッグ・ファイティングは密かに行われ続けたのである。実際、『ケネル』の一九一二年九月号には、新たに動物保護法が公布された直後にもかかわらず、まるで禁止法などないかのようにドッグ・ファイティングの情報を掲載することをはばからない新聞が存在するし、ある地域では動物虐待防止協会の監視の目をかいくぐってほとんど毎週ドッグ・ファイティングが行われている事実を示す冊子が発行されていることも伝えられているが、非難が強くなり、動物愛護団体の追求や警察の捜査が厳しくなるにつれ、より巧妙に法の目をかいくぐり、残酷で凄惨な勝負が行われるようになったと考えられる。

この娯楽が多くの人々の関心事として公然と行われていたときにおいても、その残酷さはエスカレートすることはあった。しかし、残酷さに対する非難が強まり、これが法律で禁じられ、それに対する監視の目が鋭くなるにつれて、それは限られた地域でより少数の愛好家によって密かに行われるようになり、つまり非合法なものとなり反社会的になるにつれて、残酷さもエスカレートしてきたと考えられる。本章冒頭で見た、現在においても存続しているドッグ・ファイティングの問題はこの延長線上にあるものであり、闘犬の飼い主たちの反社会的な行動の根源もここにあると考えられる。そしてドッグ・ファイティングに対する非難のなかには、獰猛な犬への恐怖が含まれていることも確かである。強力な武器として称賛されたこともある犬の咬む行為やうなり声は立場をかえれば恐怖を起こすものである。実は、そこにドッグ・ファイティングへの反対運動を大きくしたもう一つの要素が関与していた。狂犬病への恐怖である。

狂犬病に対する恐怖の活用

咬みついて攻撃する犬の勇猛さへの賞賛の一方に、咬みつく犬への恐怖と人間に対する不従順への嫌悪が存在した。エンプソンが指摘する犬に対する負のイメージは、一九世紀に入って狂犬病が流行すると、再生され、新たな社会的・文化的意味を帯びるようになった。イギリスでこの伝染病の発症が確認されたのは一八三七年のことであり、一九〇二年には根絶されている。また、この間におけるこの病気

図1－14　バスビー『狂犬』

による死亡者は一二二五名であり、この病気に対する社会的な恐怖の大きさからするとその数は決して多くはない。しかし一旦発症すると治ることのないこの病気への恐怖は、犬に対する不信と警戒を新たに引き起こした。現在においてもイギリスは、わが国を含む数カ国とともに、狂犬病のない国の一つであるが、一八三七年までは狂犬病の発生のない希有な国であった。ときの政府は、狂犬病のない平和で安全な国であることを誇り、国内での狂犬病の発症を外国からもたらされた害悪であるとして、人々の恐怖をあおった。

「狂犬病」(rabies)という語は、ラテン語の「狂気」に由来するが、これにかかっている犬や猫、キツネなどに咬まれるなどしてこの病気に罹患すると精神に異常をきたし、異常に水を怖がることから、「恐水病」(hydrophobia)とも呼ばれる。また、口語表現として、この病気にかかった犬を表す「狂犬」(mad dog)という語があり、その症状を表すのに使われることもある。

一旦発症すると快復することがないだけでなく、その症状が悲惨であることもあり、狂犬病への恐怖はいやが上にも高まり、犬に対する警戒が強まった。とりわけ、町中をさまよう野良犬への恐怖が高まった。一八二六年のT・L・バスビーによる『狂犬』(図1－14)は、ロンドン市中の一種のパニック状況を伝えるものである。また、一八三〇年のW・ヒースによる『恐水病』(図1－15)は、町中に注意を呼びかけるポスターをはり、新聞紙上でも狂犬病に対する注意を促した政府の取り組みをうかがわせるものである。とくにドッグ・デイズの期間中、すなわちおおいぬ座が天空に現れる七月初めから八月初めの真夏の間には、大がかりなキャンペーンが張られた。

ニール・ペンバートンとマイケル・ワーボイズは『狂犬とイングランド人――イギリスにおける狂犬病――一八三〇年―二〇〇〇年』において、狂犬病の流行した期間のイギリス社会と人々の反応を四つの観点から考察している。(1)動物を介する伝染病についての当時の人々の反応、(2)この病気に関する憶測や恐怖の入り交じった人々の肥大した想像力とそれをあおる風潮、(3)政府におけるこの伝染病への取り組みと人々の反応、(4)イギリス社会における犬および犬の飼育に対する意識の変化、である。いずれ

図１－15　ヒース『恐水症』

にせよ、この伝染病の流行は、加害する動物としての犬の脅威を改めて社会に広め、ある意味で、動物愛護運動を推進させるために利用された。つまり、動物愛護運動の活動家たちは、恐犬病に陥った人間の悲惨な状況は動物に対する残虐行為の結果だと考え、政府は、狂犬病を社会不安と無秩序の隠喩であると考えた。一方、この伝染病の蔓延を防ぐために政府が一八三〇年代にとった犬の飼育に関する抑制策は、民衆によって不当な生活

介入として警戒された。犬に口輪をつける規則は、政治的な抑圧の象徴と受け取られた。

　テューダー朝に始まり、ジョージ王朝の時代にも、イギリスの犬は勇猛さの象徴であり、イギリス人男性を表象するジョン・ブルが熊攻めや牛攻めで猛々しさを発揮するブルドッグと重ね合わされた。狩猟やグレイハウンド・レーシングなどの男性中心のスポーツにおいても犬の攻撃性と不屈の精神が尊重されてきた。犬のイメージがこのような「猛々しさ」だけでなく「愛らしさ」や「優しさ」を伴うものに変化しつつあった矢先に、つまり、愛玩犬の飼育が上流階級に限らず、中産階級にも拡大しつつあったときに、狂犬病の流行が起こったのである。犬の勇猛さと表裏一体をなす凶暴性が狂犬病の恐怖によって前面に押し出され、犬に口輪をつけることが強制されたのである。そして、すべての犬がこの規定の対象になったため、文明化を表象するおとなしくて、可愛いペットの飼い主である上流階級や、新たな飼い主となった中産階級の間に、口輪の強制に対する反発が広がった。狂犬病という社会不安をもたらすのは宿無しの野良犬や牙と顎を武器として闘う闘犬であって、自分たちのペットは埒外にあると考えたのである。

　すでに見たように、一九世紀の動物愛護運動にイギリス社会特有の階級意識が関与していたことが、ターナーやトマスによって指摘されているが、さらに、ハリエット・リトヴォは『階級としての動物――ヴィクトリア時代のイングランド人と動物たち』において、動物愛護運動に当時蔓延した狂犬病への恐怖が大きく関与していたことを指摘する。

　狂犬病防止のレトリックは、動物虐待防止運動のレトリックと同様に、社会を品位のある「立派な人たち」の階級と危険な階級に区分した。――危害を与える可能性のある犬は、社会的地位によって間違いなく識別できた。それは、生物学上の分類や犬種よりはむしろ飼い主の社会的地位を反映したものであった。――狂犬病予防のレトリックにおいても、健康と安全に対するもっとも差し迫った脅威は無秩序な貧民層にあると考えられたのである。したがって、下層階級の人々に飼われている攻撃的な闘犬や猟犬が、犬たちのなかでももっとも気をつけねばならないものとして注目されるようになった。ユーアットは、田舎の密猟犬と町の闘犬が狂犬病を蔓延させる首謀者であると考えた。彼は、ドッグ・ファイティングの場は病気の温床であるとともに犯罪の温床であると感じた。

図1－16　犬の恐怖：1913年の絵はがき

引用文中のユーアットとは獣医師のウィリアム・ユーアットのことで、犬や馬についての著書のほか、狂犬病についての著書もある、当時狂犬病についてはもっとも権威ある発言者の一人であると考えられていた。その意見は、中産階級の「立派な人たち」の意識を反映するものであった。狂犬病への恐怖は、まず、都市の中産階級のなかで大きくなったが、ユーアットのような意見が冷静で、信頼できるとみなされ、当時の狂犬病防止運動、動物愛護運動を先導したのである。

そのような風潮のなかで、まっ先に槍玉に挙げられたのがロンドン市中を放浪する野良犬であった（図1－16）。すでに一七九六年に、狂犬病の予防も視野に入れて犬の登録が義務化されていたが、生後六カ月以上の犬に課せられる登録税を払いたくないためとか、大きくなって可愛くなくなったとか、子供が飽きてしまったとかの理由で、捨てられる犬が後を絶たなかった。『イラストレイテッド・ロンドン・ニューズ』の一八五二年一月一七日号に掲載された「街の放浪犬」という記事は、「これらの放浪犬は社会の除け者であり、決してよいことはしない。何よりも警察を恐れ、異常な賢さで警察を避ける」とし、「そのような犬の群れがロンドンの通りを横行している」と述べる。その次に危険視されたのが闘犬であり、狂犬病にかかった闘犬は、ロンドン動物園のどの野獣よりも危険であるというような風聞が流れた。

ドッグ・ファイティングが狂犬病を蔓延させる傾向があるという非難が相次ぎ、手に余るほど多くの犬を飼い、子供にひもじい思いをさせても犬には肉を食べさせる炭鉱夫たちが槍玉に挙げられたし、十分に世話をしていないという一方的な理由で、貧しい人々が愛玩犬を飼うことが非難された。さらに、狂犬病への恐怖が募るにつれ、「フォックスハウンドなどの猟犬は狂犬病にかかりやすい」とか「溺愛されて、わがままになっている愛玩犬は狂犬病にかかりやすい」とかいう風評が飛び交い、犬の飼育に対する危惧や非難は必ずしも闘犬や猟犬に限られず、また貧しい人々の飼い犬に限られずに拡大してゆく。

そのようななかで、厳格な犬の登録制度が狂犬病の蔓延を防ぐ有効な方法として再び提起され、一八三一年に狂犬病蔓延防止法案が提出される。結局成立はしなかったが、このような提案の根底には、「都会の貧しい人たちの無責任な犬の飼い方が狂犬病の元凶である」とする考えがあった。ウィリアム・ホーンが生活暦の形をとった『毎日の書』の七月三日の項において、ドッグ・デイズにちなんで「都会の貧乏人で、犬同士を闘わせたり、犬をけしかけてアナグマや牛を攻めたりするなど、残酷なことをして楽しむ以外の目的で犬を飼う者はほとんどいない」と述べているが、狂犬病に関する恐怖の根底にはそのような偏見が根強いものとしてあった。

結局、厳しい登録制度は現実には機能せずに終わったが、一八六七年の首都街路法によって、ロンドンの警視総監は、引き綱をつけていない犬にはすべて、針金や固い皮でできた口輪を着用させるよう命じることができるようになったのである。この権限は、その後一八八六年と一八八七年の狂犬病法によって地方へと拡大された。『フランダースの犬』の作者で愛犬家であると自認していたウィーダが、一八七八年一月二六日号の『ホワイトホール・レヴュー』に寄稿した「犬たちに代わっての嘆願」や一八九七年発行の書物『犬たち』、あるいは一八九八年一〇月発行の『フォートナイトリー・レヴュー』に掲載された「犬殺し」などにおいて繰り返し批判したように、口輪をしていない犬を警棒で打ち殺すという残酷な取り締まりの方法に対する非難の声が随所であがったし、牧羊犬やフォックスハウンドなどの使役犬は口輪をはめられると仕事ができないことを指摘し、この法律の不合理を衝く意見も頻出した。実際、愛犬家は口輪をつけることをそれ自体拷問であると考えた。ヴィクトリア女王が口輪に反対したため、王立動物虐待防止協会が口輪に代わる方法として犬の歯をヤスリで削ることを提案するなどの混乱も生じた。

実際には、ルイ・パストゥールの狂犬病ワクチンを使用することで狂犬病は収束し、一九〇二年にはイギリスには狂犬病はないと宣言され、一九二二年に密輸された犬によって発生した狂犬病が撲滅された後、改めてイギリスには狂犬病がないことが宣言された。しかし、パストゥールのワクチンを使用するにあたっても、新しい科学に対する無知と偏見のゆえに大きな抵抗があり、相変わらず徹底的な犬の登録制度と口輪の有効性に固執する有力な勢力があった。

畜獣虐待禁止法を有効にするために、マーティンは動物虐待防止協会の監視機能を重視し、告発を有効な方法として戦略的に用いたが、犬に口輪をはめることを義務づけ、はめていない犬は打ち殺すという方法は、同じように、規則と権力の存在を印象づけるのに好都合な方法であった。口輪をしていない犬は、「社会の除け者」で、「規則を無視する無法者」であり、制裁を受けても当然であると考えられた。そのためには、女性や子供の面前であっても口輪をしていない犬を打ち殺すという野蛮で、残酷な行為も許されると考えられた。つまり、狂犬が彷徨し、狂犬病が蔓延する野蛮な社会を正常な文明社会にするためにはそれが必要であることが示された。これが、犬の登録制度や口輪の使用などを強く支持する人たちの考えであった。そのような人たちは、また、野良犬を生み出すのは都会に住む貧民であると考える、「ドッグ・ファイティングなどのアニマル・スポーツを楽しむ者は都会の貧乏人だけである」と言うホーンと見解を同じくする者たちであり、野蛮で、残酷な遊びに興じる者たちを文明化するのを自分たちの使命と考える「立派な人たち」であった。その意味では、狂犬病騒動は、動物愛護運動の推進にとっては実に好都合なときに起こったと言える。

自分たちと異なる価値観をもつ者、あるいは自分たちの価値観に踏み込んできて、これを侵そうとする者を、法的あるいは政治的な力で排除しようとしたこと、しかも、慈悲とか文明化という反論のしようのない理屈を持ち出してそれを実行しようとした点で動物愛護運動と狂犬病撲滅運動はつながっていた。いまだに地下に潜って続けられているドッグ・ファイティングやその愛好家たちの反社会的な行動には、一九世紀はじめの動物虐待防止運動に潜在した偽善の痕跡に対する反発が感じられる。

ドッグ・ファイティングの存在理由

二〇〇七年八月、BBCは、時事問題を扱う報道番組の『パノラマ』において、「秘密裏のドッグ・

ファイティング」というドキュメンタリーを放映した。非合法に行われるドッグ・ファイティングが闘犬による傷害事件や反社会的な行動の元凶となっていることにかんがみてのことであった。ピット・ブルなどの闘犬によって咬み殺されたり、重傷を負ったりした子供たちの悲惨な映像や残された家族の悲痛な姿を伝える映像に始まり、目を背けたくなるほど残酷な実際のドッグ・ファイティングの様子、闘犬の新たな飼い主としてその数を増やしている反社会的な行動をとる若者たちの生活とその言い分、情け容赦のない闘犬の訓練の実態、危険犬の犬種標準の曖昧さ、現在もドッグ・ファイティングが法律で許されているアイルランドの果たしている役割、背景にある賭博との関係など、この番組は、根気強い取材によって問題を丁寧に掘り下げており、大きな反響を呼んだ。ＢＢＣが公表している、放送翌日から次々と寄せられた視聴者の声を見てみると、そのほとんどが放送内容をなぞったもので、映像や伝えられた事実について「衝撃的」や「痛ましい」などの言葉で驚愕したことが語られ、「ぞっとした」「ショックを受けた」「動転した」、あるいは「気分が悪くなった」などの言葉で心に強い衝撃を受けたことを伝えるものであった。積極的な意見としてもっとも多いのは、このような残酷な遊びを楽しみ、危険な犬を生み出している者たちへの怒りを露わにし、より厳しい法的な規制をすべきであるとする次のような意見である。

この勇敢で優秀な番組がこれからも俗に「スポーツ」と呼び習わされているこの行為を続けている者たちを捕らえ、罰するのに力を尽くすことを望みたい。この番組が浮かび上がらせた重要なことは、これらの犬にかかわる者にもっと厳しい刑罰を科することです。何らかの真の改善がなされるのを待つなどと、悠長なことを言っている場合ではありません。

次に多く見受けられるのは、多くは愛犬家からのもので、犬には罪はないことを訴えるものである。

番組で見た犬たちは愚かで残忍な飼い主のせいであんな風になっただけなのです。私自身そうなのですが、本当に犬を愛する者だったら犬や人間にあんな行為をするのには我慢がなりません。正しく飼われているピット・ブルは心根の優しい、愛情豊かな、信頼するにたる家族の一員であって、決してあなた方が番組で伝えようとしているような極悪非道な犬ではありません。

ほかには、行政の手ぬるさを非難するもの、残忍で危険な犬が外国から持ち込まれていることに憤る愛国主義的なものなどさまざまな声があるが、ドッグ・ファイティングを少しでも擁護するものは一つとしてない。もはや、ドッグ・ファイティングは通常の市民生活においては何の存在理由もないと言える。

しかし、法を侵してまでもドッグ・ファイティングを続ける者たちが存在していることは事実である。金のため、賭博の魔力に抗しきれないため、あるいは反社会的であることを標榜するためなど、いくつかの理由が提示される。しかし、番組は、ドッグ・ファイティングに手を染める者たちの内面にまで掘り下げてその理由を探ろうとはしない。

そこに、次のような理由はないであろうか。有名なボクシング選手で、一九八三年発行の『ファイティング・スポーツ』の著書、L・フィッツバーナードの反論である。

ドッグ・ファイティングはすべての国で行われているわけではない。犬は忠実で、優しい友達なので、犬が傷つくのを見るのは我慢ならないというのがその理由である。そんな理由はまやかしである。いや、それよりもっとひどい。われわれは自分の感情を守りたいという理由だけで、勇敢な動物を闘わせようとしないのだ。犬は闘うのが好きなのだ。それなのに、われわれは、いつものごとく、自分本位に考えてしまうのだ。ドッグ・ファイティングは残酷ではない。適正に行われるドッグ・ファイティングは残酷にはなり得ないのだ。そう、ドッグファイティングの残酷さは、犬をドッグ・ショーに連れて行くよりはるかに少ないことは明らかである。一日中展示用の箱に押し込められているより闘う方が好きではないのかどうか、犬に尋ねてみればよい。……自分自身で本物の闘犬を飼ったことがないとしたら、犬とは本当のところ何なのか決して分かりはしない。ドッグ・ショーで紐をつけられて、引き回される可哀想な犬は、じろじろ見られる、金儲けの手段以外のなにものでもない。

時代はさかのぼるが、ドッグ・ファイティングの賞賛者で、ドッグ・ファイティングに関する著書もあるアメリカ人のピート・スパークスは、一九七四年に、「本物の犬をもっている本物の男が二人残っている限り、きっと、ドッグ・ファイティングも残るだろう」と言っている。当時、すでにアメリカでも禁止されていたドッグ・ファイティングが密かに続けられていることに対する非難が強まっていたなかで発せられた言葉である。このような主張はまことに身勝手な論理のうえに成り立っている。しかし、残虐行為を禁止するために「慈悲」を持ち出すのもまた身勝手であると言える。

「動物に対する残虐な行為を禁止する」という主張には反対の余地はない。慈悲心や慈悲の実行そのものに反対する根拠は何もない。しかし、反対しようのない理由を掲げて、他の人の嗜好や価値観をねじ伏せるのはフェアではない。残虐行為を定義することは困難である。それは宗教的、道徳的な課題であるとともに、個々の人間や集団によって異なる感情や文化の問題であるからである。一八三五年の動物虐待禁止法において、熊攻めや牛攻めは禁止の対象になったが、コーシングやフォックス・ハンティングは禁止の対象にならなかった。これらが高貴なスポーツであり、人心の荒廃をもたらす残酷さを含まないとされたからである。しかし、序章で見たように、これは表向きの理由であり、その主張に矛盾を感じる人は当時から少なからずいた。残酷性の定義は決して単純ではない。「本物の犬」という言葉を強調し、ドッグ・ショーに飼い犬を出品して虚栄心を満足させる愛玩動物としての犬を扱うことこそ、犬の本性を無視した残酷な行為であるとするフィッツバーナードの主張にも理はある。

確かに、「動物が苦痛や恐怖のない幸せな生活を送る」ことを意味する「アニマル・ウェルフェア」の概念からすれば、ドッグ・ファイティングはとんでもなく残酷なものであり、犬の勝敗に有り金のすべてを賭けることも辞さない刹那的な娯楽である。しかし、動物愛護を自己保存や自己発展の道具として、つまり優しさやお上品さを装いとして用いた上流階級や中産階級の者たちと違って、厳しい生活のなかで常に命の瀬戸際におかれた労働者や社会のはぐれ者たちの間では、ドッグ・ファイティングは生死をかけた本気の闘いに自分たちの生き様を重ねる娯楽として存在し続けたと言える。ここには、愚かしいかもしれないが、愛玩犬を可愛がる上流階級や中産階級の者たちとは違うイギリスの犬文化の伝統があることは確かである。

第2章　ドッグ・ショーと愛玩犬

一　危機に立つ愛玩犬

歪曲されたブルドッグ

『タイムズ・オンライン』の二〇〇九年一月一四日号は、「これからのブルドッグはチャーチル風の顎のない健康な犬になる」という見出しを付けた記事において、ケネル・クラブがついに二〇九犬種の犬種標準の改正に踏み切ったことを伝えている。ケネル・クラブは一八七三年の創設以来、血統犬の犬種標準を作り、それに基づいてドッグ・ショーを主催してきた世界最古で、もっとも権威ある愛犬団体であるが、二〇〇八年八月にＢＢＣが『パノラマ』において放映したドキュメンタリー「危機に立つ血統犬」に端を発した世論に抗しきれなくなったのである。この番組は、「ブリーダーたちがドッグ・ショーで優勝するために近親交配を繰り返し、重度の障害をかかえる犬が増加している」ことを鋭く追求したのである。ドッグ・ショーにおける審査基準が見栄えの良さを重視するあまり、犬の健康が阻害されているというのである。

イギリスを表象するブルドッグは、しわの多い垂れ下がった頬と顎、ひしゃげた鼻、瞼の垂れた赤い

図2－1　エドワーズ『図説ブリタニアの犬』における「ブルドッグ」

目、肩の張った短かくて太い胴、短い脚をもつものが「美しい」とされてきた。しかし、大きな頭部と小さな腰は自然分娩を困難にし、またしわの多い柔らかくて裂けた口蓋は呼吸困難を起こしがちであると指摘されている。この新しい犬種標準によって引き締まった顔、長めの脚、細い胴体のブルドッグが登場するかもしれない。

一九世紀初めに作られたエドワーズの版画（図2－1）に見られるように、一八三五年の動物虐待禁止法によって牛攻めが禁止される以前のブルドッグは、新標準に近い精悍な容貌と体型をしている。「大きな雄牛のような頭、短い鼻、中くらいの大きさの頑健な筋肉質の胴体、短くて滑らかな毛並みをもつ勇敢で獰猛な犬。かつては主に牛攻めに用いられた」という『オックスフォード英語大辞典』の定義からもうかがえるように、「ブルドッグ」は明確な一つの犬種ではなく、雄牛との闘いに秀でた雑多な犬を指すものであった。

現在のブルドッグの姿は、牛攻めが禁止されて次第に姿を消すにつれて、牛と戦う際に必要な要素が誇張されてできたものである。しっかり張った肩と短い脚は牛の角を避けるために地面に低く伏せて戦う必要があると考えられたからであり、頑丈な顎は雄牛の弱点である鼻に食らいつきどんなに振り回されようと離れないためであり、へこんだ平らな鼻は牛に食らいつき続けても呼吸が容易であると考えられたのである。しかし、それは実戦と離れた愛玩犬としてのブルドッグの姿であった。

ブルドッグは、その闘争心のゆえに不屈のイギリス精神の象徴とされてきたが、牛攻めの衰退によって出番を失うとともに、本来、それらが飼育されていたのがいかがわしい場所であったことやその飼い主が「立派な人たち」でなかったために軽んじられ、絶滅の危機に瀕していた。ポインターやグレイハウンドなどの使役犬の多くが愛玩犬としても「立派な人たち」に飼育されたが、ブルドッグは「居酒屋犬」として軽んじられていた。パブが「立派な人たち」の近づくべきではない悪所であった時代のことである。

ブルドッグの絶滅の危機を救うために一八七四年にブルドッグ・クラブが設立される。そして、もはや実戦を伴わないがゆえにかえって、その獰猛さと残忍さを表す不敵な面構えが強調されるようになる。一方でその風貌に反して穏和で優しく、飼い主に従順であることが喧伝され、次第にそれが功を奏するようになる。一八八五年にはブルドッグは、ドッグ・ショーにおいてコリーに次いで二番目の人気を博し、やがて単一犬種の品評会としてはもっとも多くの入場者を集めるようになる。このブルドッグ人気の背景には、愛玩犬の飼育が中産階級、さらには下層階級にまで流行し、目新しい珍犬が求められた当時の風潮があった。その根底には純血種の保護という大義名分があったが、それぞれの犬種の特徴を極端に強調する傾向があった。

当時人気が一番高かったコリーについても、スコットランドの厳しい自然のなかで羊を守る使役犬としてのコリーと都会の「立派な人たち」の愛玩犬としてのコリーには大きな違いがあった。もともとスコットランドにおいて忠実で有能な牧羊犬として大事にされてきた犬であったが、当時ドッグ・ショーで人気の高かった光沢のある黒と褐色の被毛にするためにセッターとの交配が行われた。また、その特徴である長い鼻をことさらに求める交配が繰り返された。

イギリスでもっとも古い犬種の一つであるビーグルもまたこの時代に愛玩犬として新たに注目を浴びた。エリザベス一世が手袋のなかに収まるほど小さなビーグルを所有していたという言い伝えがある。手袋と言っても乗馬用の長手袋のことであろうが、それにしてもここには誇張がある。しかし、「グローヴ・ビーグル」「ミトン・ビーグル」「スリーヴ・ビーグル」「トイ・ビーグル」「ラップ・ビーグル」などの名前で呼ばれていた、体高が八―一〇インチにすぎないビーグルが存在していたことは事実のようである。もともとは馬の鞍の左右にぶら下げられたサドルバッグと呼ばれた袋に入れられて猟場まで運ばれ、そこで主に徒歩でのノウサギ狩りに使われたものであった。一九世紀になって、小型の愛玩犬に人気が出ると、より小さな型を求めて繁殖が繰り返され、結果的に繁殖力が落ち、需要を満たすことができなくなってしまったと言われている。

血統犬の苦難

『パノラマ』で取り上げられた愛玩犬の問題は、容姿や体型の問題にとどまらなかった。イギリスにはおよそ七三〇万匹の犬が飼育されており、そのうちの約四分の三の犬が血統犬であるとされるが、多くの血統犬が大なり小なり何らかの障害をかかえていることが明らかにされた。

なかでも悲惨なのは、愛玩犬として広く愛されているキャヴァリエ・キング・チャールズ・スパニエルである。その方が愛くるしいのか、一九世紀末の愛玩犬ブームのなかで鼻先の短いスパニエルがもてはやされた。この不自然な犬を好む風潮を是正するために、二〇世紀の半ばにケネル・クラブは、一七世紀にチャールズ二世によって愛された類のスパニエルにならって犬種標準を作った。このようにして新らしい犬種として登場したのがキャヴァリエ・キング・チャールズ・スパニエルである。しかし、元来脳の容積に比べて頭蓋骨が小さく、しかも、この新たな犬種標準を守るために近親交配が繰り返された結果、この犬種の三分の一の犬が脊椎空洞症に苦しんでいるという。また、この犬種の約半数の犬が五歳で心臓疾患の症状をもち、一〇歳を過ぎるとほとんどの犬に心臓の障害が現れるというのである。

ほかの犬種でも、華やかなドッグ・ショーで栄冠を手にするチャンピオン犬こそ、このような障害をかかえていることが浮き彫りにされたが、痛ましかったのは、かつては緑の牧場で羊を追い、外敵と勇ましく闘った牧羊犬の末裔であるはずの一頭のジャーマン・シェパードの姿であった。ドッグ・ショーで栄冠を手にしたそのシェパードはドッグ・ショー用の見栄えの良い姿形を追求した審査基準に見事に合致していたのであろうが、舞台を降りて歩く姿は、腰が落ちすぎて見るも無惨なものであった。

あるチャンピオン犬のブリーダーは、その犬に遺伝疾患があることを隠して高額の交配料を手にしていたことも暴露された。病をかかえて生まれ、苦しい生活を送ることになるかもしれない犬たちのことを考える想像力を目先の金銭が曇らせていた。一方で、健康に生まれた子犬たちを、その容姿や体型から将来ドッグ・ショーで優秀な成績を収める見込みがないという理由だけで処分するブリーダーがいることも報じられた。

この放送をきっかけに、犬種登録を管理・運営し、血統犬の保存に主導的役割を果たしてきたケネル・クラブに対する非難が高まった。血統犬重視の風潮を作るのに大きな役割を果たしてきた、もっとも権威あるドッグ・ショーであるクラフツの主催者はケネル・クラブであった。じつは、BBCは四二年にわたってクラフツの大会を放送してきた事実があり、この番組の制作は自己審問を伴う行為であった。クラフツを後援してきた王立動物虐待防止協会をはじめとする動物保護団体も厳しい立場に立たされた。毎年五〇万ポンドから一五〇万ポンドの賛助金を出していた大手のドッグ・フード会社をはじめとする多くの企業がスポンサーになっていることも広く知られるところとなった。放送直後は自らの犬種標準の正当性を高らかに公言していたケネル・クラブであったが、世論の非難が強くなるにつれてトーン・ダウンし、ついに非を認め、先に見たように犬種標準の見直しを余儀なくされた。

この放送が明るみに出したのは、イギリスの動物愛護に内在する残酷さの実態であった。経済的にも豊かで、良識のある、イギリス社会を先導する階層の人たちによって運営されてきた一種の啓蒙団体であるケネル・クラブは、優秀な犬の血統を維持し、ブリーダーに対する指導や助言も含めてイギリスの犬文化の向上に寄与することを活動の大義としてきた。ところが、その活動のよりどころである犬種標準が批判され、その犬種標準に基づいた優雅で品位のあるドッグ・ショーの行事にその趣旨と全く相反する残酷さが内在していることが指摘されたのである。動物虐待の防止を目的とする王立動物虐待防止協会も、社会正義を追求するマスコミの雄であるＢＢＣも、ドッグ・ショーに内在する残酷さには無知であったか、無視を通してきたのであった。ドッグ・ショーは、また、その開催に寄付する企業の商業主義に巻き込まれ、金にまみれていることも非難された。

このような番組の制作が実現したのはただ残酷さに対する意識の変化によるものであって、動物愛護精神がようやくここまで進歩したのであると言えるかもしれない。しかし、これは、まさにこれまでの動物愛護の実態を改めて暴露したものであるとも言える。今日の愛玩犬飼育熱は、一九世紀に起こった愛玩犬飼育の流行に起源をもつと考えられ、この時期にイギリスの動物虐待防止運動も始まった。ドッグ・ショーが残酷さを宿しているという指摘は当時からあったにもかかわらず、『パノラマ』で指摘されたような愛玩犬に対する虐待の防止に関しては、真剣な取り組みはなされてこなかったと言わねばならない。ケネル・クラブが創設され、クラフツのドッグ・ショーが始まった当初の犬種標準は、個々の犬種の優秀な特質を重視することを根本原則にしていたはずであるが、それが犬たちの健康を阻害し、犬たちに苦しい生活を強いることにつながったとすれば、それはどのようにして起こったのであろうか。ここにも、イギリスにおける動物愛護の一つの特質が見える。

二　愛玩犬飼育の歴史

スパニエルの人気

イギリスにも、上流階級を中心にして愛玩犬の古い歴史がある。熊攻めや牛攻めの娯楽で血塗れになる闘犬や、荷車を引き、焼き串を回す労役にこき使われる使役犬、あるいは通りで食べ物を求めてさまよい足蹴にされる野良犬とは違って、とくに王侯貴族の間で、庶民の子供たちよりも大事にされる、今日のペットのような形でもてはやされた犬がいた。キーズの『イングランドの犬について』においてマスティフに次いで多くの紙面を割いて語られているスパニエルはその種の犬である。『オックスフォード英語大辞典』は、「スパニエル」(spaniel) の語の初出例として、ジェフリー・チョーサーの一三八六年頃の作品である『カンタベリー物語』に収められている「バースの女房の話」に、"spaynel" という語形で愛玩犬として登場する文例を挙げている。同辞典は、また、猟犬として言及される初出例を一四一三年に発行された『マスター・オヴ・ゲーム(狩猟の管理者)』からとっている。非常に利口で、活発そして忠実であるこの犬は、愛玩犬としてあるいは猟犬として中世イングランドにおいて広く愛されていたのである。

一六〇六年にはナサニエル・バクスターによる「コンパニオン・友達」としてスパニエルを称揚する

詩がある。

君の身辺を守るために君の馬の傍らを駆け、
君の身に降りかかるあらゆる危険をあざ笑う、
生きているときも死して後も変わることない、
誠実な友を求めるならば、犬を選びなさい。
楽しいときも、惨めな悲しみのなかにあるときも、
変わることなく君の誠実な真の友であり、
身を落として悲しい苦難のなかにあるときも、
激しい飢餓や災難のなかにあるときも、
何もかも奪われた惨めな窮乏のなかにあるときも、
君を遠ざけることはないし、
決して君の元を去ることがない。

しかし、主人について離れない忠実さは、しばしば「飛びついたり、手をなめたり、尾を振ったり」する「じゃれつく」という語で表される甘えの様態となって表れ、「追従」のイメージを生みだした。その結果、「スパニエル」は「追従者、おべっかを使う者」を意味するようになった。シェイクスピアの作品における犬の大きなイメージの一つは、そのようなものである。『アントニーとクレオパトラ』において、クレオパトラに裏切られ、自らの希望が瓦解したことを知ったとき、アントニーは次のよう

に言う。

こんなことになろうとは。
スパニエルのように私の足下につきまとい、
望みを与えてやった者どもが、いまは、
甘い追従の言葉を花盛りのシーザーに滴らせている。

スパニエルにまつわるこの追従者のイメージは、一途で勇猛なマスティフの男性的な特質とは対照的に、女性的で、分別のない、愛に溺れるイメージを生み出していた。『真夏の夜の夢』において心変わりした恋人のディミートリアスの心を取り戻そうとするヘレナの言葉にそれは端的にうかがえる。

そう言われるとますます好きになるの。
私はあなたのスパニエル。だから、ディミートリアス、
あなたが私をぶてばぶつほど、あなたにまとわりつくの。
あなたのスパニエルのように扱ってちょうだい。
ぶっても、蹴っても、無視して相手にしなくてもいいわ。
でも、こんなつまらない私だけれども、あなたのあとに
ついて行くのは許してちょうだい。
これ以上ひどい仕打ちはないけれど、それでも有り難いの。

あなたの犬のように扱ってちょうだい。

紳士たちの遊びの友である猟犬のスパニエルにも言えるが、ここにはとくに、貴婦人たちの愛玩犬である小型のスパニエルの愛想の良さにへつらいを見る視線がある。自らが惨めな状況にあると感じる者たちの羨望と風刺の表れであるかもしれない。また、その名前に何らかのスペインとの関わりが感じられたとすれば、当時のイングランドのスペインとの敵対関係を考えると、スパニエルに女々しさを見る自国意識は、マスティフに男らしさを見るのと同様に、一種のイングリッシュネスの表れであるとも考えられる。あるいは、大陸の文化に憧れる風潮を風刺する一種のゼノフォービアの表れであるとも考えられる。

しかし、実際には、スペインとスパニエルとの関係は定かではない。当時の「スパニエル」はセッターなどの中型の猟犬の総称で、その名前の由来も犬種としての起源も明らかではない。すでにキーズによってさまざまな種類のスパニエル犬の説明がなされているが、現在でもあらゆる国や地方に独自のスパニエル犬が存在している。利口で、敏捷であったため鳥猟やノウサギ猟に使用されたが、姿が優雅で、身のこなしが活発であったため家庭犬としても、とくに上流階級の間で人気のある犬種であった。また、一六世紀末頃、貴族の女性たちが愛玩犬として飼っていた小型犬も、姿・形が似ていたため、「スパニエル」あるいは「上品でおとなしい」という意味を加えて「スパニエル・ジェントル」と呼ばれた。一八世紀になってパグなどの新しいタイプの愛玩犬が入ってくるまで、貴婦人たちの飼う愛玩犬はおしなべて「スパニエル」と呼ばれていた。

この小型のスパニエル・ジェントルは、室内で飼育されることが多くなるにつれて「カーペット・スパニエル」とも呼ばれた。とくに貴族の女性たちの間では、常にそばにいて心を慰めてくれることから「コンフォーター」とも呼ばれた。寒いときに膝に抱くと身体を暖めてくれる効用もあり、さらに飼い主の身体についたノミやその他の害虫を取り去る働きもすると信じられていた。犬は生気を与え、邪気を払うというギリシャ時代からの考え方や、犬になめてもらうと潰瘍が治るという俗信もその人気に作用していたと考えられる。小さくて、おとなしい性格であったのでどこにでも手軽に連れていける小型のスパニエルは、常に腕の中や膝の上、枕辺にいてよき相談相手となり、心を慰める者になった。

所有物としての愛玩犬

このような愛玩犬の愛好家として有名なのは、テューダー朝の国王、女王たちであった。ジェイムズ一世はテューダー朝の歴代の君主と同じように熊攻めや牛攻めを愛好し、また狩猟にも熱心であったためマスティフなどの闘う犬や猟犬への関心が強く、国民よりも犬を愛していると非難されるほどであった。また、「ローグ（いたずらっ子）」という名前のスパニエルを飼っていたチャールズ一世は、死刑宣告を受けるまで愛犬を片時もそばから離さなかったと言われている。チャールズ二世は王妃の侍女であったフランシス・ステュアートに対する寵愛をはじめとして名うての女好きで知られているが、ピープスの一六六七年九月四日の日記に「始終犬と遊んでばかりいて、公務をおろそかにする王の愚かしさ」に対する嘆息がもらされているように、愛犬に対する溺愛ぶりでも知られていた。現在の「キャヴァリエ・キング・チャールズ・スパニエル」が、「キング・チャールズ・スパニエル」、あるいは、さらに親しみを込めて「チャーリー」と呼ばれた、チャールズ二世の愛犬たちをモデルにしていることは、すでに述べたとおりである。ジェイムズ二世もまた、王位につく前、イギリス海軍の司令官であったときに愛犬を海まで連れて行くほどの愛犬家であった。海難事故に遭ったとき、多くの水夫が溺れているのに、「私の犬たちとチャーチル大佐を助けよ」と叫んだとのことである。メアリー二世も夫となったオラニエ公ウィレムが故国のオランダから連れてきたパグを愛したことで知られている。このようにステュアート家の国王、女王はいずれも、現在のペットの溺愛者に勝るとも劣らぬ愛犬家であった。チャールズ一世の年長の三人の子供たち――娘のメアリー、後のチャールズ二世、ジェイムズ二世とともに二匹のスパニエル犬が描かれているアントニー・ファン・ダイクの一六三〇年の作品『チャールズ一世の三人の子供たち』(図2-2)はそれを物語るものである。

図2－2　ファン・ダイク『チャールズ１世の３人の子供たち』

愛玩犬を身近におく文化は、言うまでもなくこの時代に生まれたイギリス固有の文化ではない。紀元前二〇〇〇年頃のものと思われるエジプトのファラオの墓から足に象牙のブレスレットをつけたり、皮の首輪をつけた小型犬の骨が発掘されているし、大プリニウスの『博物誌』には「ご婦人方が愛好なさる子犬は、たいへん愛らしいばかりではない。この犬はラテン語でメルタエイというのだが、この犬を腹に押し当てていると腹の痛みが和らぐ」という記述が見られる。また、紀元一〇〇〇年頃の中国にはすでに現在のペキニーズの遠い祖先とも考えられる小型犬がいたことが知られている。ティツィアーノ・ヴェチェリオの『フェデリコ・ゴンザーガ二世の肖像』には、公爵にじゃれつくマルチーズ系の愛犬が一緒に描き込まれているし、パオロ・ヴェロネーゼの『ヘルメース、ヘルセーそしてアグラウロス』には、ペキニーズ系の犬との交配をうかがわせる現在のキャヴァリエ・キング・チャールズ・スパニエルの祖先であるような愛玩犬が描かれている。また、ヤン・ファン・アイクの『アルノルフィーニ夫妻の肖像』には貞節を象徴するテリアが描かれている。スペインの巨匠ディエゴ・ベラスケスの『宮廷道化』や、同じくスペインの画家アントニオ・モロの『グランヴィル枢機卿の道化』には宮廷道化と並んだ犬が描かれており、当時の北ヨーロッパの貴族社会で愛玩犬が広く飼育されていたことをうかがわせる。

ファン・ダイクの『チャールズ一世の三人の子供たち』は、同じくチャールズ一世の子供たちと犬たちを一緒に描いたもう一つの肖像画『チャールズ一世の子供たち』や一六三三年作の『ジェイムズ・ステュアートの肖像』とともに、イギリスの貴族社会にも同じような犬の文化が育っていたことを示すものであるが、それは、第五代ベッドフォード伯爵ウィリアム・ラッセルの家庭生活を詳しく述べたG・S・トムソンの『高貴な家庭の生活　一六四一年―一七〇〇年』における、伯爵の屋敷に飾られた犬と一緒に収まったたくさんの肖像画に言及する次の叙述によっても裏打ちされている。

ウーバーンの屋敷にあるギャラリーの壁には主人とともに描かれた犬の絵がたくさん掛かっていた。主として、スパニエルを描いたものであった。ウーバーンではなくチャッツワースの屋敷にある当主自身の肖像画には、主人である伯爵の傍らに立つ見事なグレイハウンドが描かれていた。しかし、犬たちが受ける厚遇はせいぜい絵のなかに一緒に描かれるまでであって、スパニエルであろうとグレイハウンドであろうと、名前が記録に残されることはなかった。

先に見た絵画の系譜からも、愛玩動物として犬を愛する文化は狩猟などの貴族文化とともに大陸からもたらされたものであることは理解できる。しかし、一七世紀にはすでにイングランドにおいてこのような文化が定着していたことは、「ラップ・ドッグ」という言葉の存在によって確かめられる。『オックスフォード英語大辞典』には、「婦人の膝の上に乗ることが許される類の小型犬」と定義されるこの語の初出例として、イーヴリンの一六四五年の日記にある「婦人たちのお気に入りのラップ・ドッグ」という文例が挙げられている。愛玩犬の飼育熱は、概して、時代を下るとともに王侯貴族から上流階級へ、さらに中産階級、下層階級へと拡大してゆくが、一七世紀にはそのもっとも初期の段階が見られたと言える。

その意味では、トムソンの観察は興味深い。先に述べたように、チャールズ一世が愛犬に名前を付けて可愛がっていたことは知られている。しかし、一般的には、犬が主人と一緒に肖像画に収められることはあっても、一匹、一匹が名前をもらって家族のように可愛がられることはなかったと考えられている。つまり、この時代に肖像画に描かれた犬たちは、ヴィクトリア朝時代のように感傷的に描かれてはいない。この時代にも犬は大事なペットだったが、貴族の所有物であった。ジェイムズ・ウォルヴィンは『白と黒――黒人とイングランド社会　一五五五年―一九四五年』において、「一七世紀後半のロンドンでは、黒人は日常社会にすっかり入り込んでいて、当時のファッショナブルなご婦人たちにとって、アフリカ黒人と小さな犬は欠かせないものであった」と指摘しているが、一六八〇年に発行された、高級娼婦の生活と心意気を描いた『街の婦人の性格』には、彼女にとって欠かせないものがアフリカの黒人と小さな犬であるという記述が見られる。これは、彼女のライヴァルである当時の上流階級の婦人達の間の流行を物語るものである。ベラスケスの『宮廷道化』やモロの『グランヴィル枢機卿の道化』には犬と小人の道化が並んで描かれているが、ほかに猿や黒人が描かれている絵は数多くあり、いずれも当時は人間とは一線を画する貴族の持ち物として描かれていたと考えられる。

家族の一員としての愛玩犬

一八世紀に入っても、流血、死、残酷な仕打ちを伴う闘鶏や牛攻めなどの民衆娯楽は、ホガースの版画『ジン横町』に端的に見られる強い酒の大量飲酒や、連作版画『放蕩息子一代記』に辿れる賭博などによって助長され、以前にもまして盛んであった。また、上流階級における狩猟においては、王侯貴族のスポーツであったシカ狩りは獲物の減少もあって下火になったが、それに代わってキツネやノウサギを追う猟が行われた。キツネ猟に関しては、ステュアート朝まで行われていた、巣穴に潜んでいるキツネを猟犬を用いて追い出して仕留めるという形ではなくて、あらかじめ巣穴から追い出しておいたキツネを一群の猟犬、勢子、馬に乗った狩猟家が追いかけるフォックス・ハンティングが始まっていた。すでに述べたように、このような流血を伴う娯楽の残酷さを非難する声はすでにエリザベス朝にもあったし、家畜に対する同情の声もあがっていた。しかし、大勢としては、残酷な娯楽は当たり前のようにして楽しまれ、ますます盛んであった。したがって、一八世紀の犬のイメージは決して単純なものではない。伝統的な野卑で、下品なものから、逞しくて、頑強なもの、忠実で信頼に足るもの、さらには媚びへつらうものに至るまで多岐に渡っていた。

図2-3　ホガース『ストロード家の人々』

しかし、ステュアート朝に顕著になった愛玩犬の伝統は、確かに息づいていた。この時代を活写した数々の風刺画で有名なホガースの作品は、この点でも貴重な情報を与えてくれる。すでに見た『残酷の四段階』はロンドン市中における動物に対する残酷さを衝くものであったが、一七三八年に制作された『ストロード家の人々』(図2-3)には上流階級の家庭で飼育されていた愛玩犬が家族の肖像のなかに描かれている。実は、この絵の右端には、この家の犬ではない一匹の犬が描かれている。それは、ホガースの愛犬だったパグのトランプである。自分の作品に自分の姿をそれとなく滑り込ませることをよくしたホガースであるが、この作品には自身ではなく愛犬のトランプを登場させ、サイン代わりにするとともに、この家族を客観的に眺める画家の目を代表させているのである。

トランプは、一七四五年にホガースが自作の版画集の口絵用に制作した肖像画(図2-4)にも登場する。愛犬が紋章のサポーターのような形で描かれたこの構図は、明らかにチェザーレ・リーパの『イコノロギア』に連なる、エンブレム・ブックすなわち寓意画集の伝統のなかにある。『イコノロギア』

における、「追従」という悪徳を視角化した寓意画には、着飾ってフルートを吹く「追従」を表す女性の足下に、食べ物をくれる者には誰にでも尻尾を振る追従者を表す犬が描き込まれているし、「嫉妬」の寓意画には、ひもじさのあまり人間の心臓を口にする痩せさらばえた老婆を恨めしそうに見つめる、痩せこけた犬が描かれている。また、「正義」の寓意画には、膝の上に秤をのせ、右手には抜き身の剣をもった、目隠しをつけられた「正義」を擬人化した女性の足下に、「憎悪」を表す蛇とともに「友愛」を表す犬が描かれている。

それぞれのエンブレムの意味を補足するこのような役割をホガースが自らの愛犬の肖像に含ませたことは、大いに考えられることである。風刺作家であることを自他共に認めていたホガースは、愛犬を一緒に描き込むことでこの作品集の意図と自らのスタンスを明らかにしているのである。ここには、冷笑と皮肉を旨としたシニシズムの伝統が息づいている。実際、一七六三年には、チャールズ・チャーチルの「ウィリアム・ホガースへの書簡詩」を快く思わなかったホガースは、この『パグと一緒の自画像』とほぼ同じ構図の版画を制作し、一矢を報いている。「乱暴者」と題されたこの版画では、自画像に代わってチャーチルを表す熊を描き、険しい顔をしたトランプが、「チャーチル作ホガースへの書簡」

図2-4　ホガース『パグと一緒の自画像』

と題された冊子の上に前足をのせ、小便をかけている。ホガースの面目躍如たる反撃である。

シェイクスピアの作品にもしばしば登場する宮廷道化は現実にも存在したが、チャールズ二世の愛犬のように宮廷内の公の場や議会にまで同伴された愛玩犬には、客観的な目で周囲を眺め、批判する道化と重ねられる一種の無礼講的な力が認められていたとも言える。ホガースの作品に現れるトランプは、作者ホガースの風刺的な眼を表すだけでなく、そのような客観的な風刺性も帯びている。溺愛されるだけでなく、溺愛する者の言動を眺め、周囲の社会を批判する愛玩犬のこの風刺性は、愛玩動物が流行する一九世紀においても存在し続ける。一九世紀の半ばになると風刺版画に代わって風刺的な挿絵を伴ったジャーナルが盛んに発行されるようになるが、その代表とも言える一八四一年創刊の『パンチ』には、編集者の代弁者とも世相を眺める読者の代表者ともとれるパンチ氏とともに、その傍らにいつも寄り添うように描かれている、ホガースのトランプに相通じるトビーがいる。

ホガースの絵のような風刺の矢を含まない、いわゆる肖像画の分野においても犬と人間との間に変化が生じる。ティツィアーノやファン・ダイクなどの肖像画にも犬との心の交流を暗示させるものはあるが、当時の愛玩犬がそうであったように、そこでは犬は肖像画の人物の所有物として描かれている要素が大きかった。ところが一八世紀になると、背景に野外スポーツの隆盛があるのだろうが、愛犬と一緒に収まった貴族の肖像画のほかにも愛玩犬や猟犬そのものが肖像画として描かれるようになる。このような傾向は北ヨーロッパに広く見られたが、イギリスではジョージ・スタッブズやトマス・ゲインズバラがこの時期に登場する。この時期にも愛犬と一緒の肖像画、愛犬のみを描いた肖像画が数多くあり、飼い主の犬への愛情は感じられるが、基本的にはいずれも従来の肖像画の伝統に属したものであり、愛犬は一種の自己顕示の手段であり、所有物として描かれている。しかし、たとえば、愛犬を胸に抱き寄せてポーズをとる幼い少女が描かれているジョシュア・レイノルズの一七七五年の作品『ボールズ嬢と愛犬のスパニエル』（図2－5）には、一八世紀に次第に大きくなってきた動物に対する感傷的な感情の反映が見られる。レイノルズもスタッブズやゲインズバラと同じく、本来は肖像画や野外スポーツに関連する事物を描くいわゆるスポーツ画の作者であったことを考えると、この時代の犬に関する関心の変化がうかがえて興味深い。

このような変化を示すもう一つの例として、少し時代を下った一八〇五年にフィリップ・ライナグルの『驚くべき音楽犬の肖像』という作品がある。そこには、窓辺におかれたピアノの椅子にチョコンと座り、鍵盤に前足をかけてこちらを見つめるスパニエルが描かれている。この絵には天才的な少年ピアニストがもてはやされた当時の音楽界の事情に対する画家の風刺が込められているという指摘もあるが、この後に続々現れることになるポーカーをする犬や選挙活動をする犬などの擬人化された犬のさまざまな絵の先駆けとなったとも言われている。同時に、まるでピアノの練習を始めた幼い我が子を愛おしむような犬への愛情が伝わってくるところがあり、後のペットの大流行とともに起こる動物に感情移入した感傷的な絵を予想させるものである。一八世紀に各

図2－5　レイノルズ『ボールズ嬢と愛犬のスパニエル』

図2-6　ランシア『ウィンザー城近況』

分野で動物に対する感傷的な感情が現れ、それが一九世紀の動物愛護運動につながってゆくが、その変化は、このような愛玩犬を描いた絵画の分野にも辿れる。

動物に対する感情移入を含んだ絵を描いた画家としては、幼い頃のヴィクトリア女王を最初の愛犬であったテリアのネリーとともに描いた『幼少のヴィクトリアと愛犬ネリー』の作者で、女王に絵の手ほどきをしたことのあるリチャード・ウェストールやグアリー・スティール、バートン・バーバー、モード・アールなどがいたが、その代表者が、エドウィン・ランシアであった。ランシアはトラファルガー広場のライオン像の作者としても有名であるが、版画家の父の薫陶を受け、画家としても早熟な才能を発揮し、一三歳のときにロイヤル・アカデミーへの出展を許されるほどであった。一六歳からはロイヤル・アカデミーに毎年作品を出版し、王室をはじめとする上流階級の者たちからの支援を確立していた。ヴィクトリア女王の信任も厚く、女王の子供時代の愛犬であったスパニエルのダッシュやアルバート公の愛犬であったグレイハウンドのイーオスなど王室で飼育されていた多くの犬の肖像画を残しているほか、アルバート公と結婚後のヴィクトリア女王の幸せな家庭生活を描いた『ウィンザー城近況』(図2-6)も残している。狩りから帰ったばかりのアルバート公を迎える女王を取り囲む犬たちが、王女のヴィクトリアとともに描かれているこの絵には、肖像画とスポーツ画の伝統に犬たちを家族のようにして可愛がる当時の動物愛護の精神が重ねられている。
王立博愛協会の一八八七年の年次総会で「神の創造物のうちの物言わぬ無力なものを博愛と慈悲のなかに取り込まない限り、いかなる文明も完全ではない」という言葉を残したヴィクトリア女王の動物好きは有名であるが、女王の日常生活の一端を切り取ったこの絵は、その幸せな生活は犬に囲まれたものであったことを示している。女王の幸せな家庭生活を模範とし、それにならおうとした当時の中産階級の多くの家庭にランシアの絵の複製画が掛けられていたとしても不思議ではない。ヴィクトリア女王の動物への深い愛情は、一八四〇年にダッシュが九歳で死んだとき、アデレイド・ロッジの庭に埋葬し、次のような墓碑銘を刻ませたという逸話からもうかがえる。

その愛情に利己心はなく、
その悪戯に悪意はなく、
その忠誠に虚偽はなかった。

しかし、愛犬の哀悼詩を作ることは当時すでに珍しいことではなかった。一八世紀に現れたさまざまな分野における動物に対する感傷的な態度を引き継ぐものとして、一九世紀に入ると、人と犬との感動的な心の交流や強い絆を語る逸話や詩を収めた書物が次々と現れる。その嚆矢とも言えるものが、一八〇四年に発行されたジョゼフ・テイラーの『犬の一般的性質』である。この書物は出版されるやたいへんな人気を呼び、テイラーは一八〇六年には『犬の感謝』、一八二八年には『四本足の友達』を続編として出版した。ほかにも、エドワード・ジェシーによる一八五八年発行の『犬の逸話集』やジョージ・R・ジェシーによる一八六六年発行の二巻本『イギリスの犬の歴史についての研究』などがある。犬に関する歴史的な記述や内外の犬に関する博物誌的な情報とともに忠実な犬の涙を誘う物語や微温的な愛情物語などを集めたこれらの書物の相次ぐ出版は、一九世紀中頃から顕著になる愛玩犬飼育の流行に連なる安楽な都市文化の一つの表れであった。

愛犬への哀悼詩と忠誠を尽くす犬たち

そのような変化を端的に示すのが、これらのアンソロジーに頻繁に現れる愛犬への哀悼詩である。狩猟や牧畜に用いられる使役犬であろうとあるいは番犬を兼ねた家庭犬であろうと、その死を悼むのは自然な感情であろう。実際には、哀悼詩を贈られた犬の多くは、経済的にも時間的にも余裕があり、自ら詩を作る教養をもつか、詩を作らせる社会的な交際を有する人々に飼育された愛玩犬である。しかし、いずれにせよ、人の死に際してと同じように犬の死を悼む詩を作ることは、大きな変化であった。飼い主のそばを離れずに忠誠を尽くす犬は、孤独な人の友となり、子供のない人にはその代わりとなったのである。テイラーの『犬の一般的性質』には犬に関するさまざまな逸話や詩が収められているが、そのなかの一つに次のような詩行で始まる墓碑銘がある。この時代に起こった犬の役割の変化がうかがえる。

ここに人間のかがみとなる犬が眠っている。
自らの立場をわきまえ、なすべきことを果たした、
飼い主にとって大切な、信頼できる僕であった。

安心できる仲間であり、真摯な友であった。

ジェシーの『イギリスの犬の歴史についての研究』には、一八〇八年に愛犬のニューファンドランド犬のボースンが死んだとき、ジョージ・ゴードン・バイロンが遺体をニューステッド・アベイに埋葬し、次のような言葉で始まる墓碑銘を残したことが語られている。

この場の近くに、
虚栄を知らぬ美、
傲慢を知らぬ力、
残忍を知らぬ勇気、
人間の悪徳はもたずにその美徳のすべてを
備えた者の亡骸が安置されている。

ニューステッド・アベイの売却により実現しなかったが、バイロンは一八一一年の遺言状に、死んだらボースンのそばに葬ってほしいと書き記したことも伝えられている。

いずれにも召使いや友人よりも信頼できる存在となった犬との絆が語られており、一八世紀においてすでに犬に関する意識の変化が広く起こっていたことを示している。注目すべきことは、これらの墓碑銘に、人名と同じような犬名を含むものが少なくないことである。トマスは、溺愛する動物に人名を付ける傾向は古くからあることはあったが、この風潮が広がったのは一八世紀になってからで、一八世紀後半になると、犬に限らず明らかに人名と変わらない呼び名をもった愛玩動物が急増することを指摘している。愛玩動物に対して新たな絆が生まれたことを表すこのような習慣は、少なくともこの時代のフランスにはなかったとのことである。

一七九八年に初版が発行されたヤングの『動物に対する慈愛についての小論』には、多くの動物に対するさまざまな残虐行為への反省と博愛精神の必要が述べられているが、そこで述べられる犬の人間に対する愛情と信頼には、猟犬や番犬として犬を使役する主従関係の名残はあるものの、友として、あるいは家族の一員として犬を見る新たな考え方が表れている。

人間に対して犬はすべての動物のなかでもっとも大きな愛情と忠誠を示す。どんなに寒く、どんなに飢えていても、またどんなに疲れていても、決して主人を見捨てることはしない。犬は家族であり、仲間であり、友である。同じ暖炉の火を享受し、同じ食卓からわずかばかりの食べ物をもらうことを望んでいる。仕事や楽しみの多くを共にし、喜んで一緒に旅をし、それを幸せに思う。留守にすると意気消沈し、帰宅すると歓喜する。闇のなかで安全を守り、……犬はまた、動物のなかでもっとも従順で聡明である。主人をもっともよく知り、もっとも長く覚えている。主人の言葉と表情を完璧に理解し、その優しさと不機嫌をもっとも敏感に感じ取る。

犬の墓碑銘を作る背景には、飼い主の死に際しても変わらぬ忠節を尽くす犬への愛情と感謝の気持ちがあるが、そこには、犬を可愛がるという個人的な深い愛情に伴う感傷的な気分も作用していた、その心情は、忠実な犬の思い出を語るエピソードのほか、主人の死を悼む犬の哀切な場面を描く絵画にも辿ることができる。ランシアの一八三七年の作品『老羊飼いの死をもっとも悲しむ者』（図2－7）は代表的なものである。ジョン・ラスキンも『近代画家論』において「前足で必死ですがりついたために掛け毛布がずれ落ちている棺に胸をぴったりと押し当て、すっかり力を失って、その上に頭をのせ、絶望のなかで、涙でいっぱいの目を落とし、身動き一つしない」犬の様子に強く心を動かされたことを吐露している。

図2－7　ランシア『老羊飼いの死をもっとも悲しむ者』

図2－8　「主人の声（His Master's Voice）」に耳を傾けるニッパー

「グレイフライアーズのボビー」と呼ばれた忠節な犬の物語も人口に膾炙した。エディンバラで実際にあった話で、警官だった主人が亡くなったあと、スカイ・テリアのボビーは一八五八年から一八七二年までの一四年間、主人が葬られたグレイフライアーズ教会の墓地を毎日訪れ、一日の大半を主人の墓前で過ごしたと伝えられている。

世界中でもっとも広く知られている犬であると言ってよいＨＭＶ（His Master's Voice の略号）の「ニッパー」がトレード・マークとして成功した背景にも、忠節な犬に対する人々の感傷的な気分があった。日本では「ビクターの犬」として知られているが、蓄音機から流れる亡き「主人の声」に首をかしげて聞き入るニッパーの姿（図２‐８）は現在でも日本ビクターやＨＭＶ、ＲＣＡのトレードマークとして広く知られている。ジャック・ラッセル・テリアあるいはブル・テリアの血を引いているニッパーは、最初の飼い主であった風景画家マーク・ヘンリー・バロードが一八三七年に亡くなった後、弟のフランシス・バロードに引き取られる。あるときニッパーが蓄音機から聞こえる亡き兄のマークの声に耳を傾けるのを見て、フランシスはその姿をキャンバスにとどめたと言われる。その真偽のほどはいざしらず、その絵を商標として登録したフランシスは円筒型の蓄音機を売り出したエジソン・ベル社にこれを売り込むが、これは不首尾に終わる。しかし、円盤形蓄音機を販売していたグラモフォン社がこれに関心を示し、円盤形の蓄音機の前で耳を傾けるニッパーの絵がグラモフォン社の商標として登録されるのである。この頃にはすでに愛玩犬飼育の大流行が起こっており、やがて愛らしい犬が商品広告にも盛んに登場するようになるのであるが、ニッパーのこの絵が商品広告に使われ、大いにその成果をあげた背景には、愛犬に対するこの時代の感傷的な気分があったことは確かである。

三　愛玩犬飼育の大流行

犬に対する関心の変化

このような動物に対する慈悲・同情の高まりと軌を一にして一九世紀に入るとペットとしての小動物の飼育が流行する。メイヒューの『ロンドンの労働とロンドンの貧民』に収められた「生き物を扱う街頭商人」という記事に詳述されているように、ロンドンの街角では小鳥や魚、爬虫類などさまざまな動物が売られていたようである。しかし、この流行の中心にいたのは何と言っても犬であった。犬の飼育熱が中産階級を中心に高まり、社会全体に広まってゆくのである。すでに見たように、エリザベス朝のイングランドは犬の国として知られていた。マスティフはその勇猛さでヨーロッパ中に名をとどろかせ、熊攻めや牛攻めが国家的スポーツとして行われただけでなく、国民的スポーツとして一般民衆の娯楽としても広く行われていた。王侯貴族を中心に、猟犬や愛玩犬の飼育も盛んであった。このようにイギリスには犬に対する深い関心の伝統があるが、一九世紀のイギリスにおける犬の飼育熱は、明らかに、それまでの犬についての関心とは趣を異にしていた。

リリーの『ユーフュイーズと彼のイングランド』やモリソンの『旅行記』などに当時のイングランドにはあらゆる種類の犬がいたことが述べられていることはすでに見たが、それを裏付けるかのように、一七世紀末のケンブリッジ大学やオックスフォード大学を描いたデイヴィッド・ローガンの版画には、町中を自由に歩き回る犬の姿が見える。これらの版画からはその犬の種類は分からない。見分けがついたとしても、恐らくは今日的な意味での犬種の特定はできないであろう。当時、犬は使役する用途に基づいて分類されていたにすぎなかったからである。
シェイクスピアの一六〇六年の作品とされる『マクベス』に、次のような台詞がある。マクベスが、ライヴァルとなったバンクォーの殺害を刺客に持ちかける場面である。さまざまな種類があり、その境遇もさまざまであったとしても、おしなべて犬は犬であり、その値打ちは、個々の犬の仕事ぶり、その能力にかかっていると言って、刺客を大仕事に誘うのである。

ハウンドもグレイハウンドも、雑種犬もスパニエルも野良犬も、
むく犬も鳥猟犬も狼犬も、すべて犬という名で呼ばれている。
だが、値段表では、足の速いもの、遅いもの、利口なもの、
番犬、猟犬などにこまかく区別されている。
豊かな自然がそれぞれに与えた才能に応じて、
それぞれの値打ちが決まり、肩書きも異なっている。
すべてを同じように書き記す名簿とは違うのだ。
人間も同じことだ。

犬種名に犬が人間のために果たす役割に由来するものが多いことは人間と犬の古い付き合いからすれば当然であるし、この台詞に見られる犬の分類法は現在も生きていると言える。しかし、二〇〇一年に発行されたデズモンド・モリスの『犬種辞典』が一〇〇〇以上の犬種についての辞典であるとうたい、実際に多くの犬種の図版を加えて説明をしているが、このような犬の多様化は、実はイギリスで一九世

紀に起こった愛玩犬飼育熱に端を発すると考えられる。『マクベス』におけるシェイクスピアの犬の分類は、すでに出版されていたキーズの『イングランドの犬について』の分類と変わらず、ほぼ当時の常識に従っていると考えられる。実は、この書物に挙げられているのは一七犬種にすぎない。犬に関する関心の増大は犬種名の増加に辿れるが、新たに登場する犬種名はそれぞれの時代の犬に関する文化状況を如実に物語るものでもある。このことを歴史的に跡づけてみよう。

まず、すでに何度か断片的に言及した、犬に関するイギリス最初の書物である『イングランドの犬について』であるが、著者は、ケンブリッジ大学のゴンヴィル・アンド・キーズ・コレッジの名称にその名を残しているこのコレッジ中興の祖であるジョン・キーズである。すでに見たように、一五七〇年にラテン語で書かれ、一五七六年にフレミングによる英語訳が出版された。主として医学を修めエドワード六世、メアリー一世、エリザベス一世の主治医であったキーズは、博物学にも造詣が深く、有名なスイスの博物学者コンラート・ゲスナーとも親交があり、ゲスナーの求めに応じて『動物誌』の一項として書いたものであった。ラテン語版は一七世紀に三度、一八世紀には二度版を重ね、一八一九年に第六版が発行されている。一方、英語訳は一八八〇年になって再版され、一九四七年に第三版が発行されている。当時の慣例に従って、「イングランドの犬について――その種類、呼称、性質、特性についてのラテン語による概略」という説明的な長いタイトルが付いているが、五〇頁に満たない小冊子である。人間に奉仕する役割に従って犬がハリア、テリア、ブラッドハウンド、ゲイズハウンド、グレイハウンド、リュイナー（ライマー）、タンブラー、スティーラー、ランド・スパニエル、セッター、ウォーター・スパニエル（ファインダー）、スパニエル・ジェントル（コンフォーター）、シェパード・ドッグ、マスティフ（バンドッグ）、ウァップ、ターンスピット、ダンサーの一七種類に分類され、狩猟用と愛玩用、そして単純な作業を行う雑役用の大きな区分に入れられている。これらの名称のなかには現在の犬種名として残っているものもあるが、要するにキーズの犬種名は犬が人間のために果たす仕事の内容、役割に基づいたものであり、一七種類のうち一一種類が猟犬、五種類が使役犬で、愛玩犬はスパニエル・ジェントルだけという当時の犬に対する関心の有り様を反映したものになっている。

E・グウィン・ジョーンズの『犬に関する文献』で見る限り、一七世紀、一八世紀を通じてイギリスの犬についてのこのような概説書は見あたらない。前述のモリスの『犬種辞典』における参考文献によってもこのことは確かめられる。強いて言えば、野外スポーツの指南書の類に猟犬についての蘊蓄《うんちく》が語られているにすぎない。たとえば、一六七四年に発行された狩猟、鷹猟、鳥猟、釣魚の四部門から紳士のスポーツについて語るニコラス・コックスの『紳士のリクリエーション』にはキーズの分類を引き継いだ形で猟犬についての説明がなされているが、キーズの『イングランドの犬について』に含まれていた愛玩犬や番犬、使役犬についての説明はない。この時代がもっとも狩猟が盛んな時代であったことからすると当然のことであろう。同じように、アニマル・スポーツも盛んであったが、次第に民衆娯楽としての色彩を強めていったこの分野では書物の形で犬に関する蘊蓄が傾けられることはなかったのであろう。

ところが、一九世紀になると犬に関する書物が次々と発行される。その嚆矢とも言えるものが、一八〇〇年から一八〇五年にかけて発行されたエドワーズの『図説ブリタニアの犬』である。この本は、イギリス在来の犬種の特質とその用途を多色刷りの版画の図版とともに掲載しており、その点では一七九〇年に発行され、一八〇七年までに五版を重ねたトマス・ビューイックの『四足獣概説』の流れを汲むものであると言える。エドワーズの『図説ブリタニアの犬』が発行された直後の一八〇七年から一八一三年にかけて出版されたウィリアム・B・ダニエルの『田園スポーツ』は、補遺を含め四巻から成る大著であるが、そのうちの狩猟に関する第一巻が犬に関するものであり、鳥猟を扱う第三巻にも鳥猟犬としてのセッター、ポインター、スパニエルについての記述がある。獲物の動物や猟犬の精密な図版にはビューイックの『四足獣概説』の影響が感じられるが、「イギリスの犬の概要」として挙げられた犬の分類表はキーズの分類法とほぼ同じであり、スティーラーをのぞく一六の犬種が挙げられ、その用途に応じて、狩猟犬、鳥猟犬、愛玩犬、農場犬、雑種犬に大別されている。本文中にフォックスハウンドやビーグル、ポインターなどの新しい犬種への言及が加えられているが、猟犬以外の犬についての記述はなく、キーズの『イングランドの犬について』の二番煎じの域を出るものではない。つまり、この頃にはまだ、イギリス人の犬に対する関心に大きな変化はなかったと言える。

しかし、犬に対する関心がさらに高まり、とりわけ愛玩犬の飼育が流行し始めると、珍しい犬への関心、純粋な血統犬への関心が高まる。新たに多くの犬種が登場し、犬に関する書物も多様化する。すでに見たように、テイラーやエドワード・ジェシー、ジョージ・R・ジェシーらによる犬の素晴らしさを称揚する書物が相次いで出版されたほか、たとえば一八八六年発行のM・B・ウィンの『マスティフの歴史』のような単一の犬種についての文化誌的な書物も数多く現れるようになる。モリスの『犬種辞典』によると、概説書に限って見てもそれまでほぼ皆無であったにもかかわらず、一九世紀の間に二五冊の書物が出版されている。これは二〇世紀に出版された同類の書物がほぼ五〇冊であることを考えると、かなり急激な文化の変化であると言わねばならない。

この時期の犬に関する関心の増大と変化を物語る代表的な書物が一八九三年から一八九四年にかけて発行されたロードン・B・リーの『イギリスおよびアイルランドの近代犬の歴史と記述』である。狩猟用と非狩猟用の犬種、およびテリアについてそれぞれ記述した三巻からなる大著で、六〇種類の犬種について、その歴史、特性、標準となる体格、毛並みなどが詳しく説明されている。狩猟用としてビーグルやホイペット、ボルゾイなどが加えられているほか、非狩猟用の犬として、マスティフやセントバーナード、コリーなどの使役犬のほかに、プードルやパグ、トイ・スパニエル、狆（ジャパニーズ・スパニエル）、マルティーズ、ポメラニアンなどの愛玩犬が取り上げられている。このことからも、このおよそ一〇〇年間の犬への関心の増大が推し量られるが、これらの書物の巻末に、犬用の日本製虫下しや蚤取り粉、毛艶をよくするパウダーやブラシ、さまざまな犬用医薬品、犬小屋などの宣伝広告が付けられていること、さらには、獣医やブリーダーの宣伝まであることをみると、この時期に犬の飼育がいかに拡大したかが分かる。かつてのように宮廷で王侯貴族や貴婦人の所有物として使用人によって世話をされたり、大地主の屋敷で狩猟や鳥猟を楽しむためにゲーム・キーパーによって管理されるのではなく、飼い主が実質的に世話をし、日常生活をともにする犬が増加したことが考えられる。そこには、犬の飼育が経済的余裕のある中産階級に広がっていったこの時代の特徴が映し出されている。

「立派な人たち」の飼い犬

一九世紀の愛玩犬飼育熱は、単なる愛玩犬の流行としてのみ見られるべきではない。ペットとしての小動物の飼育も流行したし、ほかの犬への関心も高まった。猟犬に対する関心も大いに高まったし、皮肉なことにドッグ・ファイティングはアニマル・スポーツの禁止によってより盛んになった。また、フォックス・ハンティングやコーシングも盛んになった。時代は変化し、犬の役割も変化しつつあった。従来の使役犬としての有用性よりも、スポーツや社交の場で飼い主を喜ばせる存在としての犬への関心が大きくなっていた。そのようななかで、飼い主の生活の余裕と安逸を体現する愛玩犬の飼育が流行したのである。

このような実生活に役立たない犬に夢中になったのは、先にステュアート朝の王たちの溺愛ぶりを見たように、まず王室一家であった。この愛玩犬への関心は、時代とともに、社会階層を下って広がっていった。まず、Ｍ・Ｐ・ティリーの『一六世紀および一七世紀のイングランドのことわざ辞典』に「犬を愛さない人は紳士ではあり得ない」とあるように、この時代にはこの嗜好は貴族や紳士の間に広がっていたと考えられる。一七七六年に出版されたアダム・スミスの『国富論』における、「どんなに貧しい家庭でも特別な出費なしで犬猫を飼えた」という記述は、一八世紀には、生活に役立つ使役犬としてではなく愛玩犬あるいは家庭犬としての犬の飼育が社会全体に広がっていたことをうかがわせる。

当然のことながら、飼い主の地位にしたがって犬の種類は異なっていた。大地主はマスティフなどの大型の番犬を、貴族の狩猟家はグレイハウンドやセッターを所有し、貴婦人たちはスパニエルなどの愛玩犬を所有する一方で、鋳掛け屋は雑種犬を従えて行商し、路地裏のならず者にはうるさく吠え立てる野良犬がいたのである。一八世紀の初めにはすでに社会的地位に応じた犬を飼う傾向があったことは、当時「犬を飼う者は誰しも自分と同じ性質の犬を選び出す」という戯言があったことからも分かる。ジリー・クーパーが『階級』において、社会階層によって飼い犬の犬種が異なるだけでなく、同犬種でもたとえば黒色のラブラドールの方が黄色のラブラドールより上流階級には好まれることを指摘しているが、このように社会的地位によって犬を飼う目的が異なり、愛玩犬の犬種にも違いがあることの根は深いと言える。

しかし、今日でも現実に存在している社会階層による飼い犬の相違、より正確には社会階層意識による飼い犬の相違は、一九世紀のイギリス社会に端を発した社会現象であると言える。すでに見たように、一九世紀に起こった動物に対する感傷的な感情の高まりは、愛玩犬の飼育に新たな局面をもたらし、とりわけ中産階級の間に愛玩犬飼育熱を広めることになった。その背景にイギリス社会を動かす新たな勢力として成長してきた中産階級の価値観があった。動物に対する虐待防止に共感を示すだけでなく実際に動物を愛育することは、動物愛護を実践することにほかならないと考えられたのである。

確かに、「ラップ・ドッグ」という言葉の存在に辿れるように、愛玩犬飼育の伝統は貴族社会を中心にすでに一七世紀には存在していた。この語は、一八世紀を経て、一九世紀においても盛んに使われるが、一九世紀になると、今日の「ペット」という語により近い「愛玩用に飼育される小型種の犬」を表す「トイ」という語が「トイ・ドッグ」や「トイ・スパニエル」「トイ・テリア」という形で使われるようになる。ちなみに、「お気に入りの動物」を表す「ペット」という語は一六世紀からある言葉だが、今日的な意味で盛んに使われるようになったのはやはり一九世紀に入った頃からである。

動物への思いやりが、洗練された、上品で尊敬に値する文明の必須条件だと考えられるようになるとともに、ペットを飼育し、愛情を示すことが「立派な人たち」の仲間入りをするための重要な条件になっていった。そこには、ターナーの指摘するように、上流階級の者たちの特権であったペットへの愛情を自分たちの生活に取り入れようとする新興中産階級の上昇志向があったかもしれない。上位の階級の生活習慣を真似ることで自らをその階級に同化させようとする一種の俗物根性が、中産階級の家庭におけるペットの急増とそこで繰り広げられる感傷的とも言えるペットへの愛情表現の背景にあることは考え得ることである。

しかし、それだけではなく、そこにはこの時代に意識化されたもう一つの要因があったことをターナーは指摘している。中産階級を中心に始まったペットとしての犬の飼育が時代を下るとともに庶民の間にも広がっていったように、ペットへの愛情の拡大の背景には、文明化への憧れや上品な生活への願望とともに、逆説的であるが、人々の間に根強く残る自然への憧憬があった。一八世紀中頃から一九世紀中頃にかけて起こったいわゆる産業革命は、農村から都会への人口移動という社会変動をもたらしただけでなく、都会の人々の生活を機械のペースに変えつつあった。今や加速度的に進む産業化のなかで急速に自然から引き離されつつあった人々の心のなかに、自然へのノスタルジアと憧憬が生まれていた。人間と自然との関係をテーマに詩作をしたウィリアム・ワーズワスをはじめとするロマン派の詩人の作品や、消えゆくイギリスの風景、あるいは今はないイギリスの原風景をキャンバスに描いたジョン・コンスタブルの風景画、あるいは、ジョージ・スタッブズの動物画は、自然を再創造する作業であり、真のイギリスを求める想像力の仕事であったが、動物愛護の運動はこのような新しいイングリッシュネスの動きと連動していた。その背後には、工場と都市がもたらした急激な変化と折り合いをつけようとする心理的な欲求があった。その意味でも、動物愛護の運動は、理性よりも感情に基づくものであったのである。

すでに見たように、初期の動物愛護運動で救済の対象になったのは、主として牛・豚・羊・馬などの家畜であった。牛馬を酷使しているという意識が、労働者を搾取しているという思いと重なり、いわば免罪符としての慈悲心を具体化したのが畜獣虐待禁止法であったという主張には否めない側面があるが、興味深いことに、時を同じくして、主として都市と工業地帯において愛玩犬に対する関心が高まるのである。愛玩犬を可愛がることもまた、慈悲心の発露と考えられた。現在の自然保護運動とも通底しているが、初期の動物愛護運動の動機と愛玩犬飼育熱は都市の現象であり、自分あるいは先祖がかつて置き去りにした動物のために立ち上がることによって、田園的な過去との親密なつながりを感じたいという都市の住人の欲求がそこにはあった。その証拠に、都市で彷徨し、悲惨な生活をしている野良犬に対して慈悲心が発揮されることはなかったし、農民や農村の労働者の間で愛玩犬を飼うことは流行しなかった。ヴィクトリア朝に流行した犬への関心の増大、わけても愛玩犬飼育の流行はこの時代に顕著になった都市文化の一つであったと言える。

ドッグ・セラーの登場

一九世紀に入って陸続と発行された犬に関する書物やジャーナルには、飼育道具や薬のほかに犬を販売するブリーダーや販売される犬の宣伝広告が見られるが、犬は路上で販売されもした。ロンドン市中ではこの世紀の中頃まで生き物を売る行商人は二万人に及んだと言われる。リチャード・アンズデルの一八六〇年の作品『奥さん、犬はいかが』(図2-9)はそのような当時のロンドンの街角の光景を示すものである。一人のドッグ・セラー(犬売り商人)が左手に小型のプードルをもって道行く人に呼び売りをしている。その右脇には当時もっとも高値を呼んだブラック・アンド・タンのスパニエルが抱えられ、足下にはセント・バーナードとその背中の上に顎を休めるポインターがいる。その後ろには小型のテリアらしき犬もいる。少し離れたところにはもう一人のドッグ・セラーもいて、犬に関心を示す母娘の姿が見られる。さまざまな種類の犬を並べて陳列しているまるで現在のわが国のペット・ショップのような光景であり、現在のイギリスでは見られない光景である。

このような犬に対する関心の増大は、まず中産階級の間に起こったことはすでに見たが、その動機は、血統を重視し、当世流行の外観的な見栄えと値段を基準に犬を選ぶ傾向を反映していた。メイヒューが

『ロンドンの労働とロンドンの貧民』で紹介している一八四四年に議会に提出された委員会報告によれば、一五〇ポンドで販売されたブラック・アンド・タンのキング・チャールズ・スパニエルは別格としても、一〇五ポンドのスパニエルをはじめとして、第一級の血統と見栄えの良さをもっている愛玩犬は普通五〇ポンドから六〇ポンドで取り引きされたようである。しかし、路上のドッグ・セラーの販売する犬は、おおよそ一〇シリング（半ポンド）から五ポンドで取り引きされた。血統を偽って高値を付けられたものもあるし、見るからに血統など持ち出せないで叩き売られたものもあった。路上での商売には常に胡散臭さがつきまとっていたが、ドッグ・セラーもまた、「ファインダー（捜査人）」「リストーラー（取り戻し人）」あるいは「スティーラー（犬盗人）」などと内実は同義であると見られた。つまり、ドッグ・セラーも、行方不明になった犬を捜し出して報酬を得ることを仕事にしていたり、巧みな技で犬を盗み出した後一定期間密かに飼育し、発見者になりすまして報酬を得る者の一味であるというのが通り相場であった。なかには、一匹の犬を裕福な「立派な人」に売りつけては盗み出し、新しい客に売りつけたり、苦労して捜し出したと言って報酬を得ることを繰り返す者もあった。彼らはまた、ドッグ・ファイティングやネズミ攻めを取り仕切って小金を稼いでいたとも言われる。

図2-9　アンズデル『奥さん、犬はいかが』

一八三五年に動物虐待禁止法が制定された後もドッグ・ファイティングは半ば公然と限られた場所で行われていたが、闘犬場に出入りする者のなかに、それを取り仕切る庶民たちからは嘲笑まじりに「ノブ（お偉方）」と呼ばれた裕福な中産階級の者が数多く見られた。ドッグ・ファイティングやそれまで高い人気を誇っていた闘鶏に対する規制が厳しくなるとともに、それらに代わって人気が高まったネズミ攻めにも彼らは参加した。ネズミ攻めは、主としてパブの内部に設けられた仕切りのなかにネズミを放ち、テリアが限られた時間内に何匹のネズミを殺すか、あるいは一定数のネズミを何分何秒で皆殺しにするかを競うものであり、当然賭けが伴っていたし、優秀なテリアには高い値がついた。テリアの代わりにフェレットが用いられることもあったが、主に用いられたのはヨークシャー・テリアなどの敏捷な小型のテリアであった。ネズミ攻めの賭けに夢中になる「ノブ」もいたが、優秀なテリアに投機をする「ノブ」もいた。この興行を取り仕切ったのも自らを「ホーカー（街商人）」と名乗る犬の販売や探索にかかわるドッグ・セラーを中心としたロンドン市中で生き物を商う者たちであった。

このように、血統犬を求め、それが叶わぬ場合はそれらしき犬を求め、上流階級へのはしごを登ろうとする社会的欲求の強い中産階級の「ノブ」は、抜け目のない下層階級の者たちの金儲けのカモになっていた。また、上流階級同様、動物愛護はうわべだけで昔ながらの残酷な娯楽を捨てきれない中産階級の「立派な人たち」は、民衆娯楽で金を巻き上げられる、庶民たちの重要な金づるであった。庶民を教化し、文明化しようとする中産階級の慈悲心は、自らの野望を隠すための、あるいは自らの不安を解消するためのカムフラージュであったかもしれないが、見事にその仮面をはがされていたと言える。動物愛護の精神を具現するものとして始まったペット飼育の流行は、動物愛護の精神とは矛盾する残酷なスポーツへの愛着とともに、一面で庶民の生活力によってしたたかに利用されていたのである。

中産階級の異常とも言える犬への関心は、上位の階級の者たちによっても批判された。犬に対する知識も愛情もないままに、血統犬にこだわり、ステータス・シンボルとして見栄えだけの犬に法外な金を出す犬愛好の風潮は、犬の値段の高騰を招き、この世紀の終わり頃にはドッグ・ショーで優勝した犬に一〇〇〇ポンドの値が付いたし、入賞犬には四〇〇ポンド近い値が付くような状況が生まれた。このような状況に対して、バイロンの曾孫にあたる貴族で、アラブ系競走馬の有名厩舎の所有者でもあったジュディス・ネヴィル・リットンは、伝統的な犬の飼育者の立場から苦言を呈した。一九一一年に彼女が著した『トイ・ドッグとその祖先』は、トイ・スパニエルと狆、ペキニーズ、ポメラニアン、トイ・スパニエルに絞った愛玩犬の飼育方法、犬舎の管理法についての書物である。とくに前半部分はさまざまな名犬の特質についての解説を加えながら語る、トイ・スパニエル飼育の歴史についての詳しい説明になっている。しかし、それはとりもなおさず、一九世紀の中頃から盛んになった愛玩犬飼育の流行において身勝手な血統犬の基準が横行していることに対する批判となっている。「現在の犬種標準がいかにばかげており、軽蔑すべきものであるかを示す」ことが執筆目的であるというこの書物の説明は歴史的な資料に基づいて行われ、「現在の四角い顎の、重量のある、短い鼻のトイ・スパニエルは、比較的最近になって導入されたもので、一八四〇年より前にはいなかった」ことが自信たっぷりに明らかにされる。彼女が自分こそ真の愛犬家であることを誇り、新参の愛犬家たちを軽蔑していることは、中産階級のとくに女性たちが、愛犬のことを「可愛い淑女」とか「可愛い紳士」、あるいは「私の可愛い坊や」とか「私の可愛い嬢ちゃん」などと呼ぶことに違和感を表明していることからも分かる。彼女によれば、雄犬は「ドッグ」(dog)、雌犬は「ビッチ」(bitch) と呼ぶべきなのである。ここには、中産階級のにわか愛犬家に対して一線を引こうとする貴族の伝統的な愛犬家の冷ややかな視線がある。このような意識を表明したのは、リットンだけではなかった。

リーの『イギリスおよびアイルランドの近代犬の歴史と記述（非猟犬篇）』には、一九世紀後半に愛玩犬としての人気が急速に高まったスコッチ・コリーが投機の対象となり、次々と転売される実例がいくつか挙げられている。たとえば、もともとハンス・ハミルトンという牧師に育てられていたラットランドという名のスコッチ・コリーは、二、三ポンドの値段で何人かの手に渡った後、バーミンガムのS・ボディントンという人物によってウォリックの犬販売人から五ポンドで買い取られた。ボディントンは、この犬を見栄えの良い犬に仕上げ、マンチェスターのA・H・メグソンという人物に二五〇ポンドで売り渡したという。メグソンは一八八八年にマンチェスターで開かれたオークションでカラクタカスという若い犬を三五〇ポンドで手に入れ、さらにミッチェリー・ワンダーという有名犬を五三〇ポンドで購入したとも伝えられている。名犬の名をほしいままにしたミッチェリー・ワンダーはあらゆる形で彼の投機に報いたが、カラクタカスの場合はうまく運ばなかったようである。

このような新興中産階級の間に顕著に現れた愛玩犬飼育熱は、貨幣的な価値に置き換えられる形で進展したという点でまさしくその本質を暴露しているとも言えるが、その行方の一つを暗示するかのように、ミッチェリー・ワンダーの子はアメリカ合衆国のミッチェル・ハリソンという人物に一〇〇〇ポンドで買われていったという。このように犬が投機の対象になり、高額で売買されるようになった背景には、皮肉なことではあるが、犬種標準を作り、ドッグ・ショーの主催者となったケネル・クラブの活動がある。

ドッグ・ショーとケネル・クラブの誕生

「ケネル」（kennel）という語は、本来、犬が雨風をしのげる「犬小屋」の意味であった。その後、狩猟が貴族の娯楽として盛んになった時代にはかなりの数の猟犬を管理し、訓練する「犬舎」の意味をもつようになり、さらに一九世紀に入って犬に関する関心が高まるにつれ、犬を繁殖させ、売買する施設をも意味するようになった。その所有者あるいは管理者は「ブリーダー」と呼ばれる。同時に、猟犬や牧羊犬などそれまでもっぱら使役のために飼育されていた犬種も家庭犬、愛玩犬として繁殖の対象になり、主として使役される用途に応じて名付けられ、二〇種類にも満たなかった犬の種類が大幅に増え、各犬舎がドッグ・ショーで自慢の犬を競うようになった。

最初の組織立ったドッグ・ショーは、一八五九年にニューカースル・アポン・タインで開催され、六〇頭のセッターとポインターが参加した。初期のドッグ・ショーは猟犬の品評会の形で始まったが、都市の住民を中心に愛玩犬の飼育が盛んになるにつれて愛玩犬の展示会の様相が強くなった。純粋血統犬への欲求が強まる一方で、目新しい犬種の掘り起こしが盛んになり外観の見栄えを競う傾向も強くなり、一八七〇年頃、審査基準の統一や厳密な記録の必要が求められるようになる。そこで結成されたのが、ウォリックシャー選出の国会議員S・E・シャーリーの呼びかけで創られた全英ドッグ・クラブ協議会である。一八七三年四月にロンドンで開催されたこの協議会の会合で、犬種を確定する基準を作成すること、そのために血統書を管理すること、ドッグ・ショーに関する規則を作成することなどを目的として、ケネル・クラブを創設することが決議された。

ケネル・クラブが最初に取り組んだのが、『犬血統台帳』の整備であり、一八七四年に第一巻が発行された。『犬血統台帳』にはドッグ・ショーに出場した犬の登録内容が掲載され、同時に発行された

『ケネル・クラブ・カレンダー』には、ドッグ・ショーへの出場資格やケネル・クラブの会員になるための資格、運営規約が掲げられ、ドッグ・ショーの結果と開催予定が記載された。『犬血統台帳』には当初、犬舎名と犬名のみが登録されていたが、一八八〇年に共通のルールに従って所有者、繁殖者、生年、先祖の記録、過去のドッグ・ショーでの成績などが記録されるように改良された。たとえばスポットやボブといった犬名は大量に使われていたし、それぞれの犬の特徴も恣意的に記されていたからである。一八九四年にリーの『イギリスおよびアイルランドの近代犬の歴史と記述』が出版されると、『犬血統台帳』の部門分けのためにこの書物が利用され、ドッグ・ショーの部門分けにもこれが用いられた。『犬血統台帳』は個々の犬を正確に記録するための手立てであり、そこに血統を重視する考えはなかったと言われる。しかし、ドッグ・ショーが盛んになるにつれて、血統が重視され、『犬血統台帳』は大きな意味をもつようになった。もともと、由緒ある血統犬など存在せず、使役目的に応じて優秀な犬が残されてきたのが事実であったが、一九世紀に入って中産階級を中心に起こった犬の血統に対するこだわりはそのような人たちの由緒正しい家柄への憧憬を表すものであった。しかし、このように血統についての関心の増大は階級意識と絡んでいたが、一八五一年のロンドン万国博覧会という国家事業とも微妙な形でつながっていた。

血統の記録という点では、一七九一年に発行された、競走馬の系図を記載した『競走馬血統台帳』が参考にされたが、ケネル・クラブの誕生と『犬血統台帳』の刊行に大きな影響を与えたのは、スミスフィールド・クラブと『短角牛血統総監』であった。スミスフィールド・クラブは畜産家の親睦団体として始まったスミスフィールド協会が一八〇二年に改称されたものであるが、この団体の発案で、一七九九年以降、毎年恒例の家畜品評会が開催されていた。この品評会の目的は、家畜の改良によって農業の発展に資することであったが、賞品を出したこの品評会には、並外れて大きな牛や豚が出品され、見物人の目を奪った。これらの家畜は、実際にその飼育・育成によって生計を立てる農業者によって出品されたものではなかった。その出品者は第一一代ノーフォーク公爵チャールズ・ハワードや第五代ベッドフォード公爵フランシス・ラッセルなどの貴族やジェントリー階層であり、品評会は、賞金や繁殖による実利を得る手段ともなったが、リトヴォが言うように、むしろ「社会的な見せびらかし」の場として作用した。

例年のスミスフィールドの品評会は、伝統的な田舎の秩序の儀式的な再演として機能した。この品評会は、田舎の秩序の頂点に立つ裕福で有力な大立て者の壮大さの象徴である並外れて大きな家畜を見せびらかすことによって、その地位を賞賛し、再確認したのである。

一八四〇年にはアルバート公と初代ケンブリッジ公爵アドルファス公が、一八四四年にはアルバート公とヴィクトリア女王がその年の品評会に臨席した記録がある。アルバート公はまた、その出品者でもあった。

品評会の運営は赤字続きであったが、入賞した家畜や交配料には破格の値が付き、その血統の家畜が高く売買された。『タイムズ』の一八六五年六月五日号の社説には、「ウィリス・ルームで、その分野での一流の製品、極限の勤勉と優れた技術の産物である品々が一堂に会して売りに出された。一二点が六五一〇ポンドで――つまり一点あたり平均五四二ポンド一〇シリングで――売れた。五点が一六六九ポンド一〇シリング――つまり一点あたり平均三三三ポンド一八シリングで売れた。売られた品物は、短角牛であった」という驚きの言葉が見える。

品評会の入賞牛とその血統の牛が高額で売買されるにつれて、その血統を厳密に記録する必要が生まれていた。一八二二年に第一巻が出た『短角牛血統総監』には、一七九一年に発行された『競走馬血統台帳』にならって、牛の名前、毛色、生年月日、所有者、繁殖者、さかのぼれる限りの先祖が記載された。これらの家畜の所有者である貴族やジェントリー階層の者たち、すなわち自分自身の血統の純粋さによって地位と財産を所有する者たちは、自分自身の系図に対する関心と同じ熱心さで家畜の血統書を大事にした。

このように血統への関心は、まずは『競走馬血統台帳』、次に『短角牛血統総監』の発行という形で、単なる実利的な必要からではなく、上流階級の間で新たなる時代の兆候として生まれた。競走馬にしろ肉牛にしろ、血統への熱心な関心の背景には投機的要素もあったが、競争によってあおられた自己顕示欲があったと言える。このような「見せびらかし」の手段として、馬や牛を道楽のために、つまりステータス・シンボルとして趣味的に飼育することは無理ではあったが、同じように上流階級に属するものであった、使役犬以外のスポーツ用の猟犬や愛玩犬などの飼育は、中産階級にとっても手の届くものであった。

実は、犬の血統についての関心も一八世紀には始まっていた。しかし、そこには純粋種の保持という目的はなかった。恐らくは熊攻めや牛攻めなどのアニマル・スポーツが盛んであったテューダー朝においてすでに、より勇猛で、頑強な犬を求めて、血統を考慮した交配が繰り返されていたと考えられる。猟犬の交配に関しては、もっと古い時代から血統を意識した交配が繰り返されていたことは想像に難くない。猟の種類や追跡する獲物の種類によって、足の速い犬、鼻の利く犬、頑健な犬、俊敏な犬が求められたはずである。この時代の犬種が犬の使役目的に応じたきわめて大まかなものであり、その区別もおおらかであったことからもそのように考えられる。しかし、ほかの家畜の血統への関心の高まりと同じように、犬に関しても一八世紀の末には血統を意識した綿密な交配が行われるようになる。まず、もっとも雑種的な犬の一つであり、猟犬としての機能からその名で呼ばれていたフォックスハウンドが血統を記録された犬種として認められ、次に、入念な交配が繰り返されたグレイハウンドの血統が認められるようになっていた。ちなみに、公式な血統書が確立されたのはフォックスハウンドについては一八六五年、グレイハウンドについては一八八二年のことである。

図2-10　アール『フィールド・トライアル・ミーティング』

先に述べたように、ドッグ・ショーは、産業振興の一端を担う行事であった農業品評会における家畜の品評会の一環として始まったが、一方で民衆娯楽の場を引き継ぐ側面ももっていた。一九世紀半ばには、家畜の品評会や野外スポーツ行事は、一八三五年に動物虐待禁止法によって禁止された牛攻めやドッグ・ファイティングなどのアニマル・スポーツに代わる娯楽として多くの人々を集めていた。家畜や犬の品評会という文明化された競争が、動物を用いる血みどろの勝負に取って代わったのである。また、自分の猟犬や牧羊犬を自慢する者たちが、パブや共有地に集まってその技を競う催しもあった。ほかにも、犬舎でたくさんの猟犬を飼育している貴族や資産家の屋敷内や

図2－11　マーシャル『初期の犬品評会』

猟場で行われたという記録もある。ジョージ・アールの一八八〇年頃の作品とされる油彩画『フィールド・トライアル・ミーティング』（図2－10）に描かれているように、猟犬としての技を競う「トライアル」も存続したが、次第に、個々の犬種についてその外形を競うものが主流となる。遅くとも一八六〇年には、形態すなわち犬の姿・形を競うフォックスハウンドの品評会が開催された記録があり、その後、続々とこの種のドッグ・ショーが開催されるようになる。

R・マーシャルの一八五五年の油彩画『初期の犬品評会』（図2－11）は、今日のドッグ・ショーのごく初めの頃の様子を描いている。それは、「クイーンズ・ヘッド・タヴァーン」というパブで開催された犬の品評会を描いたものであるが、暖炉の上にはこのパブの経営者がトイ・ドッグ・クラブの会員であることを示す額がおかれてあり、壁には「来る日曜日、一八四九年五月二七日開催のグランド・ショー」の宣伝ポスターも見られる。そこには、この催しでの客寄せの目玉が「ネズミ攻め」であることが記載されている。壁の上部は、ボクシングや闘鶏、ネズミ攻めなどのパブ・スポーツの絵で埋め尽くされている。さて、犬の品評会であるが、左右のテーブルの後ろに、飲み物を前にして、パイプを吹かしながら居並ぶのは愛犬家の面々である。その愛犬はと言うと、犬種が判然としないものもあるが、キング・チャールズ・スパニエル、ブルドッグ、ブル・テリア、スカイ・テリアなど当時人気を集めていた犬種の犬たちである。当時の愛玩犬飼育熱の有り様を伝える貴重な絵である。ドッグ・ショーのはしりの一つであるとも言えるこのような犬の品評会が、当時「勝負」を意味する「マッチ」という名で呼ばれていたのは、一つには、これがドッグ・ファイティングやネズミ攻めなどの犬の力や技を競う娯楽に代わるものであったことを物語っている。

一八五九年にニューカースル・アポン・タインで開催されたセッターとポインターのドッグ・ショーが、犬種ごとに審判員を立てて行う、今日のような形での最初のドッグ・ショーであるとされるが、このドッグ・ショーは、有産階級の伝統的な野外スポーツにおける猟犬の優劣を競うものであったし、入念な交配による品種改良の成果を競う農産物品評会の流れで行われたものであった。しかし、そこには、マーシャルの絵に描かれたような紳士・淑女の愛犬自慢の会合のように、都市を中心に動物を用いた民衆娯楽の場から発生した犬の品評会の側面もあった。やがて、一八六九年に全英ドッグ・クラブが主催したドッグ・ショーや一八七〇年にクリスタル・パレスで開催されたドッグ・ショーのような大規模な大会から街角のパブで開かれるささやかな愛犬自慢の会合まで、大小、さまざまな形でドッグ・ショーが開かれるようになったが、評価の基準も曖昧で、恣意的な交配によって新たな犬種が続々と生み出されるようになった。このような状況に危機感をいだいた良識のある愛犬家が集まって設立したのがケネル・クラブであり、緊急になされたのが『犬血統台帳』の編纂であった。ケネル・クラブの中心メンバーであったE・W・ジャケはその著『ケネル・クラブ――その業務の歴史と記録』において「最初のドッグ・ショーとケネル・クラブの創設の間の一四年間に、スキャンダルは言うに及ばず、多くのもめ事が次々と起こっていた。規律と基準の整備が絶対に必要であった」と述懐し、その辺りの事情を書き残している。

紆余曲折はあったが、創設されるやいなやケネル・クラブは、一八七三年の六月、クリスタル・パレスで最初のドッグ・ショーを開催した。これには、実に九七五匹の犬が参加した。また、翌年に『犬血統台帳』を発行したことによって各犬種の改良、模範犬の明示、雑種犬の抑制という、かねてからのドッグ・ショーの目標の達成にも弾みがつき、ケネル・クラブによるドッグ・ショーはその後も盛会を極めた。その結果、最優秀クラスで賞を獲得した犬は「チャンピオン」という敬称を付ける名誉を与えられ、純粋な血統犬が尊重される風潮が生まれた。しかし一方で、ただの犬は「雑種犬」として軽視され、イギリスに古くから存在する犬の一般的イメージである「くず」「役立たず」「ごろつき」の伝統を温存することになった。

ケネル・クラブに先導された近代的なドッグ・ショーの到来によって、イギリスにおける犬の飼育は、フォックス・ハンティングやシューティングすなわち銃猟に用いる猟犬の所有者である貴族や田舎の大地主あるいは牛攻めやドッグ・ファイティングなどの血なまぐさい娯楽に耽る都会の荒くれ者たちから、お上品な紳士や淑女の手に移った。犬に対する評価は、身体的な強さや足の速さではなく、姿形の優美さや育ちの良さによってなされるようになった。しかしながら、ドッグ・ショーは、みかけの優雅さや上品さと矛盾する多くの問題をはらんでいた。つまるところ、ドッグ・ショーは人間の虚栄心と競争心を満足させるものであり、自己の所有物である愛犬を公開の場で顕示し、喝采を浴びる「見せびらかし」の場を提供するものであった。

先のジャケの回想の言葉からもうかがえるが、ケネル・クラブは、その創設の理念においてもその目的を達成する方法においても、動物虐待防止協会に共通するものを多く含んでおり、当時の動物愛護精神の有り様を示すものになっている。いずれも、経済的にも精神的にも余裕のある者たちが実践する「慈悲」の行動であり、道徳心のない者を教化する「文明化の使命」を果たすためのものであった。それが彼らの欲望を隠す一種の隠れ蓑であったという指摘が生まれるのはずっと後のことであるが、当時からさまざまな矛盾は指摘されていた。

四　過熱するドッグ・ショー

優しい人間の残酷さ

一九〇二年に発行されたチャールズ・ヘンリー・レーンの『ドッグ・ショーと愛犬家』に一八五九年から一八七八年までの詳細な記録があるが、ロンドンで夏と冬の二回開催されるケネル・クラブのドッグ・ショーとクラフツのドッグ・ショー、バーミンガムで開催される全英ドッグ・ショーのほか、国内のいたるところでドッグ・ショーが頻繁に開催された。『愛犬家年報』などの記録によれば、一八九二年には二一七回、一八九五年には二五七回、一八九七年には三〇七回、一八九九年には三八〇回開催され、一九〇〇年には、土曜日と日曜日をのぞいて、平日には一年中どこかでドッグ・ショーが行われているような状況であった。

そもそもケネル・クラブは、野放しの交配が横行し、恣意的な基準によって審査されているドッグ・ショーの状況を改善するために、純血種の犬を同定し、血統を明確にする登録システムを確立することによって、犬の飼育やドッグ・ショーへの参加につきまとう不正や欺瞞から愛犬家の名誉を守るために設立された。言い換えれば、入会資格について入念に記述された会則に明らかなように、選び抜かれた

図2－12　「無秩序状態のドッグ・ショー」

人間によって運営され、「立派な人たち」だけが参加できるドッグ・ショーを開催するために創設されたものであった。その意味では、ドッグ・ショーは犬だけではなく人間を選別する場でもあったのである。

　しかし、良識と品位を持ち合わせている紳士・淑女の集まりであるはずのドッグ・ショーでも、金のためか名誉のためか、欺瞞と不正が横行していた。相変わらず、出品する犬の毛を染めたり、不要な毛を抜いたりすること、耳の形を整えるために軟骨を切断すること、長すぎる尾を切断することなど、巧妙な手口でいかさまが行われていた。参加資格の入賞経歴に虚偽の記載をしたり、繁殖記録を偽って不当な血統書を作成するなどの欺瞞も後を絶たなかった。リットンの『トイ・ドッグとその祖先』は愛玩犬の血統を探求することによって真の血統犬の意味を考察したものであるが、それは必然的にこのような状況を批判し、犬愛好のあるべき姿を主張するものになった。この書物の後半部分でリットンは、ケネル・クラブの設立によって従来の不正はなくなったとするケネル・クラブのジャケの見解を楽観的すぎるとして、その閉鎖性と特権意識が情実審査を助長していることを指摘した。その主たる矛先は、出品者であるクラブ会員自身が審判になり得るという審判選出の方法や審査基準の曖昧さに向かったが、同時にクラブ会員になるには厳しい資格が必要であり、出品するには厳しい条件があるにもかかわらず、それを守ろうとしないクラブ会員や出品者のモラルにも批判の目を向けた。

その批判にリットンはドッグ・ショーの内幕を暴く幾葉かの風刺画を添えているが、その一つが「無秩序状態のドッグ・ショー」というキャプションの付いた図版（図2-12）である。一番手前の女性は密かに競争相手の犬に毒を飲ませているし、中央の女性は「一等賞よ、さもなければ命はないわよ」と言って審判を脅している。また左上の女性は「あの犬を殺したら五ポンドよ」と刺客を放っている。入賞を果たすためには手段を選ばないドッグ・ショーの舞台裏を戯画化したものである。このような現実を認識せず、厳しい会則と審査基準を設けただけで公正な審査が行われ、純粋な血統犬の保護・育成が行われていると考えているケネル・クラブを、リットンは、厳しい校則を設けるだけでよしとし、校内の問題を最後まで知らない学校長のようなものだと批判した。

リットンのケネル・クラブやドッグ・ショーへの批判には、伝統的な貴族社会における愛犬家のまなざしがあることは否めない。伝統的に貴族や大地主の娯楽であった狩猟や鳥猟を楽しむ田舎の愛犬家たちは、自分たちが飼ってきた犬種がにわかに都会で愛玩犬となり、ドッグ・ショーに登場することを快く思わなかった。彼らの多くもまた、ドッグ・ショーは犬本来の価値をねじ曲げるものであると感じた。このような見解を和らげるために、猟犬には野外競技、すなわちトライアルの要素を課すことも行われたが、狩猟家たちの愛玩犬の繁殖家に対する不快感は容易に治まらなかった。彼らは、都会の愛玩犬の愛好者のなかに俗物的な上昇志向のあることを感じていたのである。つまり、上流階級の競馬や畜産における血統の管理システムを借りて犬の血統を統制し、血統犬を所有することで上流階級に同化しようとする中産階級を中心にした愛犬家の願望を不愉快に思い、これを退けようとする気配があった。しかし、このような見解も呑み込んで、一九世紀半ばから二〇世紀初めにかけてイギリスの犬愛好はどんどん過熱していった。リットンの『トイ・ペットとその祖先』は、「真の血統とはいかなるものであるか」を問いかけ、血統犬とその系譜について詳しく述べたものであるが、皮肉なことに、血統犬を重視する風潮を助長するものともなった。

レーンの『ドッグ・ショーと愛犬家』は、ドッグ・ショーの記録とともに、一〇〇名あまりの当時の愛犬家の名鑑になっており、愛犬の種類や名前、ドッグ・ショーにおける成績、愛犬家としての功績などを、本人の肖像写真と愛犬の写真を添えて記載している。国王エドワード七世とアレグザンドラ王妃、アバディーン伯爵夫人、ニューカースル公爵夫人、ウォリック伯爵夫人などの王侯貴族も若干名含まれているが、大部分は軍人や医師、実業家、商人などの中産階級に属する者たちである。国王夫妻とその愛犬の後に爵位のある人たちの愛犬が続き、最後に中産階級の愛犬家とその愛犬の写真が並べられており、飼い主の社会的地位が高くなければないほど優秀な犬を飼っている傾向がここには見られる。当時、中産階級の愛犬家はとくに、王室をはじめとする上流階級の者たちの飼っている犬種を飼おうとし、金に糸目をつけずに優秀な犬を手に入れようとしたと言われる。ステータス・シンボルとしての愛玩犬飼育熱の実態をここでも垣間見ることができる。このような愛犬家名鑑のほか、入賞犬や優秀犬舎を紹介する各種の愛犬雑誌、たとえば一八八二年創刊の『ケネル・レヴュー』や一八九五年創刊の『イギリス愛犬家年次評論』、一八九六年創刊の『レディーズ・ケネル・ジャーナル』などが相次いで発行された。

このように過熱気味であったが、犬愛好は、一八世紀に芽生え、一八三五年の動物虐待禁止法の成立という形で実を結んだ動物愛護の精神を具体化したものと考えられた。とりわけ、社会的上昇志向の強い新興中産階級にとって、犬を可愛がることで自己の博愛精神を示すことは重要な意味をもっていた。

自己の上品さと優しさを目に見える形で示すためには、ドッグ・ショーで優秀な成績を残し、名鑑や愛犬雑誌に記載されることが有効な一つの方法であると考えられた。そこで、実際には典型的な動物虐待の事例にほかならない、毛を抜いたり、染めたりすること、耳や尾を切断することが行われ、競争相手の犬を密かに傷つけたり、殺したりすることさえ行われた節があるのである。

ドッグ・ショーそのものもまた、動物虐待の場であった。ラナー・ゴッデンの『バターフライ・ライオン――歴史、伝説、美術におけるペキニーズ』に述べられた犬の服従コンクールについての記述は、その一例である。

犬に求められるもっとも厳しい試練は、腹を空かせたままで競技場に連れ出され、大好物の食べ物の入った皿が出されているのに、食べていいと言われるまでその横に座っていなければならないことである。時間は四分、犬のそばに誘惑の皿を残して、飼い主は見えない所へ出て行かねばならない。あるとき、何百人もの観客が注視しているなか、小型のペキニーズのビーズウィングが競技場に登場した。腹ぺこのこの犬にとって四分間は永遠のように思えたに違いない。彼は二分間辛抱し、その場から動かずにゆっくりと立ち上がった。つまり、飼い主のシンシア嬢の言葉によれば、「チンチンをしておねだりをした」。観客の大喝采にも彼は微動だにしなかった。ルールを守り通し、四本足ではなく、二本足で待ち続けた。

この後、審判に呼ばれてシンシア嬢が舞台に登場した後も、審判の許可が出るまでビーズウィングは待ち続ける。やっと許可が出ると、シンシア嬢の合図とともに食べ物に飛びつき、がつがつと食べ始めるのである。やんやの喝采を送る観客は、このテストが犬にとってどんなに辛いものであるか分かっていない。ましてや、ここに至る訓練がどんなに過酷であるかは知らない。このようなドッグ・ショーへの参加者は誰しも自分が愛犬家であると思い込んでいたのである。

二〇世紀に入っても、愛玩犬の熱狂的な流行はとどまるところを知らなかった。『タイムズ』の一九一四年五月一五日号は、「愛玩犬の流行」という見出しを付けて、「トイ・ドッグのショーには憂鬱が伴うが、それに加えて、多くの場合は女性であるが、そのようなドッグ・ショーの優勝犬の飼い主の公共の場でのこれ見よがしに犬を甘やかす傍若無人な振る舞いが、世界中のどの国民よりも犬の心を理解していることで有名なイングランド人の名誉を傷つけるようになって久しい」と嘆く読者からの投稿文を掲載している。一九二〇年の一二月初めの同紙には、「迷惑なペット・ドッグ」という見出しで、劇場やレストランに犬を連れて入る女性たちの身勝手な行為を非難する投稿文や、自分のことを「マンマ」と呼ぶ女性たちによって小さなトイ・ドッグだけではなく大型犬種までがペットとして地下鉄の車内に連れ込まれ、繁華街に連れ出されているという投稿文が次々と紹介されている。さらには、一二月九日号に掲載された、このような風潮が生まれた責任はすべて飼い主にあるとして、「何よりも私欲のない真の友である犬」を「おもちゃ」にすることに憤慨する読者の声に加えて、一二月二〇日号では、クリスマスを間近に控えたウェスト・エンドに、ゼンマイ仕掛けで動く文字どおり「おもちゃ」のトイ・ドッグを実演販売する呼び売り商人まで現れ、あちこちの街角で通行人の邪魔をしていることが皮肉まじりに伝えられている。

不自然な犬の流行

犬ほど種類の多い動物はいないかもしれない。体重が二キロにすぎないチワワから八〇キロもあるセント・バーナードまで大きさもさまざまであるし、ダックスフンドのように足の短い犬もいるしグレイハウンドのようにすらっとした長い足の犬もいる。鼻の短い平べったい顔をした狆やブルドッグのような犬もいる一方で、ボルゾイやコリーのように鼻の長い犬もいる。同じ犬種でも毛の色や長さ、毛並みに違いがあるものも多い。たとえば、足の短いダックスフンドは、その名の由来のとおり巣穴にいるアナグマを狩りだす猟犬として用いられ、猟鳥を回収するラブラドール・レトリヴァーは獲物を傷つけないように鋭い牙を失い、寒い季節の水中でも平気なように二重になった被毛をもつようになった。人間との長い付き合いのなかで、つまり家畜化のなかで、人間に都合のよい用途に応じて、それぞれの特徴を発展させたのであった。ところが、文明の変化とともに、多くの犬が、従来の使役犬としての役目を失い、愛玩犬となって社会的地位の象徴として新たな意味をもつようになった。このようにして役にたたない見せびらかしの道具として脚光を帯びるようになるとともに、逆説的であるが、純粋犬が追求され、ブルドッグのように、その用途に応じた特徴を極端に誇張した犬が作り出されたり、異なった犬種との交配によって新たな犬種が生み出されたりするようになった。新しい品種を作り出すにせよ、純粋犬の保護を目指すにせよ、そこで行われたのは近親交配を含む人工的な交配を繰り返すことであった。

近親交配や異なった犬種間の交配など、人間の欲望によって強制的に行われた交配の結果、狙いどおりの子供が生まれるわけではなかった。コックスは『紳士のレクリエーション』において「犬が子を産んだらすぐに、残しておきたいものを選び出し、ほかは捨ててしまわねばならない」と教えているし、一七世紀初めのヨークシャーの犬舎の日誌には「今回の同腹の子犬のうち三匹はソーンヒル兄弟に譲られ、残りは気に入らなかったので絞め殺した」という簡潔な記述がある。愛玩犬の可愛い仕草、美しい姿を賛美するドッグ・ショーの背後でも、相変わらず同じような選別が正当化されていた。一九四八年に発行されたブライアン・ヴィーズィ＝フィッツジェラルド編の『犬の百科全書』において「ショーに向けた繁殖」の章を担当したW・L・マキャンディッシュの「それは子供のもてあそぶ玩具ではないのである。繁殖家はまるで顕微鏡で覗くように交配の結果を注視しなければならない。そして有害な兆候が見えたらただちに子犬の首をはねてしまわねばならないだけでなく、一緒に生まれた一腹の子犬全部を殺してしまわねばならない。一歩踏み出しすぎたら、一歩戻る必要があるのだ」という言葉は、当時も今も変わらぬ品種改良家の鉄則であり続けているのであろう。

動物に対する感傷的な感情と矛盾し、自然の尊重にも反するこのような行為のもつ残酷さに拘泥しない愛犬家も数多く現れた。純粋な血統を守るという使命感とドッグ・ショーで喝采を浴びる名誉が彼らを突き動かしていた。また品種改良自体が産業振興の牽引車の役割を果たすものとして是認され、奨励されていたのである。純粋な血統の重視と人工交配による目新しい犬の作出という矛盾はこの時代のイングリッシュネスの様相そのものであった。

実際、ドッグ・ショーのなかには当初家畜の品評会の一環として開催されたものがあったように、血統犬の流行を生み出し、また多くの犬種を作出することになった犬の交配は、家畜の品種改良の方法にならっていた。家畜の品種改良が上流階級の畜産家によって主導され、家畜の品評会が王室をはじめとする上流階級の者たちが中心になって開催されたことは、犬の品種改良に携わり、ドッグ・ショーに参加する中産階級の者たちの上昇志向を満足させた。また、家畜の品評会を含む産業博覧会はアルバート公を総裁にいただくロンドン万国博覧会へとつながっていた。

具体的にみると、この世紀が始まったばかりの一八〇一年から一八〇七年まで、巨大なダラム牛を見せて入場料をとるショーがイギリス各地を巡業した。巡業の初めの頃には一四〇ポンドであったこの牛は巡業一年目で二五〇ポンドで売られ、さらにはその一〇倍の値段で売却の話もあったと伝えられている。半ギニーを払って多くの人々がこの巨大な牛を見るためにつめかけ、この牛の肖像画や版画も飛ぶように売れたという。五歳のときに三〇〇〇ポンドを超え、その後も肥り続けたこの巨大な牛は念入りな品種改良の結果作出されたものであり、何代にもさかのぼることのできる血統を備えていた。この牛は、一八世紀に盛んになった上流階級の産業振興の活動を象徴するものであった。

万国博覧会の開催にも当初は異を唱え、このような品種改良についても行き過ぎを懸念した『パンチ』とは違って、より体制的であるとも言える『イラストレイテッド・ロンドン・ニューズ』には、このような品評会の報告記事がふんだんに掲載されている。そして、この巨大な牛や豚の挿絵入りの記事とともにドッグ・ショーの記事も並んで掲載されている。ホガースの『カレーの門』や『ビール街』、あるいは「イングランドのロースト・ビーフ」の唄などに見られるように、一八世紀にはすでに、ロースト・ビーフはビールとともに、ジョン・ブルやブリタニアと並んで、国家表象として定着しており、よく肥えた牛はイギリスの豊かさを誇示するものとなっていた。しかし、これは愛国心によって膨らんだ誇張であって、現実からは乖離していた。しかし、高揚した愛国ムードのなかで、人々は、エリート牛に感嘆の声をあげ、その値段の高騰を話題にしたのであった。食肉の生産に携わっていた人たちの間では、肉牛全般の質の低下が心配されていたが、人々は「立派なダラム牛」の作出にイギリス産業の繁栄の象徴を見て浮かれていた。このようなダラム牛の肖像が実際よりも大きく描かれることもままあったらしく、実物どおりに動物を描いたビューイックに注文がこなくなったこともあるという。

図2－13 「1889年の流行犬」

食肉を目的とした家畜の品種改良においては、よく肥えた堂々とした牛や豚が賞賛された。ここに生産性と好奇心を満足させる品種改良の目的があった。しかしこの家畜の品評会と一時期足並みをそろえて発展した犬の品評会が、とくに愛玩犬の飼育が流行するにつれて独立し、ドッグ・ショーとして独自の発展を遂げることになる。当然ながら、その背景にある犬の品種改良も、競走馬や家畜の品種改良にならったものであったが、独自の形で発展する。

犬の品種改良は当初、より足の速い、鼻の利く、あるいは視力の優れた猟犬を求める声に応じて、いわば適者生存の原理にしたがってグレイハウンドにおいて行われた。また、イギリスにおけるフォックス・ハンティングの発展には、ヒューゴー・メイネルによるキツネより速く走ることのできるフォックスハウンドの作出があったことも通説になっている。それぞれの犬種の用途に応じてその機能が強化されたのである。一九世紀に入って使役犬が愛玩用として飼育されるようになると、その機能が必要以上に誇張されたブルドッグのような愛玩犬が登場したほか、ドッグ・ショーの会場で目立つ体型や毛色の犬が注目され、ついには好奇心を満足させるためにむりやりに交配が繰り返されるような状況さえ生まれた。このような風潮を皮肉ったのが、『パンチ』の一八八九年一月二六日号に掲載された「一八八九年の流行犬」というキャプションのついた、奇怪な動物を引き連れた貴婦人を描いた風刺画（図２-13）である。

歪んだ愛情の結末

野外スポーツの愛好者で「ストーンヘンジ」というペンネームでスポーツ紙で健筆を振るい、後に『フィールド』の編集長となったＪ・Ｈ・ウォルッシュもドッグ・ショーのあり方に疑問をもっていた。ウォルッシュはもともと外科医であり、犬の病気の治療法についても並の獣医には及ばない知識と技能をもっていたほか、並々ならぬ愛犬家として知られていた。一八七三年に発行され、一八五一年に再版の出た『犬――その種類と健康管理』や一八六七年に初版が出た後何度か版を重ね、一八八六年に第五版の出た『イギリス諸島の犬』などにおいて、ウォリッシュは、当時のドッグ・ショーについて、審査基準が混乱しており、出品者にはどのポイントが確実に賞を取れるものか分かっておらず、「トイ・ドッグにいたっては、飼い主の婦人たちの衣服と同じようにめまぐるしく変わる流行品にほかならない」と言って、そのあり方に苦言を呈している。

本章冒頭において、愛玩犬としてのブルドッグをはじめとする血統犬のかかえる遺伝的疾患の問題が大きく取り上げられ、ケネル・クラブがようやく重い腰をあげて犬種標準の見直しに着手したことを見たが、愛玩犬の飼育が大流行した一九世紀においてすでに、外観だけで犬の価値を決めるドッグ・ショーにおける不自然な犬種標準を非難する声はあがっていた。本来、原種とも言われる犬種が存在しなかったブルドッグにはその愛好家や繁殖家の恣意的な思いが先行し、牛攻めの勇猛な犬としての特徴が極端に誇張された。すでに当時ブルドッグの特徴として審査基準になっていた短い脚と太い胴、大きな頭と顎、ひしゃげた鼻をもつブルドッグについて、ジョージ・Ｒ・ジェシーは一八六六年発行の『イギリスの犬の歴史についての研究』において、「ドッグ・ショーで展示されている気分が悪くなるような出来損ないは、足先から鼻面までまともではない。……老練な雄牛に立ち向かうことなどとてもできない」と言って、このような品種改良の残虐性を批判したし、リーは一九八四年発行の『イギリスとアイルランドの近代犬の歴史と記述（非猟犬篇）』において、当時の有名な繁殖家であったS・ウッディウィスによって作出され、二五〇ポンドで売買されたブルドッグは、特定の部位を誇張する目的で交配が重ねられた結果、「立つこともままならない障害をもっている」と指摘する人が当時においても多かったことを述べている。呼吸困難を起こしがちで、身体全体の割に大きすぎる頭部をもつために帝王切開による分娩を余儀なくされることも多いなど、今回犬種標準が見直されることになったブルドッグの不自然な姿は、すでにこの犬種が確定した頃から始まっていたのである。言い換えれば、過去一〇〇年あまりにわたって、自然を無視した人間による想像力の産物が引き継がれてきたのである。

トイ・スパニエルについても同じことが言える。その著『トイ・ドッグとその祖先』においてリットンは、当時大流行していたトイ・スパニエルについて「現在の顎の張った、体重のある、鼻の短いタイプが導入されたのは比較的最近の一八四〇年以降のことであることに疑問の余地はない」として、これを「昨今はやりの偽物」であると断じた。実際、ファン・ダイクによる『チャールズ一世の三人の子供たち』に描かれた二匹の犬はどちらもスパニエルであるが大きさは異なっているように、当時犬種としての体型や特徴は決して確立してはいなかった。しかし、一九世紀に盛んになった愛玩犬飼育熱のなかで、ブルドッグやパグと同じように鼻の短い平べったい顔の小型のスパニエルが求められるようになっていたのである。二〇世紀に入ってから、このようなスパニエルのあり方に異を唱え、ヴァン・ダイクの絵に描かれているような鼻のひしゃげていない「古い型のスパニエル」をこの犬の正統な特徴にしようとする動きがあり、一九四四年にケネル・クラブによって犬種として認められたのがキャヴァリエ・キング・チャールズ・スパニエルである。しかし、この犬種標準を守るために近親交配が繰り返された結果、三分の一以上のキャバリエが脊髄空洞症に苦しみ、多くの犬が心臓病をかかえている状況になっていることが『パノラマ』によって報道されたことは、すでに述べたとおりである。

『パノラマ』では、ほかにもダックスフンド、ブル・テリア、ジャーマン・シェパード、ボーダー・テリアなど、一九世紀に中産階級を中心に広がったステータス・シンボルとしての愛玩犬の飼育に起因する犬たちの苦しみが伝えられた。悲鳴を上げるこれらの血統犬の姿によって、当初からさまざまな批判があったにもかかわらず、この問題が犬の安寧と幸福という観点から本格的に考えられることは、少なくとも二〇〇六年の動物福祉法の成立までほとんどなかったことがあぶりだされた。また、このような犬の苦難を助長したドッグ・ショーについての反省も、その根本にある犬種標準の見直しに手がつけられることになった二〇〇九年までは、ケネル・クラブにおいて真剣になされたことがなかったことも明らかにされた。動物愛護の運動にはまだまだ大きな課題が残されていることが改めて提起されたのである。

第3章　グレイハウンド・レーシングの盛衰

一　グレイハウンド・レーシングの現実

グレイハウンドの悲劇

二〇〇七年の三月、建築資材業の男がグレイハウンドを銃で殺し、自宅の敷地内に埋めたかどで二〇〇〇ポンドの罰金を科せられたことがマスコミを賑わせた。過去二年にわたって、一週間に二頭の犬を殺しているとの噂があった男である。この男が非難の矢面に立ったことは当然ながら、この件でグレハウンド・レーシングに対する非難も新たに巻き起こった。この男が殺していたのは、現役を退いたグレイハウンドだった。単にドッグ・レースあるいはドッグ・レーシングとも呼ばれるグレイハウンド・レーシングは、足の速い猟犬であったグレイハウンドにコースを走らせ、その速さを競わせる民衆娯楽である。もっとも盛んであった第二次世界大戦後のイギリスでは、「見るスポーツ」としてはフットボールに次ぐ人気を誇っていたが、一九四七年をピークに衰退傾向にある。その衰退に拍車をかけているのが近年の動物愛護運動の高まりである。

動物愛護運動がグレイハウンド・レーシングに向ける非難の矛先は、大量のグレイハウンドが消費されていることにある。狩猟や残酷なアニマル・スポーツの禁止を求めて活動する動物愛護団体の一つである残酷スポーツ反対同盟によれば、毎年一万頭のグレイハウンドが現役を退き、その後新しい飼い主の元に引き取られるのは二〇〇〇頭にすぎない。残りの犬たちの運命は定かでない。多くの人が不審に思っていた引退犬のその後の運命を明らかにしたのが、この一件であった。この男は、一頭一〇ポンドの費用で犬の処分を引き受けていたのである。

処分されるのは引退犬だけではない。訓練の段階でレースに出られる可能性のない犬が処分される場合もある。多産系のこの犬種はときには一〇匹を超える子犬を産むが、レースに出られるのは、そのうちのわずか数匹であると言われる。レースに出走するのは生後一五カ月から三歳頃までで、犬の短い一生から考えても、ほんの数年間活躍するにすぎない。その間病気も怪我もせず、速く走る能力を維持し、飼い主に金をもたらす間はスターでいられるが、その後は必ずしも安穏な生活が待っているわけではないのである。ここにはまた、当然ながら、ドッグ・ショーでのチャンピオン犬の作出と同じように、足の速い犬を中心とした人工交配によるチャンピオン犬の生産過程もある。数多く産ませた犬のなかから足の速い犬のみが選び出され、その他の犬は役立たずとして処分されるのである。能力のない犬や賞金を稼げなくなった犬も消耗品のように処分される。

観客の熱狂的な応援のなか、照明を浴びて疾走するグレイハウンドには、ひたむきで、躍動的な命の輝きがある。しかし、レースには金が賭けられており、華やかな興奮の背後に人間の欲望が渦巻いている。二〇〇七年一〇月九日のＢＢＣ放送が伝えるところによると、北アイルランドでグレイハウンドのオーナーとトレーナー八名がレースに勝つために持ち犬に薬物を使用したかどで罰金刑に処せられた。レース後にドーピング検査をした結果、禁止薬物が発見されたからである。このスポーツの熱心な愛好者からは「ほんの一握りの者たちによるものである」という声が聞こえ、アイルランド・グレイハウンド委員会代表のD・J・ヒストンは「今回の処分の公表がこれからの薬物使用を思いとどまらせることを期待している」と述べ、「前年度の薬物使用の発見率は、五五〇〇検体のうちの一パーセントであるにすぎない」と付け加えた。しかし、このようなコメントはむしろグレイハウンド・レーシングに対する風当たりを強くするだけであった。

ドッグ・ファイティングや牛攻めなどに対する非難の矛先は動物に対する残虐行為に向けられていたが、根底には、このような娯楽の祝祭性のなかに無秩序や粗暴の芽を感じとる「立派な人たち」の意識があったことはすでに見た。実際に伝統的な民衆娯楽の多くが賭博や大量飲酒と密接に結びついていたことが、このような考えを助長した。カフェやバーを備えた総合的な娯楽の場であったレース場も、「立派な人たち」から見ればよからぬ場所であり、グレイハウンド・レーシングはよからぬスポーツであった。ある娯楽に人気が出て、多くの人々が集まれば集まるほどそれが脅威と考えられるのが、イギリスの民衆娯楽の宿命であった。

現在、このスポーツに対する反対運動は、引退後のグレイハウンドの処遇の問題をめぐって繰り広げられているが、このスポーツ自体を胡散臭く感じる人たちも多い。そのようななかで、現役のグレイハウンドの平安と福祉に対しても鋭い視線が向けられている。たとえば、二〇一〇年二月二二日のBBC放送は、不潔な犬舎でグレイハウンドを不当に飼育していたトレーナーが禁固刑を宣告された事件を報じた。保護されたいずれの犬の被毛にも泥と糞が固まりになってこびりつき、皮膚は伝染性の炎症を起こし、多くの犬は寄生虫をもっていた。さらに、尻尾が骨折している犬も数匹いた。犬の世話を放棄した罪により、このトレーナーは禁固四カ月の刑を受け、生涯にわたって動物の飼育を禁止された。イングランド西部グレイハウンド救出協会は、「これが二〇〇六年動物福祉法が適用された最初の事例であるが、これを機会に各自治体がこの法律に基づいて権限を実行し、理不尽な状況におかれているグレイハウンドの救出活動に弾みがつくことを願っている」と述べた。これはグレイハウンド・レーシングという娯楽の衰退に伴って明らかになってきた問題であるが、逆に動物愛護の視点からこの娯楽を疑問視する声も強くなってきた。広義でのアニマル・スポーツに対する人々の意識の変化がここにも見られる。

グレイハウンド・レーシングの実際

では、グレイハウンド・レーシングは実際どのようにして行われているのであろうか。

イギリス国内には、二〇〇九年の時点で二八のグレイハウンド・レーシングの公認レース場がある。すべてのレース場には、ライセンスをもったトレーナーがおり、そのレース場に犬を出走させる場合は、そこに所属するトレーナーに犬を託す。また、そこには競技のすべてを統括するマネージャーがいて、競技の公正な運営をはかるとともに、犬の管理にも配慮する。

トラックは、基本的には一周四〇〇ヤードから五〇〇ヤードの楕円形で、競争距離が長い場合には一部が重ねて使われることもある。また、アスコット競馬のように障害レースの行われることもある。

実際の競技においては、一列に並んだ、「トラップ」と呼ばれる、正面に鉄格子のついた箱に入れられたグレイハウンドが、その箱の前面がスタートの合図で一斉に跳ね上げられると同時に飛び出し、スピードを調整された電動仕掛けの擬似のノウサギあるいはそれに代わる光の後を追う。それぞれのグレイハウンドは、番号の付いた色違いのゼッケンをつけており、口輪をはめられている。喧嘩によって他の犬に傷を負わせることを避けるためである。レース中に喧嘩をした犬は出走資格を失い、出走資格を回復するには三度にわたる試走による審査を受けなければならない。頻繁に喧嘩をする犬は、永久に競争犬としての資格を失う。

レースは苛烈で、単に足が速いだけでは勝利をものにすることはできない。単に人工のノウサギを追うだけではなく、競争相手の動きに目を配り、状況を判断する頭の良さと激しい闘争心を必要とする。ときには競争相手の後ろにぴたりとくっつき、最後の曲がり角で素早く抜き去る知恵と技巧が必要とされる（図３－１）。外枠が得意な犬もいれば内枠を好む犬もいるため、犬の性格やこれまでの戦歴を考慮して賭けることが必要であり、そこにグレイハウンド・レーシングの醍醐味もある。

図３－１　疾走するグレイハウンド

着順は、基本的には白い決勝線を越えるのを目視することによって決められるが、競り合って決勝線を越えた場合や紛らわしい場合にはカメラによる映像が参考にされる。タイムはストップ・ウォッチと電子光線によって計られる。グレイハウンドは全速力の場合、一ヤードを〇・〇六秒ほどで走るため、五〇〇ヤードのレースの場合、その勝負の時間は三〇秒前後になる。さて、実際のレースでどの犬に賭けるかにあたっては、出走する犬についての情報を得る必要がある。ある犬のことなら何でも知っている熱烈なファンも大勢いるが、ごく一般的な情報は公式に発表されるレース・カードによって知ることができる。ローラ・トンプソンの『犬たち――グレイハウンド・レーシングの個人史』に例

5	FARLOE MELODY (W)	Messrs J Davis & D Tickner	O'Donnell (Ireland)
			bd d Lodge Prince-Chini Chin Chin Au.89.Ir
Orange	16.Jn 480 4 05.17 3343 3rd 2½ Murlens Abbey *Crowded st & 1* 28.84 +20 32.7 2/1 OR 29.24		

図3－2　グレイハウンド・レース・カード

示されたレース・カード（図3－2）にそって見てみよう。

レース・カードにはレース名やレースの等級、賭け方の種類が表示され、その下に出走する犬について説明する一覧表が続く。各レースには普通六頭のグレイハウンドが出走し、見分けやすいようにそれぞれの犬はトラップすなわち出走ケージの色のゼッケンをつけ、ゼッケンにはそのトラップ番号が記されている。図版のカードは第五番目のオレンジのトラップから出走するグレイハウンドのもので、「ファーロー・メロディ」がこの犬の名前、その右に添えられた括弧内の“w”は“wide”の略号で外枠が得意であることを示す。その右にはこの犬のオーナーが「J・ディヴィスとD・ティクナー」であり、トレーナーがアイルランドの犬舎に所属する「オドネル」であることが記されている。その下の欄の“bd”はこの犬の被毛がぶち（brindle）であることを示す。ほかには、被毛が黒色（black）であることを表す“bk”、白色（white）を表す“w”、青みがかった灰色（blue）を表す“be”などがある。その右手の“d”はこの犬が雄犬（dog）であることを示す。雌犬（bitch）の場合には“b”が用いられる。その右にはこの犬の両親の名前が記載されており、父犬は「ロッジ・プリンス」、母犬は「チン・チン・チン」であることが分かる。その右に続くのは生年月と出生地であり、この犬は一九八九年八月、アイルランドで生まれたことが分かる。一番下の欄には犬の戦績が記されている。つまり、この犬が出走した最新のレースは六月一六日の距離四八〇ヤードのレースで、第四番ケージから出走し、最初の区間タイムは五・一七秒であったこと、出走時には三位、四分の一を通過した時点でも三位、二分の一通過地点で四位、四分の三通過地点で三位で、最終的には三位でゴールインしたこと、一位でゴールインした「マーレンズ・アビー」から二頭半分遅れていたことが分かる。その右にはさらに、レース展開も記されている。つまり、スタート時点と最初の四分の一は混戦状態であったこと、このレースの優勝タイムは二八・八四秒であり、レース場の状況を加味して〇・二〇秒プラスの修正が必要であることが記されている。つまり、このレースの公式記録は二九・〇四秒ということになる。その右に記されている数字はこの犬の体重で、三二・七キログラムであることが記されている。その右に続く数字はこの犬の出走直前の最終賭け率、"OR"はこれが最上級の「オープン・レース」(open race)であることを示す。そして、最後にこの犬のタイムが記されている。

このようなレース・カードによる情報を基に、この犬が、「内枠が得意か、外枠が得意か」「レース上は不利な位置である真ん中からでも競り勝つ根性の持ち主かどうか」「先行逃げ切り型か、追い上げ型か」「ほかの犬との相性はどうか」「上り調子にあるのか、沈滞気味か」「気温はどうか」「トレーナーの表情はどうか」、などなどあらゆる情報と状況を加味して、レースに参加することになる。レース場に行くほとんどの人はなにがしかの金を賭けるが、それが家族にひもじい思いをさせることを顧みない、なけなしの金である場合もあるし、その日の歓楽を盛り上げるための一つの仕掛けにすぎない場合もあるであろう。いずれにせよ、グレイハウンド・レーシングは、「見るスポーツ」として、フットボール、競馬に次ぐ大きな位置を占めている。しかし、厳密な意味では、これはイギリスで独自に発展したものではない。

二　グレイハウンド・レーシング誕生の経緯

国民的スポーツとしての発展

グレイハウンド・レーシングの原型は、一六世紀頃から行われていた、猟犬にノウサギを追わせる「コーシング」と呼ばれる狩りにある。しかし、獲物を捕らえる野外スポーツとしてではなく、グレイハウンドにノウサギを追わせて楽しむ「見るスポーツ」としてのコーシングは、一九世紀の半ばに始まったと言ってよい。それは、野原に放ったノウサギを二頭のグレイハウンドに追わせ、どちらの犬がそのノウサギを仕留めるかを競うものであった。つまりスピードと機敏な動きによる殺しの技を競う競技であった。当時の狩猟がそうであったように紳士の娯楽として生まれ、一八五八年には全英コーシング・クラブが結成され、各地方のクラブ間の対抗試合を取り仕切っていた。毎年二月にチャンピオン大会のウォタールー・カップが開催され、多くの観客を集めていた。これをより組織的に運営し、都市労働者の娯楽に仕立て上げようとして行われたのが、一八七六年、ロンドン郊外のヘンドンのウェルッシュ・ハープで行われたグレイハウンド・レーシングである。それは、現在のグレイハウンド・レーシングと同じように、二頭のグレイハウンドに擬似のノウサギを追わせ、その勝敗に金を賭ける「見るスポーツ」であった。その後、この形でかなりの数のレースが行われたが、コースが直線であったために足の速い犬が勝利する単純な勝負が多く、賭けの醍醐味に乏しく、普及せずに終わった。

円形あるいは楕円形のコースを一斉に数頭のグレイハウンドが人工のノウサギを追って走る今日の形のグレイハウンド・レーシングはアメリカで発達し、イギリスへは一九二〇年代に移入された。カーブでの駆け引きを含み、勝負の予想は難しく、賭けを面白くした。このアメリカ帰りの新しいレース場として最初に登場したのがマンチェスターのベル・ヴューで、このときグレイハウンド・レーシング組合も設立された。やがて、このような形のレース場が雨後の竹の子のように各所に作られたため、一九二八年に全英グレイハウンド・レーシング・クラブが設立され、ルールの統一やトラックの登録、レースの記録などを統括したほか、出走するすべての犬の記録を管理した。出走する犬は全英コーシング・クラブあるいはアイルランド・コーシング・クラブの『グレイハウンド血統台帳』に登録されていなければならなかった。このスポーツが最盛期を迎えたのは第二次世界大戦後のことで、一九四七年には三六〇〇万人の人々がこのスポーツに熱狂し、七七カ所の公認レース場があった。T・S・エリオットが一九四八年に発行した『文化とは何か』においてイギリス文化を表象するものとして、ダービーやヘンリー・レガッタ、カウズのヨット競争、八月一二日の狩猟解禁日、カップ・ファイナルと並べて「ドッグ・レース」を挙げているのはむべなることである。

このような人気の爆発はどのようにして起こったのであろうか。グレイハウンド・レーシングが賭け事であったことが大きな要素である。ラジオ、映画、ダンス・ホールなどの商業的な民衆娯楽の時代が訪れ、スポーツに金を賭けて楽しむ「見るスポーツ」が発展の兆しを見せていたのである。新聞報道やラジオ放送といった新しいメディアがこの傾向を加速させていた。すでに競馬が一般大衆も参加する「見るスポーツ」となり、賭けの対象になっていたが、それに加えて登場したのが、二つの大戦の間に全国的に組織化されたフットボールとグレイハウンド・レーシングであった。一九〇六年以来場外での賭けは禁止されていたため、近場にあって、勤め帰りに立ち寄ることができる夕刻に行われるグレイハウンド・レーシングは労働者に好都合であった。また、なかには一週間に五回レースを開催するレース場もあったように、頻繁に行われたグレイハウンド・レーシングは、小金を賭けるしかない賃金労働者に向いていた。

大資本家がこの新しいビジネスの可能性に目をつけ、巨大な資本投資を行った。短期間に利益を上げることが見込める事業であったからである。まず、競技の主体である競争犬の準備が容易であった。つまり、犬は生後一年あまりで子供を産ませることができるし、グレイハウンドは多産であった。また、利発なグレイハウンドは訓練が容易であった。レース場の建設費用は比較的安く、他の施設との併用が容易であった。また、競馬に比べて賭け金は小さかったが、競馬より頻繁にレースが行われたため収益は大きかった。グレイハウンド・レーシング組合は一九二七年にグレイハウンド・レーシング連合組合として新たに出発し、一九二八年には三万六〇〇〇ポンドの利益を上げていた。この年、新たに一五四の企業がこの事業に参加することを表明した。このような状況に対して、労働党の国会議員のJ・H・トマスはグレイハウンド・レーシングが家庭生活を破壊する恐れがあるとの危惧の念を表しているが、経営者側は育児室や遊技場を備えた家族ぐるみで楽しめるレース場を造り、一層の集客をはかった。これを健全なスポーツとして発展させようとする動きもあった。たとえば、『デイリー・ヘラルド』は一九二七年四月二六日号で、このスポーツが残酷なコーシングに代わる素晴らしいスポーツであると歓迎し、その振興を後押しすることを表明した。

このような動きが功を奏したのか、一九三〇年代にはグレイハウンド・レーシングはフットボールに次ぐ「見るスポーツ」に成長する。三万人のオーナーによって六万頭のグレイハウンドが登録され、賞金として四〇万ポンドが費やされる事業になるのである。一九三二年には非公認のレース場と合わせると一八七のレース場が営業し、二〇〇〇万人を超える観客を動員していた。ちなみに、グレイハウンド・レーシング連合組合の利益は一九三九年には二五万ポンドに跳ね上がっていた。このような数字を見ると、グレイハウンド・レーシングが急激に発展したのは、賭博が儲かる事業であり、それを支える民衆の根強い賭博嗜好があったからであると言わざるを得ない。余暇を享受できる時代になっていたが、相変わらず大量飲酒や賭博が民衆娯楽として幅をきかせていたのである。

グレイハウンド・レーシングは、金を賭けることによって増幅した興奮が得られる「見るスポーツ」であった。しかし、その興奮に心を奪われるのは観客だけではなかった。犬のオーナーやトレーナーにとっても、賭博性の高い欲望と希望を引き起こすものであった。優勝犬には賞金とともに銀器などの高価な賞品が与えられたし、チャンピオン犬になると交配料が大きな収入をもたらした。

図3-3　炭鉱夫とグレイハウンド

その是非はともかく、グレイハウンド・レーシングはこのようにして国民的スポーツに成長した。公認のレース場のほかに、全英グレイハウンド・レーシング・クラブに参入していない非公認の、私的なレース場も数多く存在した。ロンドンや産業都市の大資本のレース場には、競馬にゆくのが難しい労働者たちが勤め帰りに立ち寄って、日常生活の鬱憤を晴らした一方で、地方の町や村でも農民や炭鉱夫、職人たちが原っぱににわか仕立てのコースを造り、この娯楽を楽しむことも流行した。このような非公認のレースでは、グレイハウンドより小型のホイペットが用いられた。

小型であるため小さな家でも飼いやすく、普段は野原でノウサギを捕まえるので餌代が節約できたのが理由の一つであった。やがてホイペットはより大型のグレイハウンドに取って代わられるようになったが、ドッグ・ファイティングに対する取り締まりが厳しくなるにつれて、それに代わる残酷ではない娯楽としてドッグ・レーシングは庶民の間に広がっていった（図3-3）。ドッグ・ファイティング用のブル・テリアがブラック・カントリーやアイルランドの炭鉱夫や農民たちによって手塩にかけて育てられたように、ドッグ・レーシング用の犬も家族ぐるみで育てられることが多かった。適正な体重を保つために食事に気を配り、力を付けるためにときには自分たちが我慢している肉や卵を犬に与えることもままあった。また、合図一つで走るスピードを変えることができるように、厳しく念入りに訓練された。チャンピオンになった犬は暖炉の前の特等席を与えられ、トロフィーは暖炉の上の一番目立つところに高々と飾られた。ここには大観衆の前で有名犬が勝敗を決する大レースの華々しさはないが、濃密な人と犬の関係があった。

賭博性と衰退の兆し

一九八六年に貿易産業大臣によって議会に提出された報告書におけるグレイハウンド・レーシングのレース場数と観客動員数の推移を示す統計によれば、数字の上からは公認のレース場が七七カ所に達し、その観客が三六〇〇万人に達した一九四七年がグレイハウンド・レーシングの最盛期であると言える。しかし、『エコノミスト』は一九三九年四月八日号の「スポーツ産業」と題した記事で、上り調子にあったこの時点ですでに、「もはや目新しいものではなくなったグレイハウンド・レーシングには、当初のようなたなぼた式の利益は望めない」と指摘している。実際、この統計によれば、一九五四年には公認レース場の数は六六カ所、観客数は一八四〇万人に、一九七一年には公認レース場の数は五〇カ所、観客数は七二〇万人に、一九八五年には公認レース場の数は四二カ所、観客数は三八〇万人に減少している。非公認のレース場に関しても同じような傾向が見られ、記録の残る一九四八年のレース場数一三二カ所、観客数七〇〇万人をピークに、一九五四年にはレース場の数は一二七カ所、観客数は五〇〇万人に、一九七一年にはレース場の数は八〇カ所、観客数は一六〇万人に減少している、一九八五年の観客数は不明であるが、レース場は五五カ所に減少しており、前年の一九八四年にはレース場の数は五七カ所、観客数は九〇万人にまで落ち込んでいる。その後も衰退は急激に進んでおり、二〇〇七年には全観客数で三二〇万人になっているのが現状である。

フットボールの隆盛とは裏腹に、グレイハウンド・レーシングは所詮短命に終わったイギリス文化のあだ花の一つだと言えるかもしれない。その衰退のもっとも大きな理由は、その発展の理由と同じく、グレイハウンド・レーシングの賭博性にあった。『デイリー・エクスプレス』のスポーツ関連のコラムニストであったジョン・マカダムは同紙でたびたび「グレイハウンド・レーシングはスポーツではない」と表明したが、その意見に与するジャーナリストや政治家は決して少なくなかった。レース結果の判定に不満をいだいた観客が騒ぎを起こすこともしばしばあった。一九四六年六月にはロンドン北東部にあったハリゲイで賭け金の高かった出走犬が失格になったために暴動が起こり、レース場の施設が破壊され、暴徒化した観客と警察の間で衝突があった。ロンドン西部のフルハムにあったスタンフォード・ブリッジでも似たような事件が起こり、警察は消火用ホースで放水して群衆を散らした。このような事件は、グレイハウンド・レーシングが賭博や大量飲酒と結びついた不穏な娯楽であるというイメージを強めることになった。全英グレイハウンド・レーシング・クラブは、慈善事業に積極的に参加したり、グレイハウンド・レーシングが「厳しい労働者の生活におけるひとときの気晴らし」であることを事あるごとに強調したが、その存在が賭博に大きく依存していることは否定できなかった。イングランド北西部やアイルランドにおいて農民や炭鉱労働者によって仲間内で楽しまれていた非公認のドッグ・レーシングは別として、大資本によってビジネスとして運営されたグレイハウンド・レーシングは、「労働者の競馬」と呼ばれたが、競馬にある伝統も文化的背景ももたなかった。またフットボールにある民衆文化としての歴史もそれを身体運動として楽しむ愛好者の広がりももたなかった。

グレイハウンド・レーシングにいかがわしさを感じる「立派な人たち」や役人は多かった。したがって、戦後の一九四六年に娯楽関連の税率が緩和されたときにも、グレイハウンド・レーシングの税率は高いままに据え置かれた。さらに、一九四六年から一九四七年にかけての厳しい冬の寒さのために石炭の採掘と輸送がままならず、経済が深刻な危機に陥ったとき、「この電力不足のときに、多大の照明を使い、エネルギーを浪費している」という理由で開催を禁止された。これによって節約できる電力はわずかであり、グレイハウンド・レーシングがスケープ・ゴートにされた観があったが、結局この禁止令は一九四七年の五月まで続き、一二〇〇のレースが延期あるいは中止になった。

この禁止令が解除された後も、一九四八年末まで、フットボールやラグビーとともに、グレイハウンド・レーシングの開催は週末に限定された。一方で、競馬はダービーのような大会の開催日を土曜日にするなどわずかな変更を必要としただけであったし、クリケットなどほかのほとんどのスポーツは無傷であった。ここにも、民衆娯楽としてのスポーツと支配階級のスポーツに関するイギリス社会独特のダブル・スタンダードが存在しているように思えるが、結局、グレイハウンド・レーシングに関しては、一九四九年まで、週の真ん中での開催に関する規制などが残った。さらに、政府は、一九四七年にはグレイハウンド・レーシングとフットボールの賭け金に一〇パーセントの税金を課し、一九四八年にはグレイハウンド・レーシングの胴元であるブックメイカーから許認可料を取るようになった。一連の規制と課税の増額は、一九四七年を境にして始まったこの業界の衰退と決して無関係ではないであろう。

このようなグレイハウンド・レーシング抑制策ともとれる規制の強化や新たな税制の導入の背景には、イギリス社会に根強い賭博に対する拒絶反応と民衆を啓発すべきものと考える文明化の使命感があった。さらには、労働者が耽溺する賭博は労働者個人やその家庭を破壊するだけでなく、社会不安の源であるという考え方があった。一方で、労働者の息抜きとして賭けを伴う娯楽を認めるべきとの意見もあったが、グレイハウンド・レーシングは「娯楽」あるいは「気晴らし」として言及され、健全なイメージをもつ「スポーツ」とは一線を画されて使われることが多かった。グレイハウンド・レーシングの支持者からは、当然のことながら、差別政策だとして強い反対の声が起こり、示威運動も起こった。また、新聞紙上でも賛否両論が澎湃《ほうはい》として起こり、争点は「グレイハウンド・レーシングに対する不公平な規制」という問題から、「労働者の余暇の過ごし方に対する不当な介入」あるいは「労働者を子供扱いする社会的差別」という問題までを含む大きなものに発展した。

しかし、このように社会問題化することによりグレイハウンド・レーシングの開催に関する政府の規制案の矛盾が明るみになった一方で、それによってむしろ、グレイハウンド・レーシングに対する負のイメージは強まった。同じように密接に賭博と結びついていたフットボールがグローバルなスポーツに発展したにもかかわらず、グレイハウンド・レーシングはかつての「国民的スポーツ」としての人気を失い、一部の階層のマニアックな娯楽の様相を強めてゆくのである。

グレイハウンドに与える苦痛という観点からグレイハウンド・レーシングに対する反対運動が起こる

のは、動物の権利に関する主張が現れる頃からのことであり、この件に関しても、初期の動物愛護運動の背後にあった労働者階級を文明化するという使命感が横たわっていたと言える。一方、労働者階級の側にも、自分たちの生活のなかに賭け事が断ち切れないものとして存在しているという意識があった。北部イングランドの工業都市リーズの労働者の家に生まれ育ったリチャード・ホガートは、自らの経験を土台にして当時の民衆文化を実証的に分析した『読み書き能力の効用』において、次のように記述している。鬱憤やあきらめ、刹那的な願望などがないまぜになった、賭け事をする労働者たちの気持ちを代弁するものである。

労働者階級の人々は、よく知られているように、賭け事が好きだ。これは主に「我慢しなければならない」という思いから来る反動なのだろうか。変化しようと少しずつ努力してもたいした効果はないということを身に染みて知っているからなのだろうか。それとも、思わぬ大金を手に入れたいという欲望からなのだろうか、あるいは、退屈な仕事からの自由を求めてのことなのだろうか。それとも、何にもならないことに何かを求めているだけなのだろうか。

多くの労働者は家計の許す範囲内で賭け事を楽しんでいた。それは、実利と興奮をもたらす安直な気晴らしであった。しかし、貧困家庭における賭博への耽溺は衣食住に事欠くような事態を引き起こし、深刻な社会問題になっていた。一九三〇年に発行された『ロンドンにおける生活と労働の新調査』によると賭け事をする人々の五分の一は生活破綻の瀬戸際に立たされるほど耽溺していた。あるレース場では四時間の間に一〇万ポンドの金が賭けられた。賭博は破滅のもとだという考えは流布していたが、賭博人口はどんどん増加していた。実際問題として、レースごとの賭け金は競馬より少なかったが、週に何回も開催され、夕方に行われるため、賭け金全体はグレイハウンド・レーシングの方がはるかに多かった。D・M・ダウンズの『賭博、仕事そして余暇』における一九五〇年の統計によれば、年間に使う賭け金の平均が競馬は男性が三〇ポンドから四四ポンド、女性が六ポンドから八ポンドであるのに対してグレイハウンド・レーシングには男女を合わせた平均で一〇〇ポンドが使われており、一九六八年には競馬には一六・五ポンド、グレイハウンド・レーシングには一五三ポンドが使われている。

実際、一九五〇年代からグレイハウンド・レーシングはゆっくりと衰退の道を辿る。テレビ放送の発展がもっとも大きい要因であるが、さまざまな新しい形の娯楽が現れたからである。一九六〇年の賭博法の成立が大きな転機になったが、その後のフットボール人気の隆盛に反して、グレイハウンド・レーシングは衰退を続ける。ついに一九八四年には、数々の名勝負の場となったホワイト・シティが売却され、閉鎖される。第二次世界大戦のために中止になった一九四四年のロンドン・オリンピックの会場を転用して作られた、「グレイハウンド・レーシング競技場の華」とも呼ばれたレース場であった。さらに二〇〇八年にはついに、ロンドンの観光名所の一つとなっていたウォルサムストーが閉鎖されるに至った。このときばかりは、「イギリス文化の灯が消える」と惜しまれた。

競技場のヒーローに寄せる思い

グレイハウンド・レーシングの盛衰には、これが賭け事であったことが大きく関与している。しかし、その関心は賭けにのみあったのではない。ベル・ヴューでのグレイハウンド・レーシング開催の初日に撮影された一枚の写真が残されており、そこにはトレーナーと一緒に四頭のグレイハウンドが写っており、そのオーナーとして、いずれもコーシングの熱心な愛好家であったサザーランド公爵夫人、チャムリー夫人、メイドストーン夫人そしてスタンリー卿の名前が記載されている。これは、当初のグレイハウンド・レーシングの出走犬にはコーシング用のグレイハウンドがにわか仕立てで使われたことを物語っている。やがて五年も経たないうちに、グレイハウンド・レーシングがビジネスとして有望になると、犬のオーナーはビジネスマン、ブックメイカー、そして愛犬家へと変化する。

このような変化はすでに、コーシングが「見るスポーツ」として流行し、ウォタールー・カップの人気が高まった頃に起こっていた。一九世紀後半の愛玩犬の広い流行の背後には上流階級に同化しようとした中産階級の上昇志向があり、同じような志向が下層階級にも波及しつつあったことはすでに見たが、コーシングの流行の背後にも同じ現象があったのである。上流階級のスポーツであったコーシングに経済的に余裕のできた中産階級が参加したことが、その流行の大きな理由の一つであった。そしていま、新しい形の、アメリカ帰りのグレイハウンド・レーシングが、伝統的な貴族のスポーツとしてのコーシングを楽しんだ人々、ビジネスとしての将来性に目をつけた起業家、都市住民を中心としたこれを賭けを伴う「見るスポーツ」として楽しんだ庶民、そして手塩にかけたホイペットを空き地で競争させていた人々で、主としてグレイハウンドのブリーダーとしてこの新しい娯楽に参加した炭鉱夫や港湾労働者など、あらゆる階層の人々を抱き込んで国民的なスポーツに発展するのである。

この発展のもっとも大きな要因は、これが賭けを伴っていたことにあることは明らかであるが、勝敗が犬にかかっていたことも否定できない。動物の勝敗に金を賭けることはイギリスの民衆娯楽の大きな特徴であり、そこに残虐行為の問題が潜んでいるのだが、動物が用いられることによって、この娯楽は単なる賭け事ではなく、感情を伴った人生の隠喩となるのである。オーナーやトレーナーのみならず、それぞれのグレイハウンドには熱心な応援者がいた。そこから、しばしばスターが生まれ、この新しい娯楽の人気を押し上げた。実際、新しく生まれたグレイハウンド・レーシングを急成長させた要因の一つに、ミック・ザ・ミラー（図3－4）の存在があった。

図3－4　ミック・ザ・ミラー

一九二九年のダービーに出走するためにアイルランドからやって来たミックは、その前哨戦でいきなり三〇秒を切るタイムで五二五ヤードのコースを走り抜け、イングランドのグレイハウンド・レーシング愛好者を驚かせた。ダービーの予選を通過した段階で、当時の相場からすれば破格の五〇〇ポンドを超える値でミックを譲り受けたいという申し出が引きも切らず、ついに飼い主のアイルランドの教区牧師マーティン・ブローフィはホワイト・シティのマネージャーに頼んでミックを競りにかける。その結果、ロンドンのブックメイカー、A・H・ウィリアムが八〇〇ギニーで競り落とし、駆け出しの犬に信じられない大金が使われたことがロンドンの人々を驚かせた。七月一六日に開催されたダービーにおいて二九・八二秒の国内新記録で優勝を果たしたミックは七〇〇ポンドの優勝賞金をもたらしたが、ウィリアムの果報はそれだけにとどまらなかった。数週間後、ミックはさらに二〇〇〇ギニーで新しい飼い主アランデル・ケンプトンに譲られるのである。スポーツ選手の法外な契約金や年俸にあきれながら、それに見果てぬ夢を託すファン心理がここにもあり、賭け事を土台にしたこの娯楽の人気を押し上げたが、ミックにはただ強いからだけではない人気があった。

その寡黙でしたたかな走りが観客に感動を与えた。レースの初めから力任せに走るのではなく、カーブで勢いのあまり外に振った先行する犬たちの間隙に割り込み、走り抜けるのである。目立って体格の良い犬ではなかったし、人目をひく美しい犬でもなかった。むしろ身体は小さく、顔の細い、ひ弱な感じのする犬であった。子犬の頃にジステンパーにかかり、九死に一生を得た経歴をもっており、レース犬としてのデビューも遅かった。しかし、この平凡な犬がレースに出場するやいなや連勝し、アイルランドでは二〇戦一五勝の成績を残し、イングランドでは六一戦四六勝の成績を残すことになるのである。その風貌とこのような経歴のゆえに、ミックは「労働者階級の英雄」となったのである。ミックは死後剝製にされ、自然史博物館に陳列保存された。名前を冠して展示された動物の希有な例である。

ミックのほかにも数々の名犬がいるし、人々の心に残る犬たちがいる。メディアによって作られた名犬もある。競馬や愛玩犬の場合と同様にここでも血統や戦歴が重視され、法外な価格で取り引きされたチャンピオン犬には熱狂的なファンが存在した。「見るスポーツ」である民衆娯楽にはこのような側面はある。しかし、一方で、この娯楽の愛好者にはまがうことなき動物好きがいることも確かである。家族ぐるみでレース犬を育てる場合はもちろんのこと、多くのレース犬を育てる犬舎のオーナーやトレーナーのなかにも手塩にかけて犬を育て、レースに一喜一憂した者は多い。また、レース場に足繁く通うグレイハウンド・レーシング愛好者のなかにも、勝敗は度外視して、贔屓《ひいき》の犬に肩入れする者が多かった。ロイ・ジェンダーズが中心になって編纂された『全英グレイハウンド・レーシング・クラブ版グレイハウンド・レーシング事典』には一三〇頭近い名犬の血統、戦歴が写真や血統図とともに掲載されているが、もう一頭、人々に強い印象を残した犬を紹介しよう。

図版の写真（図3－5）にオーナーとトレーナー、そして映画女優のパトリシア・ロックとともに収まっている犬は、一九四七年にクラシック・レースの一つであるゴールド・カラーで優勝したトレヴズ・パーフェクションである。一九四四年生まれのこのまだら毛のグレイハウンドは、ハイランド・パーフェクションと名付けられてレース犬としての訓練を受け、一九四六年にはモッツ・リグレットという名で、ホワイト・シティで開催されたダービーを含む多くのレースで勝利を収めた。しかし、この年の後半にジステンパーに肺炎を併発し、再起は絶望視された。ところが、成績は振るわなかったものの、翌年の春のレースに奇跡的に復帰し、ケントで運送業を営んでいた、自らグレイハウンドのトレーナーのライセンスをもち、たくさんの犬をかかえる犬舎のオーナーでもあったフレッド・トレヴィリアンの目にとまり、九〇〇ポンドで買い取られた。すでに可能性を失った犬に大金をはたいたと噂されたが、トレヴィリアンは、「この九〇〇ポンドは、これまでで一番値打ちのある取り引きだ」と澄ましていた。実際、持ち犬の名前の頭にオーナーの名前を付ける慣習に従ってトレヴズ・パーフェクションと改名されたこの犬は、何カ月もの

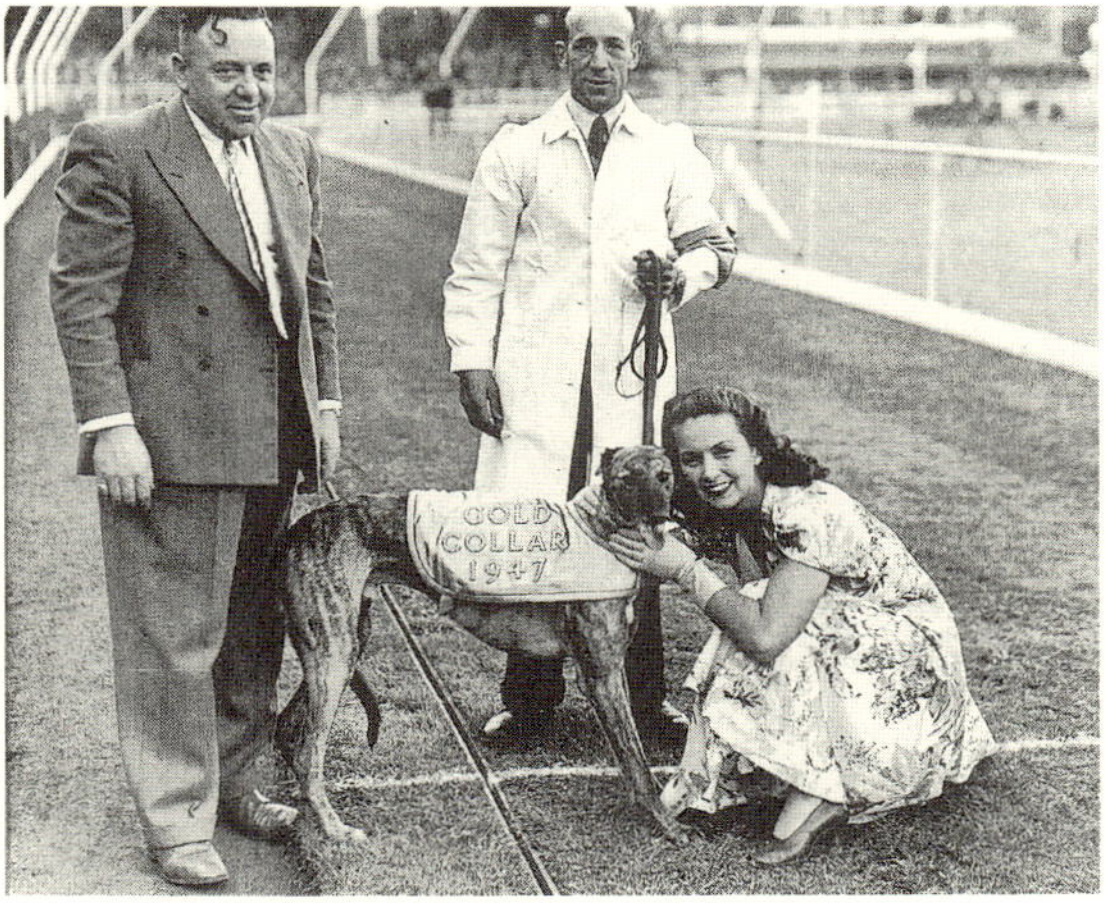

図3－5　ゴールド・カラーを制したトレヴズ・パーフェクション

あいだ勝利の経験から遠ざかっていたにもかかわらず、大方の予想に反して、一九四七年三月のホワイト・シティの大会において新しい名前で最初の勝利をあげたのを皮切りに、次々と大きな大会で優勝をさらったのである。

イギリス国内を転戦して素晴らしい成績を残すトレヴズ・パーフェクションの力に自信を深めたトレヴィリアンはアメリカ遠征を企て、一九四八年四月、ほかに三頭の持ち犬、トレヴズ・キーとトレヴズ・ハーレクイン、トレヴズ・ハーヴェストを伴って、クイーン・メアリー号で敵地に乗り込む。四頭のグレイハウンドの背中にはユニオン・ジャックをあしらった派手やかなコートが掛けられていたという。しかし、トレヴィリアンの犬たちのアメリカでの成績は振るわず、五つのレースに出場したが、一勝もできなかった。トレヴィリアンはその後、トレーナーしての自分の実力を試すために再度アメリカに渡るが、成果を出すことなく客死したと伝えられている。ここにもグレイハウンドに人生をかけた男の情熱が垣間見られる。

三　グレイハウンドとコーシングの伝統

高貴な者たちの猟犬

『オックスフォード英語大辞典』の初出例を見ても、「グレイハウンド・レーシング」およびその短縮形の「グレイシング」、そして「グレイハウンド・レース」という語は、一九二六年にベル・ヴューでこの娯楽が始まったときから使われたようである。ほかに、「ドッグ・レーシング」や「ドッグ・レース」などもグレイハウンド・レーシングに言及する語であるが、このスポーツの主役はなんと言ってもグレイハウンドなのである。ホイペットが用いられることもあることについてすでに見たが、はるか昔のことであるがこの犬種はグレイハウンドとほかの犬種との交配によって生まれたものであり、体型から見てもグレイハウンドの亜種とも言えるものである。グレイハウンドがこのスポーツの立役者であることに揺るぎはない。

グレイハウンドが用いられる理由は明白で、一番足の速い犬種だからである。一般的にこの犬種は時速六四キロメートルで走り、一跳びが九メートルを超える跳躍力をもつと言われている。グレイハウンドはまた、その存在が六〇〇〇年前にさかのぼれるもっとも古い犬種である。その古い歴史を反映して、英語の"greyhound"には"greihond"、"grayhound"、"grayhowndes"など五〇以上の異形がある。"greyhound"は"grey-"と"hound"の合成語であり、後半の"hound"が「犬」を意味することは明白であるが、前半の"grey"については諸説紛々としている。

まず、体色が灰色（grey）であることに由来するという説は、実際にはグレイハウンドがさまざまな体色をもつことから否定されている。原種がそうであったかもしれないという見解も、この犬が本来猟犬であったことから否定されている。白色や灰色などの明るい体色の猟犬は、獲物にすぐに感づかれてしまうし、追跡中もその動きをつかまれてしまうため、猟犬としては好ましくないからである。一四一三年に書かれた第二代ヨーク公爵エドワードの『マスター・オヴ・ゲーム（狩猟の管理者）』には、「体色としては、鼻面の黒い、赤い焦げ茶のものが最良である」と記述されており、さらに四五〇年後のウォルッシュの『イギリス諸島の犬』には、「グレイハウンドの望ましい体色は、鼻面の黒い、黒茶あるいは栗毛である」と記述されている。

"grey"が"Greek"の古い形であることから、「ギリシャの犬」とする説も、現在ではほとんど顧みられない。イギリス人のギリシャ・ローマへの憧れが作用していると考えられるが、この犬種が古くエジプトの時代から存在し、広く分布していたことをさまざまな資料が明らかにしている。

“grey”は一七世紀までは「アナグマ」を表していたことから、「アナグマ狩り用の猟犬」に由来するという説もあったが、これも否定されている。グレイハウンドは、その特質からみても、目視によって足の速いシカやノウサギなどの動物を追いかけて捕らえる猟犬であり、嗅覚にたよって穴の中にいるアナグマを捕らえる猟犬ではないことは明らかである。「目視による猟犬」を意味する「ゲイズハウンド」(gazehound) の訛ったものであるとの説もある。

ほかにも、“grey”はもともと、「等級」を意味するラテン語の“gradus”から派生した“gre”に由来するという説がある。“gre”と「最高級」を意味する“great”との関連も主張し、グレイハウンドは「最高の犬」を意味するという説である。歴史的にみて、グレイハウンドが王侯貴族の狩りに使われた猟犬であり、実際に、その飼育には階級に応じた厳しい制限があった事実はあるが、これも説得力に欠ける。要するに、グレイハウンドの語源は定かではない。

ただ、グレイハウンドには、アラビアン・グレイハウンド、ハイランド・グレイハウンド、アイリッシュ・グレイハウンド、イタリアン・グレイハウンド、ペルシャン・グレイハウンド、ロシアン・グレイハウンド、スコッチ・グレイハウンド、ターキッシュ・グレイハウンドなどのように多くの亜種が存在し、恐らくイングリッシュ・グレイハウンドはイギリス固有の犬種ではなく、いずこかから移入されたものであると考えられている。

古代エジプトの王族の墳墓の壁面には、明らかに現在のグレイハウンドに共通する特徴をもった犬が描かれた狩猟の場面が登場する。また、ギリシャ時代には、たとえば、ホメロスの『イリアス』には、ノウサギを追う、よく訓練された猟犬への言及があるし、クセノポンの『狩猟論』には、それらがグレイハウンドであったという明確な記述はないものの、一団となって獲物を追う猟犬についての説明がある。ローマ時代について見ると、オウィディウスの『変身物語』において、アポローによるダフネの追跡がグレイハウンドによるノウサギの追跡にたとえられている。その一世紀後の、ローマに帰化したギリシャ人で『アレクサンドロス東征記』の著者として有名なフラウィウス・アリアノスの『狩猟論』には、ケルト人がグレイハウンドを用いてウサギ狩りを行っていることが述べられており、グレイハウンドが「ガリアの犬」として言及されている。カエサルは『ガリア戦記』のなかで、ガリア人は「獲物を捕らえるよりも追いかける楽しみのために狩りをする」と記述しており、ストラボンは『地理書』において「ブリテン島のケルト人は、素晴らしい穀物や家畜などのほかに猟犬を輸出することで有名である」と記述している。これらに加え、グロスターシャーのリドニー・パークにあるケルトの神ノデンズを祀った寺院に四世紀頃から安置されている犬のブロンズ像（図3-6）が大きな耳と長い鼻、手足の長いほっそりとした体躯をもっていることを考えると、ローマ占有時代のブリタニアでグレイハウンドが猟犬として用いられていたことは考え得る。

図3-6　ケルト時代のグレイハウンド像

中世においても、高位の者たちの間で狩猟が盛んであって、グレ

図3－7　バイユー・タペストリーのグレイハウンド

イハウンドが猟犬として用いられた断片的な記録が続く。アングロ・サクソン系の王たちも狩猟を好んだが、デンマーク系の王であるカヌートはイングランド王位を手に入れると狩猟を厳しく制限し、グレイハウンドの飼育を高位の者に限ったことで知られている。一〇六六年のノルマン・コンクエスト、すなわちノルマンディー公ギヨーム二世［ウィリアム一世］によるイングランド征服の経緯が編み込まれたバイユー・タペストリーには、イングランドのハロルド王が鷹や猟犬とともに描かれている部分（図3－7）がある。猟犬は明らかにグレイハウンドあるいはウルフハウンドの類の犬であり、首輪をつけていることから、獲物を発見次第、綱あるいは鎖から放たれたものとみられる。

ウィリアム一世は即位後ただちに全土の土地および財産の調査に取りかかり、その厳しさから「最後の審判」にたとえられた『ドゥームズデイ・ブック』を編纂したことで知られるが、狩猟に関しても厳しい林野法を制定する。つまり、王室の猟場として御料林を設け、狩猟用の鳥獣を保護したのである。一般の人々がそこで狩りをするのを厳しく制限し、前足の爪を三本切除し、獲物を追いかけることができないようにしない限り、森の近くでグレイハウンドをはじめとする猟犬を飼育してはならないことが定められた。また、ノウサギを殺害した場合は片腕を切り落とされ、シカを殺害した場合は死刑に処せられた。つまり、ここでの狩猟は王室および王室に招待された支配階級の権利であると定められたのである。

歴代のイングランド国王は狩猟好きで知られているが、なかでもジョン王の狩猟好きは有名で、大きな犬舎をもち、優秀なグレイハウンドを贈ったり、贈られたりした記録が残っている。狩猟が王侯貴族の素養であったことから当然であるが、エドワード三世やリチャード二世も狩猟好きであったと伝えられている。『マスター・オヴ・ゲーム』の著者であるヨーク公爵エドワードは、エドワード三世の孫でリチャード二世とは従兄弟であった。はるか以前に書かれたフランス語の本の引き写しのようなところがあるが、『マスター・オヴ・ゲーム』は英語で書かれた最初のスポーツについての書物であり、猟犬としてのグレイハウンドの理想的な体型や性質についての説明を含んでいる。さまざまな種類のグレイハウンドについての言及があり、現在とほぼ変わらないグレイハウンドが描かれた図版（図3-8）も添えられている。

図3-8　『マスター・オヴ・ゲーム』のグレイハウンド

エドワードのこの書物の後も類似の狩猟に関する指南書が数冊あるが、一四八六年に発行された『セント・オールバンズの書』に、「グレイハウンドは、ヘビのような頭、カモのような首、ネコのような足をもつべし」という理想的なグレイハウンドについての記述がある。イギリスで活版印刷が始まったごく初期に発行されたこの書物は、紋章について蘊蓄を傾ける書物であるとともに、当時の紳士としての素養であった鷹狩り、狩猟、釣魚についての指南書でもあるが、ここからも、当時すでに猟犬としてのグレイハウンドが広く用いられていたことが分かる。

コーシングの誕生

「グレイハウンドを用いて、目視によって、ノウサギやその他の動物を追うスポーツ」の意味で「コーシング」という語が使われる初出例として、『オックスフォード英語大辞典』が挙げるのは、一五三八年発行のジョン・リーランドの『旅行記』からのものである。リーランドはヘンリー八世によって奨学金を与えられて古文書学を修め、王の図書館のために働いた学者であり詩人でもあったが、各地の聖堂や修道院に残されている古文書や歴史的に重要な事物を調査する勅許を得ていた。一五三五年から数年をかけて行われた調査旅行の記録が『旅行記』であるが、そのなかに第三代バッキンガム公爵エドワード・スタッフォードが住民の迷惑も顧みず城の近くに猟園を作り、かつての豊かな穀物畑が「いまはコーシングに最適の野原」になっていることが記されている。

一五七六年に英語版の出たキーズの『イングランドの犬について』では、グレイハウンドの項に「主たる仕事はノウサギを追い出し、狩ることにある」という記述はあるが、「コーシング」という語は現れない。しかし、同じ年に出版されたジョージ・ターバヴィルの『高貴なる狩猟の術』には、次のような記述がある。

グレイハウンドを用いるコーシングについて詳しく書かれたものがわが国には見あたらないので、ここで簡単に述べておきたい。フランスではこの種の狩猟はここイングランドでもてはやされているほどの人気はないように思える。イングランドではグレイハウンドを用いて、シカやノウサギ、キツネの類を追いかけさせるコーシングの娯楽を重視する。

先に見たように、グレイハウンドを猟犬として用いることは古代エジプトやギリシャ・ローマにすでに存在しており、中世のイングランドにおいても、実用のためではなく、ノウサギを猟犬に追わせるスポーツである「チェイス」が王侯貴族の間に広まっていた。しかし、一六世紀のイングランドにおいて、ノウサギがいかに素早く身を翻してグレイハウンドの牙を逃れるかを見るスポーツとしてのコーシングが新たに生まれたと考えられる。ターバヴィルが語るこのスポーツの醍醐味は、それ以前の狩りとは全く異なるものである。

ノウサギが犬の口からわが身を救うために身を翻したり、曲がりこんだりするのを見るのは素晴らしいスポーツである。グレイハウンドが大きく口を開けてノウサギを捕まえたと見えたときでもくるっと反転して犬たちを出し抜き、踵を返したり、身体をよじったり、弧を描いて走ったりして逃げ回り、ついには安全な場所に辿り着き、命拾いするのである。ノウサギのコーシングにおいてはどの犬がノウサギを仕留めるのかが重要ではなく、ノウサギに一番多く修羅場をくぐり抜けさせ、方向転換させた犬がこの賭け勝負の勝者になる。

それは賭けを伴う動物いじめの娯楽に近いものであり、一九世紀になって盛んに行われたコーシングと基本的には同じものであると言える。『オックスフォード英語大辞典』の「コーシング」の定義やターバヴィルによる説明からもうかがえるように、グレイハウンドを用いる狩猟の対象はノウサギだけではなくシカやキツネの場合もあった。しかし、この頃イングランドでは、木材資源の需要の高まりや羊毛産業の発達があいまって森が後退したために、それまでの狩猟の主な対象であったシカの数が減少していた。それとともに狩猟の意味が大きく変化したことを象徴的に示すのが、コーシングの誕生であった。

一方で、農民や密猟者の間では、食用にするためや毛皮を利用するためにノウサギ猟は行われていた。農作物を荒らす害獣の駆除という大義名分もあった。そして、この狩りに素朴な賭けが伴っていたことも考えられる。しかし、上流階級の者によって行われるコーシングは、食用にするためや毛皮を利用するための狩猟ではなかったし、実戦に備えて心身を鍛えるための狩猟でもなかった。活動そのものを楽しむスポーツであり、自らの地位を再認識させる「見せるスポーツ」であった。それはまた、同じくこの時代に広く流行した熊攻めや牛攻めなどのアニマル・スポーツに共通する、娯楽性の高い、動物いじめの要素が強いスポーツであった。

「スポーツ」という語が「野生動物を狩る娯楽」の意味をもつようになるのは一七世紀のことであり、覇気とか勇気あるいはフェア・プレイの精神などと結びついた「身体活動」を指す今日的な意味をもつようになるのは一九世紀になってからのことであるが、コーシングにはこれらのスポーツの意味がすでに存在している。しかし、コーシングは、「スポーツ」という語に内在している「あざける」とか「もてあそぶ」という意味を色濃く宿していることも確かである。

コーシングの起源を一六世紀のイングランドにおくことの妥当性は、エリザベス一世やジェイムズ一世の狩猟に関する記録によって確かめられる。エリザベス一世がシカのコーシングを好んだことは一五九一年にサセックスのカウドレイ・パークでの記録などに辿れるが、女王がノウサギを追うコーシングも楽しんだであろうことは、第四代ノーフォーク公爵トマス・ハワードに命じて「リーシュすなわちコーシングの規則集」を作らせている事実からも推測できる。この規則集が、一八五八年に設立された全英コーシング・クラブに引き継がれ、その後のコーシングの規則の基本になった。また、ジェイムズ一世の治世には『パドック規則集』が出版されている。「パドック」は逃げ道を設けた「囲い地」の意味で、放たれたシカを一定の時間をおいた後にグレイハウンドに追わせるスポーツについてのルールを定めたものであり、その意味では今日のグレイハウンド・レーシングの原型になっていると言える。

実際の狩りとレース場で行われる賭け勝負がないまぜになっているが、コーシングがこの時代においてもっとも人気のあるスポーツで、紳士の間で広く楽しまれていたことは、シェイクスピアの作品にコーシングへの言及が数多く見られ、コーシングの用語がしきりに用いられることでも分かる。たとえば、『ウィンザーの陽気な女房たち』の第一幕第一場で顔を合わせた紳士たちの会話には「あなたの薄黄色のグレイハウンドの調子はいかがですか。コッツオールの試合では負けてしまったと聞いたのですが」というコーシングへの言及とその後に続く犬談義が挟まれている。また、『じゃじゃ馬馴らし』の序幕第二場の鋳掛け屋のスライをかついで領主に仕立て上げ、物笑いの種にする場面には、「コーシングにお出掛けになれば、殿下のグレイハウンドは雄ジカに劣らず敏捷ですし、雌ジカよりも素早いでしょう」という従者の台詞がある。あるいはまた、『ヘンリー五世』の第三幕第一場には、フランスのハーフラーフの城門前で突撃にあたって兵士たちの士気を鼓舞するヘンリー王の有名な演説があるが、そのなかに「分かるぞ。お前たちが革紐につながれたグレイハウンドのように掛かれの合図に心をはやらせているのが。さあ、獲物が跳びだしたぞ。行け。」というコーシングのイメージを含む言葉がある。

その後、一七世紀においてもコーシングは他のさまざまな狩りや釣りなどとともに王侯貴族やジェントリー階層の者たちの間で楽しまれ、一八世紀に入ると一層盛んに行われるようになった（図3－9）。いわゆる「田園スポーツ」すなわち「野生動物を狩る楽しみ」としての「スポーツ」がイギリス文化として定着するのである。それは、身分の高い者たちの娯楽であるだけでなく、農村における共同体の大きな行事でもあった。同時に、まだ大部分の人々が農村部に住んでいたこの時代にあって、コーシングは、生活に少し余裕のある者たちの日常的な娯楽としても広がっていた。そのような当時の田舎のスポーツの様子を伝えるものにジェイムズ・ウッドフォードの『田舎牧師の日記』がある。ノーフォークのウェストンの教区牧師であったウッドフォードは、教区民とともにスポーツを楽しみ、三頭のグレイハウンドと二頭のスパニエルからなる犬舎をもち、しばしばコーシングを楽しんだ。

たとえば一七八九年一一月一九日（木曜日）の日記には、知り合いの者たちと落ち合ってコーシングを楽しんだことを語る次のような文章が見られる。

図3－9　17世紀頃のノウサギ狩り

午前中いっぱいと午後の四時までコーシングで気晴らしをした。本当に素晴らしいスポーツだ。私は二頭のグレイハウンドを連れて行ったが、いずれも草原一面を元気よく打ち漁った。私たちのほかに、恐らく一二頭のグレイハウンドと同じ数の人間が出ていた。私の飼い犬の雌のグレイハウンド、パッチがコーシングの終わり頃に不運な事故に遭った。アナウサギを追っていて、柵を越えようとした際に右側の後ろ脚の靱帯を切ってしまったのだ。

そのほか、一七九一年九月一三日（火曜日）の日記には、朝食を済ませた後、家人と一緒に、三頭のグレイハウンドと二頭のスパニエルを連れてコーシングに出掛け、午後の二時まで獲物を追い、ようやく一匹のノウサギを仕留めたこと、そして、このノウサギが夕食の一品に加わったことが書き残されている。また、一七九二年二月一五日（水曜日）の日記には、教区の者たちと午後三時までコーシングを楽しみ、ノウサギとアナウサギを一匹ずつ仕留めたことが記されている。さらに、一七九四年一月二八日（火曜日）の日記には、家人が朝食前にノウサギ狩りに出掛け、一匹仕留めたが、引き離す前にグレイハウンドが獲物を半分ばかり食ってしまっていたこと、午後に再度出掛け素晴らしいノウサギを二匹、獲物として持ち帰ったことが記されている。ここでは「コーシング」ではなく、「トレーシング」という語が使われている。これは、どちらかと言えば犬の嗅覚に頼って獲物を追う形の狩猟に使われる語であり、ウッドフォードがしばしば獲物を食卓に上げていることを考え合わせると、当時のコーシングは、少なくとも庶民の間では、グレイハウンドがノウサギを追いかける技を見て楽しむ「見るスポーツ」よりも、むしろ獲物を食して楽しむ実利的意味を大いに残した娯楽であったことが分かる。

「見るスポーツ」としてのコーシングの隆盛

一八世紀になるとイギリスでは「田園スポーツ」が盛んになる。「カントリー・スポーツ」とも呼ばれるが、単に「野生動物を狩る楽しみ」にとどまらない田園の娯楽を、人々は求め始めたのである。それは、産業化と都市化に伴う一つの兆候であった。この頃すでに、人々の心のなかに自然を愛おしむ気持ちが芽生え始めていたのだと考えられる。釣りの世界において、食べるために釣る実利的な釣りの伝統が厳として存在していた一方で、田園での釣りを一種の社交の場として楽しむ釣りパーティが盛んに開かれ、スポーツとして釣りを楽しむことが社会の各層に浸透し始めた。本格化するのは一九世紀に入ってからではあるが、上流階級においてはサケ科の魚を擬似のフライで釣るフライ・フィッシングが、庶民の間では餌でサケ科以外の雑魚を釣って、その釣果を競うコース・フィッシングの大会が流行する兆しがすでにこの時代に見えるのである。コーシングにおいても、同じような時代の兆候を見ることができる。ウッドフォードの日記にうかがえる、娯楽と実益を兼ねた素朴なコーシングが存在した一方で、「見るスポーツ」としてのコーシングが組織化され始めるのである。

一七七六年に、貴族出身だとして「オーフォード卿」と名乗る人物によってスウォッファム・クラブというコーシングのクラブがノーフォークに創設され、一七八〇年にはアッシュダウン・パーク・クラブがイースト・サセックスに、一七八一年にはモルトン・コーシング・クラブがノース・ヨークシャーに相次いで創設された。これらのクラブでは厳格な会員制が敷かれ、試合の組み合わせは合議によって決められた。銀製のカップやトロフィー、首輪が賞品とされ、勝敗による賭け金も高額で、自分の持ち犬以外の犬を出走させることもできた。

出自、経歴は定かではないが、オーフォード卿は当時このスポーツにのめり込んだ人で、一〇〇頭以上のグレイハウンドを飼育する犬舎をもち、優秀犬同士の交配や他犬種との交配を試みた。彼は、四七試合無敗を誇っていた自慢の持ち犬であったザリーナの試合を観るために病をおして出掛け、この犬が勝利を収めた途端に落馬し、事切れたと言われる。

当時はバークシャーに属し現在はオックスフォードシャーに編入されているコンプトン・ビーチャムのアン・リチャーズもコーシングにのめり込んだ一人であった。裕福で美しかった彼女の元には数多の求婚者が訪れたが、彼女は一顧だにせず、読書や芸術にも興味を示さず、コーシングにすべての時間を使ったと言われる。シーズン中はどんなに厳しい天気であろうと徒歩で競技に参加し、午前中だけで二五マイル歩くことも厭わなかったと言われる。死後発見された、自ら書いた墓碑銘には「結婚という首縄を敵とし、おしゃべりやお茶会を超越し、彼女の喜びのすべてはアッシュダウン・パークにあった」という言葉が添えられていた。

このアッシュダウン・パーク・クラブでも、一八七六年にウェルッシュ・ハープで行われたレースと同じように、囲いのなかで犬を走らせる形のコーシングが導入されたことがあった。つまり、すべてのレース出場犬が一列に並んだトラップに入れられ、ふたが開けられると一斉に走るものであった。区別のためにそれぞれの犬の首には異なった色のリボンが巻かれた。最初に、ノウサギを捕らえた犬が勝者であった。しかし、これも短い距離を直線で走る単純な速さを競うものであり、逃げ回るノウサギを追跡して、敏捷に方向転回したり、先回りしたりする知恵を楽しむ従来のコーシングを好む当時の人々には受け入れられなかった。

しかし、ジョン・マーシャルの一八七〇年の作品である『コーシング』（図３-10）に見られるように、二頭のグレイハウンドにノウサギを追わせて、その技を競い、賭け金をかける形のコーシングは一九世

図3－10　マーシャル『コーシング』

紀の初めを頂点に広く流行する。この競技でも、基本的にはどちらの犬が先にノウサギに追いついてこれを捕らえ、息の根を止めるかが競われるが、それだけで勝負が決まるわけではない。ノウサギはそう簡単に仕留められるわけではなく、すばやく体をかわし、しぶとく逃げ回る。このノウサギを追いかける犬のスピード、スタミナ、機先を制する巧みさが馬に乗った審判によって審査され、そのポイント数が勝敗を大きく左右するのである。このようにしてそれぞれのレースがトーナメント形式で行われ、最後に大会のチャンピオンが決せられるのである。

コーシングのダービーとも言える大会がウォータールー・カップである。その歴史は古く、盛時には数万人の観客が見物に訪れ、賭けをして楽しんだと言われる。この大会名は、リヴァプールのウォタールー・ホテルに由来する。一八二五年に創設されたウェスト・ランカシャーのオルトカー・コーシング・クラブは毎年このホテルで年次総会を開くのを常としていたが、一八三六年の総会の際、賞品と賞金を提供するというこのホテルのオーナーの申し出に応じて、参加料二ポンドで賭け試合を行うことを決定したのである。鉄道の発達によって国内旅行が容易になり、田園への憧憬をもつ都市住民が大勢見物にやって来たこともあり、ホテル名にちなんで名付けられたこの大会は興行的に成功し、年々盛んになる。ウォータールー・カップは国民的行事の一つとなり、チャンピオン犬はヒーローとなるような状況を呈するようになってゆく。

一八五八年には全英コーシング・クラブが結成され、明確さと正当性、審判の公正さを重視したルールの統一がはかられ、コーシングはもっともよく整備されたスポーツとして認められるようになる。また、一八八二年には公式の『グレイハウンド血統台帳』が作成される。それまでは個々のブリーダーが独自の『台帳』をもち、それを門外不出として密かに交配を進めていたのであるが、これによって所有者、血統、犬の特徴などが正確に統一的に記録されるようになる。コーシング用のグレイハウンドの品種改良は、最初のコーシング・クラブの設立者であったオーフォード卿によって着手され、よりスタミナのあるグレイハウンドを求めてブルドッグやイタリアン・グレイハウンドとの交配によって進められた経緯があった。肉牛をはじめとする家畜や競走馬、そして愛玩犬など、品種改良が過熱気味に盛んに行われた時代の風潮もあったが、このオーフォード卿の異種交配の方法が一定の成功を収めたため、これに追随する者たちが大勢いた。やがて、これに真っ向から反対したウォルッシュのように、純血種の保護と育成を重視する考えが次第に優勢になってくる。ウォルッシュは、一八六四年発行の『一八六四年におけるグレイハウンド』において、イギリス国内には、ニューマーケット・グレイハウンド、ウィルトシャー・グレイハウンド、ランカシャー・グレイハウンド、ヨークシャー・グレイハウンドそしてスコッチ・グレイハウンドの五種類があるとし、どの種類にも純血種はいないがいずれもその地にふさわしい血統が残ったものであると述べた。このことが、また、各地方のクラブにおける郷土意識を助長し、対抗意識をかき立てた。そして、コーシング人気を押し上げることになった。

四　コーシングとグレイハウンド・レーシング

残酷なコーシングの禁止運動

一八八〇年代には、コーシングは社会階層を越えた人気スポーツになり、全英コーシング・クラブに登録されているクラブだけでも一五〇を超え、八万人もの観客を集める大会もあった。しかし、一九二〇年代には新しく興ったグレイハウンド・レーシングに人気を奪われ、次第に一部の熱心な愛好家のスポーツになってゆく。都市やその近郊にレース場をもつグレイハウンド・レーシングに観客を奪われたからである。しかし、その衰退のもっとも大きな原因は、生きたノウサギを殺すこと、そしてノウサギに与える苦痛にあった。

コーシングという語は使われていないが、このスポーツが生まれたごく初期にすでに、猟犬を用いたノウサギ猟の残酷さを非難する声はあった。一五一六年にラテン語で書かれたトマス・モアの『ユートピア』に次のような記述がある。

目の前でノウサギが猟犬に八つ裂きにされるのを見れば、憐れを催すのが自然の情である。臆病で、無邪気な小さな生き物がずっと力が強く、情け容赦のないものに咬み殺されるのだから。

これは、『オックスフォード英語大辞典』が「コーシング」という語の初出例としてあげるレランドの『旅行記』が発行された一五三八年より前のことである。スポーツ全盛の時代にアニマル・スポーツの残虐性を非難する声は前面に出てこなかったが、一七世紀の後半にはピューリタンの間でコーシングに対する非難が高まった。

日常における宗教心について多くの著作を残しているエドワード・ビュアリーは、一六七七年、『家の友』において、「食用動物を殺すのは確かに合法であるが、楽しみのために殺すのは残酷でむごたらしい」と述べ、当時の新興中産階級の価値観を代弁し、道徳を説いた『タトラー』は、一七一〇年、「われわれの安全、便宜あるいは栄養のためにやむなく殺す必要がないのに、無邪気な動物を狩りの対象にする」ことに反対の意向を表明している。また、王座裁判所裁判長を務めたことのある裁判官で、学識豊かで公平であると信頼の高かったマシュー・ヘイルは、宗教的なものを中心に多くの著作を残しているが、一八一七年に発行された、書簡の形式をとった少年少女向けの訓話集である『孫たちへの忠告の手紙』においてコーシングの残酷さを説き、無用な娯楽の弊害を諭している。

すべての動物のなかでもっとも無邪気で、罪のない生き物であるノウサギを追いかけることについてだが、そこには、気晴らしのほかに何の目的もない。ノウサギの舌か尾が狩猟家の誉れとして残され、あとは腹を空かせた猟犬の胃の腑に収められるだけなのだ。こんなスポーツはとても認めるわけにはいかないし、分別がついてからはやったこともない。狩猟がすべてまったく不当だと非難するわけではないが、娯楽としてこれを勧めようとは決して思わない。

南アフリカや南米に滞在し、狩猟を楽しんだこともある著述家で女権拡張の運動にも熱心であったフロレンス・ディクシーは、一八九二年発行の『ウェストミンスター・レヴュー』に寄稿したエッセイ

「スポーツの恐怖」において、野外スポーツ、つまりさまざまな狩猟が「一人前の男」の素養として求められ、女性もそのような行事に参加することが当たり前のように考えられてきたが、このような野蛮で残酷な行為とは手を切るべきであると主張し、自らも二度と銃は手に取らないと宣言している。コーシングの残酷さが次のような言葉で指摘されている。

グレイハウンドを用いるコーシングよりも悪質な拷問があるだろうか。後ろ向きになった耳、震える身体、生きるために必死になり、その張り詰めた苦悩から目の玉が飛び出さんばかりになった怯えた目が、ノウサギの恐ろしい恐怖を自ずから物語っている。

「人間の楽しみのために殺されたり、傷つけられたりする危険に動物をさらすことに反対する」というスローガンを掲げて、一九二四年に設立された残酷スポーツ反対同盟は、ウォタールー・カップをその運動における大きな攻撃目標とした。実際、この頃から動物愛護の意識が社会に浸透し、一九二五年演技動物(規制)法、一九二七年動物保護(改正)法、一九三三年動物保護(犬虐待防止)法、一九三四年動物保護法、一九五四年動物保護(改正)法、一九五四年動物保護(麻酔)法、一九六〇年動物遺棄法、一九六二年動物(残虐毒物)法、一九六四年動物保護(麻酔)法などの動物保護に関連する法律が次々と成立する。

一九七〇年代には、ノウサギを追うコーシングは残酷であるとして動物保護団体から糾弾されるようになり、これを禁止する法案が繰り返し議会に提出される。これらの非難に対して、全英コーシング・クラブは、「コーシングはノウサギを殺すことを目的としたスポーツではなく、限られた時間内における犬の技量を競うスポーツであり、無傷で逃れるノウサギも多い。また、レース場内にノウサギの逃れる場所も設けてある」と言って反論した。また、「グレイハウンドは、瞬時にノウサギを殺し、決していたぶることはない」と主張した。

一九七六年に結成されたこの問題に関する下院の諮問委員会は二年後の一九七八年に「コーシングにおける残虐性は銃猟の残虐性の一パーセント未満であり、倫理的な問題は個人の良心に委ねられるべきであって、議会法による規制は不要である」という答申を出した。また、コーシングによってノウサギが減少するという批判に対しては、コーシングの試合中にノウサギを殺すことはどちらかと言えば少なく、このスポーツがノウサギの保護に役立っていると表明した。つまり、コーシングが行われない地方では農作物を荒らすノウサギが銃猟で駆除され、農薬散布が実施されるために生態系が乱れ、ノウサギの数が極端に減少することが起こっていたのである。皮肉にも、コーシングが行われている地方ではノウサギの保護のために農薬散布は行われず、銃による過度の捕獲も行われず、また繁殖期にはコーシングも自己規制されていたため、むしろノウサギは減少せず、生態系は保たれていたのである。

下院の諮問委員会の答申はコーシング反対運動に火をつけたが、この時点ではいまだコーシングは伝統的な野外スポーツとして容認されていたと言える。全英コーシング・クラブに加盟したクラブによってコーシングは行われ続け、一九九三年にはまだ二〇以上のクラブが存在していた。ただ、地方によっては全英コーシング・クラブに加盟していないクラブによる私的なコーシングが地主の許可を得ずに野放図に開催され、分別なくノウサギを殺傷するなどしてこのスポーツの評判を悪くしていた。一方で、一九九〇年代後半になると動物愛護団体や環境保護団体の活動が一段と活発になり、コーシングに対する風当たりも一層強くなっていった。

法的にも、一九九六年には野生哺乳類保護法が発布され、残虐行為から保護されるべき対象が野生動物に拡大された。さらに、一九九九年には、イングランドおよびウェールズにおける猟犬を用いた狩猟に関する政府の調査委員会であるバーンズ調査委員会が、「コーシングにおいて犬に追跡され、捕まえられ、殺されることは、ノウサギの福祉をひどく損なう。ノウサギを捕まえた犬は素早く獲物を殺すとは言えない」という答申を出した。そして、ついに二〇〇四年に、イングランド議会でアナウサギとネズミを除く哺乳動物の狩猟を禁止する狩猟禁止法が議会を通過し、ノウサギを用いるコーシングは事実上できなくなった。スコットランドでは二〇〇二年に野生哺乳類保護法が議会を通過していたし、北アイルランドでも二〇〇二年に狩猟動物保護法が議会を通過し、コーシング用のノウサギを捕獲することもコーシングに使用することもできなくなっていた。

ここにおいて、大きな矛盾をかかえながら存続してきたアニマル・スポーツすなわち動物を用いる残酷なスポーツの伝統に終止符が打たれる。そして、コーシングやフォックス・ハンティングにおいて狩りの対象であった動物に対する残虐の問題が解決されると、動物愛護運動は、残虐行為の行為者であった動物の安寧と福祉の問題にもその関心を拡大してゆくのである。グレイハウンド・レーシングの主役であるグレイハウンドも、新たな動物愛護運動の対象となり、このスポーツに対する批判が強まっていることはすでに見たとおりである。

グレイハウンドの将来

一九二六年にマンチェスターのベル・ヴューで開催された最初のグレイハウンド・レーシングは、コーシングからノウサギを殺す残酷さを排除した、新しいスポーツとして歓迎された。その盛況ぶりを見て、『タイムズ』は、一九二六年一〇月九日号において、「死ぬまで走らされる生きたノウサギを用いないグレイハウンド・レーシングは、新しい形のコーシングであり、残酷さを含まない無邪気な見世物である」と述べた。

しかし、このスポーツが急速に発展し多くの民衆を集めるようになると、『タイムズ』はグレイハウンド・レーシングに内在する残虐性を衝く記事を次々と掲載する。一九二八年一〇月二二日号には「グレイハウンドへの残虐行為」という見出しで、あるグレイハウンド・レーシング会社のトレーナーがグレイハウンドを残酷に扱ったかどで、また同じ会社のコックが犬の喧嘩を放置して犬を死なせてしまったかどでそれぞれ罰金刑に処せられたことが報じられている。また、一九三二年の九月三〇日号には「放置されたレーシング用グレイハウンド」という見出しで、ほとんどの犬が皮膚病にかかり、糞まみれで、十分な食料と水を与えられずに放置されていた犬舎が王立動物虐待防止協会の捜査を受けた件が報じられている。ほかにも、一九三三年七月五日号や一九三三年一一月六日号、一九三五年一月二九日号、一九三五年一〇月三〇日号に「グレイハウンドへの残虐行為」という見出しでグレイハウンドに対する残虐行為が繰り返し報じられている。残虐行為は動物を用いる娯楽やスポーツ、そして畜産につきまとう問題であるが、グレイハウンドを優秀な競争犬に育てるために過度に厳しい訓練が行われたであろうし、また、利潤のために不自然な繁殖や育種も行われたであろう。『タイムズ』はこの娯楽のかかえている問題を暴き出した。

このような指摘の背後には、多くの民衆が集まる娯楽に対する危惧の念があった。この娯楽に潜在している動物を残虐に扱う野蛮で非文明的な要素が是正されたとしても、グレイハウンド・レーシングにはなおも、賭けという不道徳な要素にひかれて集まる文明化されるべき民衆の娯楽であるという問題が残っていた。競馬やほかのスポーツに比べて、グレイハウンド・レーシングには差別的とも言える抑制政策がとられたことはすでに見たとおりである。グレイハウンド・レーシングに対する厳しい視線は、この娯楽の主役であるグレイハウンドそのものに対する残虐行為を見逃さなかった。

動物の権利についての議論が始まり、動物愛護運動や環境保護運動が高まりを見せる一九七〇年代の終わり頃から、レース用のグレイハウンドに対する残虐行為が社会問題として大きく取り上げられるようになる。なかでも、総じて三年から四年で引退する大量のグレイハウンドの処遇がクローズ・アップされる。往時に比べると大きく後退したとは言え、いまなお大きなビジネスとして存続しているグレイハウンド・レーシングにおいて、毎年たくさんのグレイハウンドが引退する。加えて、競争犬になれなかったグレイハウンドの処遇の問題もある。グレイハウンド・レーシングは大量に犬を消費するスポーツなのである。

この問題に対する取り組みが先行していたアメリカでは、一九八〇年代に、引退したグレイハウンドの処遇が問題視されるようになり、一九八七年に設立されたアメリカ・グレイハウンド・ペット協会や一九八九年に設立された全米グレイハウンド里親活動などの、引退犬を引き取って老後の世話をする里親制度を推進する団体が現れ、その方法や心得を説く書物も数多く現れるようになった。イギリスにおいては、虐待されている動物たちに緊急避難の場を提供する団体であるアニマル・シェルターや王立動物虐待防止協会がこの問題をその事業の一環に位置づけ、活動してきた。

グレイハウンド・レーシングの業界も、危機感をもってこの問題に取り組み始めた。二〇〇九年にイギリス・グレイハウンド・レーシング委員会と全英グレイハウンド・レーシング・クラブが合体してできた新たな組織である全英グレイハウンド委員会が公表するところによれば、年次予算の三分の一以上にあたる四〇〇万ポンドをグレイハウンドの福祉に当て、二〇〇八年には外郭団体の引退グレイハウンド・トラストの支援に一七〇万ポンドを当てたという。この財政支援は二〇〇一年の二五万ポンドから年々増加したものであり、これによって二〇〇一年に引き取られた引退犬は一八九三頭であったが二〇〇七年には四五〇〇頭近くに上ったと説明する。全英グレイハウンド委員会は、また、引退グレイハウンド基金を管理し、引退犬の福祉のための活動を支援している。この福祉のための支出は二〇〇一年まではおよそ四〇万ポンド程度であったが、その後急増し、二〇〇八年には三六〇万ポンドに達している。

しかし、このような取り組みにもかかわらず、本章の冒頭でも見たように、引退犬に対する残虐で、不当な扱いは跡を絶たない。毎年、一万頭のグレイハウンドが引退するが、引き取られた引退犬はその五分の一の二〇〇〇頭にすぎないという残酷スポーツ反対同盟の挙げる数字は看過できないし、全英グレイハウンド委員会の挙げる数字とのギャップはこの問題の解決が容易でないことを物語っている。ちなみに、同じように大量の馬を使用する競馬の世界にもこの問題は存在する。二〇〇六年一〇月一日発行の『オブザーヴァー』は、イギリスでは毎年およそ四〇〇〇頭の競走馬が引退し、その後レジャー用の乗馬として使われたり、厩舎に留め置かれたりするものもいるが、大部分は食肉用に処分されていることを伝えている。イギリスでは馬肉を食べることは大きなタブーになっているが、食肉加工された馬肉は主としてフランスに輸出されたり、ペット・フードの材料にされているらしい。グレイハウンドの場合と同じように、引退後の競走馬の福祉を支援する多くの団体が活動しているが、その成果には大きな限界があり、多くの競走馬が処分の憂き目に遭っている。しかし、それこそむしろ問題かもしれないが、現実に処分が進行していることによって、引退した競走馬の処遇の問題は、グレイハウンドの場合のように社会問題化していないとも言える。馬に対する愛着は非常に強く、とくに競走馬の処分には根強い抵抗があるが、一方では畜産動物としてその処分を許容するところがあると考えられる。

しかし、犬に関しては、歴史的に見ても、家畜あるいは使役動物としての存在よりもペットあるいはコンパニオンとしての存在にその比重を強めてきたいま、用済みになったとして犬を処分することに対する罪悪感がより強くなったとしても当然である。動物の権利に関する意識が高まり、野生動物を含めた動物保護運動や環境運動の進展が大きく関与している。だが、このような運動が、ときには唐突で一方的な価値観の押しつけにほかならないこともある。グレイハウンド・レーシングに見られるような過度の動物の利用によって引き起こされた悲劇は解消されねばならないが、それはすでにイギリス社会に深く根付き、多方面に根を張り、複雑に絡みあった文化として定着している。今日のグレイハウンドの問題は、商業主義に基づいて巨大化した「見るスポーツ」がもたらした悲劇であると言える。つまり、「心の通い合う友」としてではなく、「商品」としてグレイハウンドを大量生産し、使い捨てにしていることから起こったことである。それは愛犬家を標榜しながら、支配・被支配の意識を抜け出せない、「所有物」として犬を飼育する習慣と共通するものであり、動物との付き合い方に関する基本的な問題がここには潜んでいる。しかし、猟犬としての家畜化の時代を経て、アスリートとして一種の芸術作品の域にまで達したグレイハウンドは、グレイハウンド・レーシングの是非とは別に、厳然として存在している。人工交配の問題も微妙に影を落としているが、可能性を極めた珠玉のようなこの犬を貶めるような待遇は避けねばならない。それはグレイハウンドに限らず、どの犬種、個々のどの犬にも言えることである。新しい動物福祉法が目指しているのはこのことであろう。

第4章　フォックス・ハンティングの終焉

一　フォックス・ハンティング禁止の波紋

フォックスハウンドの運命

グレイハウンド・レーシングの衰退とともにこのスポーツの主役であったグレイハウンドの処遇が社会問題化したが、似たような件でより切羽詰まったことがもう一つある。二〇〇四年の狩猟禁止法の成立によってノウサギをグレイハウンドに追わせるコーシングは事実上実行が不可能になったが、この法律により、犬を用いるイギリスの伝統的なスポーツがもう一つ終焉を迎えることになった。フォックスハウンドを使ってキツネを追い立てるフォックス・ハンティングである。

一八三五年に動物虐待禁止法が成立し、主に民衆娯楽として人気のあった牛攻めやドッグ・ファイティング、闘鶏などのアニマル・スポーツが禁止されたにもかかわらず、支配階級のスポーツであったコーシングとフォックス・ハンティングは禁止されずに、温存された。イギリスが階級社会であることを露呈する、ダブル・スタンダードの最たる例である。また近年は、フォックス・ハンティングに対する賛否は、動物愛護や環境保護の意識の高い都市のインテリ層と、野外スポーツを楽しみ、古き良きイギリスの田園生活に郷愁をもつ保守層の対立という様相を帯び、労働党と保守党の間で政治問題化していた。

この二〇〇年に及ぶ問題の争点は、主として、キツネに与える苦痛と恐怖という残虐性の観点から展開されてきたが、フォックス・ハンティングを禁じる法律が成立する可能性が見えてきた段階で、それに伴うさまざまな現実的な問題が浮かび上がってきた。そのうちの一つが、フォックス・ハンティングに用いられているフォックスハウンドの処遇の問題である。

二〇〇四年七月二一日のBBC放送によると、この問題に関する議会委員会は、犬の福祉にかかわる専門家たちの下した「安楽死が最後の手段にならざるを得ない」という決断に従わざるを得ないと報告した。そして、「狩猟が禁止され、役目を失った犬には安楽死のほかに、新しい飼い主にもらわれること、擬臭跡を追う猟犬として狩猟の真似事に使われること、繁殖用に残されること、海外の狩猟が存続している国に輸出されることなどの道があるが、その可能性は限られている」と述べ、さらに、「とくにフォックスハウンドが新しい飼い主を得ることは難しい」と付け加えた。ブリストル大学の獣医学部のレイチェル・ケイシーも「フォックスハウンドの成犬は非常に大きく、荒々しいため、新たな飼い主を見つけることは難しい」と述べたが、王立動物虐待防止協会のドミニック・ラッドは「フォックスハウンドに新たな飼い主を見つけることは不可能とは言い切れない。個人的な経験からも、ほかの気性の荒い犬と同じように、相応しい飼い主が見つかればフォックスハウンドも賢くて、愉快な、役に立つ家庭犬になり得る」と楽観的な発言をした。しかし、長年フォックス・ハンティングに携わってきたトニア・ウッドは、「猟犬は群れで行動する動物であり、家庭犬として暮らしても幸せではないし、第一、たいへんな数の猟犬を再訓練するなどとてもできない話だ」と一笑に付した。

実際のところ、里親捜しを引き受けた王立動物虐待防止協会の仕事は難航しており、狩猟禁止法施行後の二〇〇五年三月、狩猟などの野外活動を擁護する団体であるカントリーサイド・アライアンスは、ケイシーの助言にもかかわらずフォックスハウンドの里親捜しに取り組んだ王立動物虐待防止協会の無責任な活動を非難する声明を出している。王立動物虐待防止協会は、ある犬舎から一一頭のフォックスハウンドの新しい飼い主を捜すことを引き受けたが、一頭の引き受け手も見つけることができず、結局、別のフォックスハウンドの犬舎に頼み込んですべての犬を引き受けてもらったというのである。この時点で約二万五〇〇〇頭の行き場を失った犬がいたと言われた。

このような危機的状況にあるにもかかわらず、フォックスハウンドの処遇の問題は、グレイハウンドの場合ほどにはマスコミでも取り上げられていない。フォックスハウンドのオーナーは経済的に余裕のある人であることが多く、フォックス・ハンティング復活の望みを捨てていない節があり、当面は生きたキツネを用いない擬似フォックス・ハンティングでフラストレーションを解消するのだとも言っている。実は、「ドラッグ・ハンティング」あるいは「トレイル・ハンティング」とも呼ばれる擬似ハンティングは、スポーツとしてのフォックス・ハンティングが始まった当初から存在していた。あらかじめ付けておいた石蝋やアニス油の臭跡を猟犬に追わせるこのスポーツは、一九世紀を通じて北イングランドを中心に広く行われていた。実際、狩猟禁止法が施行された一年後、フォックス・ハンティングのシーズンが始まったとき、BBC放送は、あらかじめバイクで付けておいた臭跡を追う擬似フォックス・ハンティングへの参加者が狩猟禁止法以前よりも大幅に増えたことを報じ、「きっと狩猟禁止法は廃止されるよ。だから、フォックス・ハンティングが許されるようになったときに、犬たちがキツネを追う仕事をいつでも再開できるように準備してあるのさ」という狩猟家の言葉を紹介している。また、狩猟禁止法が成立した後も、密かにフォックス・ハンティングは行われているという噂も後を絶たない。フォックスハウンドが相変わらずフォックス・ハンティング用の犬舎で飼われているのがその証拠であり、擬似フォックス・ハンティングがカムフラージュとして利用されているという指摘もある。このような憶測が飛び交うところに、フォックス・ハンティングの禁止に関する賛否両論によって浮き彫りにされるイギリス社会の複雑さがある。

禁止法案をめぐる論争

フォックス・ハンティングに関する論争が最高潮に達した頃、と言うよりはむしろ、フォックス・ハンティングを禁止する法案の提出の是非をめぐって世論が過熱した頃のことであるが、二〇〇四年九月一六日のBBC放送は、国会周辺でのデモ隊と警察隊によって多くの負傷者が出たことを生々しい映像とともに伝えた。また、この日、議場で論議されていた法案の成立を阻止するため数名の男が議事堂内に闖入したことも伝えられた。デモの規模もこれまでにない最大級のものであったし、議事堂への乱入はピューリタン革命以来のことであるとして、この事件は日本のマスコミでも大きく報じられた。

デモ隊は、この日、議事堂内で審議され、可決される可能性があったフォックス・ハンティングを禁止する法案に反対する人々であった。警察隊との小競り合いのなかで、警官二名を含む一九名が負傷した。フォックス・ハンティングの存続を強く主張するカントリーサイド・アライアンスは、そのメンバーを含むおよそ二万人の抗議者は法律を遵守しており、この日の混乱は警察の過剰警備にあると主張した。一方、警察側は、集まった群衆の数は八〇〇〇人から一万人で、逮捕者が出たのは、花火やペットボトル、プラカードが警官隊に向かって投げられたためだと発表した。

一方、議事堂内に闖入した八人のなかにはハリー王子の親友で、ポロのイングランド・チームの選手であるルーク・トムリンソン、父親がロック・スターのブライアン・フェリーであるオーティス・フェリー、クロスカントリー競馬の騎手リチャード・ウェイカムがいた。いずれも、フォックス・ハンティングの禁止はイギリスの田園における野外スポーツの伝統を破壊するものであると考えていた。三人は入り口でとどめられたが、招待状を装った手紙を手にした五人は議場内までまんまと入り込んだと伝えられている。この一件は、国会のセキュリティの甘さに対する論議を呼ぶことになるとともに、暴力をもって押し入ったわけでもなく、誰も傷つけていない彼らを犯罪者として逮捕するのは行き過ぎであるとの声があがった。

たかがスポーツ一つの禁止をめぐってこれほどの大混乱が起こり、海外メディアにも広く取り上げられたのはなぜか。フォックス・ハンティングが行われているのはイギリスだけではない。イギリスの植民地であった時代にこのスポーツが伝えられたアメリカ合衆国やカナダ、あるいはこのような猟犬を用いた狩猟の方法をイギリスに伝えたフランスにおいても、その方法や目的に違いはあるがフォックス・ハンティングは行われてきた。また、これらの国々にもフォックス・ハンティングをはじめとする猟犬を用いた狩猟に対する禁止運動は存在する。しかし、イギリスにおけるように社会を二分して論議されるほど大きな問題にはなっていない。

フォックス・ハンティングを禁止する法案に反対する人たちの言い分は、キツネは家畜を襲う害獣であり、近年の保護政策によりその生息数が増え、いたるところで被害が出ているというものであった。また、キツネの数を抑制するにあたって銃を用いることが主張されているが、訓練を受けた猟犬は急所をわきまえており、一瞬のうちにとどめを刺すため、キツネに与える恐怖や苦痛は銃によるものよりはるかに少ないとも主張した。そして、彼らの主張の要諦は、犬の訓練や馬の調教などを含めて、高度に組織化されているフォックス・ハンティングの伝統を守ることであった。

一方、フォックス・ハンティングに反対し、フォックス・ハンティング禁止法案を支持する人たちの主張の根拠は、この狩猟がその対象であるキツネに大きな苦痛を与えることにあった。その主張は近年急速に支持者を増やし、フォックス・ハンティング反対運動は、捕鯨禁止運動や中国における漢方薬の原料として熊を飼育することに反対する運動などのように、環境保護運動や人間を含めた動物の権利を守る運動と連動し、市民運動として大きく発展した。

動物虐待に対する反対運動が顕著になった一九世紀中頃からこのスポーツに対する非難はあったし、大勢の犬と馬で一匹のキツネを追いかけ、最後に犬に咬み殺させるもっとも残酷であるとも言えるこのスポーツを禁止する法案は、これまで何度も提案された。しかし、なかなか成立することがなかった。ところが、動物愛護運動や環境保護運動の高まりによって、ようやくこの法案が可決される見通しが立つようになっていたのである。この日のデモや議場への闖入の一件は、劣勢に回ったフォックス・ハンティング賛成派の最後の抵抗と言うべきものであったが、むしろ、これまで何度も挫折を繰り返し、苦戦を強いられ続けたのは、フォックス・ハンティングの禁止を求める側であった。

大ざっぱに言えば、これは、フォックス・ハンティングを残酷だとしてフォックス・ハンティングを禁止する法案に賛成する人たちと、この伝統的な田園スポーツを維持しようとする人たちの対立であるが、フォックス・ハンティングそのものに直接関心をもたない人たちを巻き込んだ社会問題となっている。そして、この問題はイギリス社会に内在するさまざまな矛盾をあぶり出す。フォックス・ハンティングそのものがイギリス社会の縮図であり、きわめてイギリス的なものとして独自の発展をしたものであるからである。

二　フォックス・ハンティングの歴史

一体、このフォックス・ハンティングとはどのようなものであろうか。まず、実際にどのようにして行われるものであるか見てみよう。時代によって変化しているが、その要領はおおよそ次のようなものである。

フォックス・ハンティングの実際

フォックス・ハンティングのシーズンは一一月の第一月曜日に始まり、五月の初めまで続く。九月に、経験の浅い犬や狩猟家のために、子ギツネを対象にした「カブ・ハンティング」が行われることがあるが、これは追う側も追われる側も未熟な予行演習のようなものである。さて、本格的なフォックス・ハンティングの当日は、一一時頃になると村の広場やパブの前などの指定された場所に「フィールド」と呼ばれる参加者が勢揃いする。この集合が「ミート」と呼ばれる。この行事の主催者は「マスター・オヴ・ハウンド（猟犬の管理者）」と呼ばれ、「パック」と呼ばれる数十頭からなる一群の猟犬の所有者でもある。大体がその土地の有力者で、猟犬の飼育管理やキツネの手配、当日の参加者や見物人への軽食や飲み物の接待などを含めフォックス・ハンティング全体の指揮をとり、すべての費用を負担する。しかし、フォックス・ハンティングを実質的に取り仕切るのは、「ハンツマン（猟犬係）」と呼ばれる猟犬の飼育訓練係で、猟の現場で能力に応じて犬を使い分け、マスターをはじめとする参加者の手柄を引き立てるよう配慮する。

図4－1　オルケン『とどめ』

狩りの行われる日の早朝、その日の狩猟場に定めたキツネの巣穴の入り口が閉じられる。夜行性のキツネは巣穴に逃げ戻ることができなくなり、茂みに身を潜めている。「カヴァー」と呼ばれるこのような茂みに犬たちが送り込まれる。キツネが飛び出し、見通しのきく広い場所に追い出されると、それを見つけた者が「タリホー」などと大声をあげるなどして合図をする。その後は追跡あるのみである。キツネを猟犬とハンツマンが追い、その後を「ハント（狩猟隊）」と呼ばれる一団が、生け垣を越え、小川を飛び越し、畑を疾走し、いかなる障害をものともせず、ひたすらキツネを追うのである。やがてキツネの力が尽きたかに見えると、大声をあげながら「フル・クライ」と呼ばれる総掛かりをする。最後は、オルケンの『とどめ』（図4－1）に見られるように、フォックスハウンドにとどめを刺されたキツネを掲げ、勝利宣言がなされる。仕留められたキツネは、名誉の戦利品として尾や頭、前足が切り取られ、残りは猟犬たちに与えられるか、放置される。

フォックス・ハンティングの歴史やその社会・文化的背景については、一九七〇年代にレイモンド・カーの『イングランドにおけるフォックス・ハンティングの歴史』とデイヴィッド・C・イツコウィッツの『固有の特権――イングランドにおけるフォックス・ハンティングの歴史』が相次いで出版されている。前者は、それまでのシカ狩りにキツネ狩りが取って代わる一六世紀にさかのぼってこのスポーツの発展を辿るものであり、後者は足の速いフォックスハウンドが品種改良で生み出され、ノウサギ狩りに代わってキツネ狩りの人気が出る頃からの全盛期のフォックス・ハンティングの歴史を、これが単なるスポーツではなくイギリス社会特有の制度として機能したとして説明するものである。また、イギリスに特化せず、より広い視野に立って世界各地のフォックス・ハンティングの歴史を古代にさかのぼって概説するロジャー・ロングリッグの『フォックス・ハンティングの歴史』も同時期に出版されている。さらに、一九九〇年には、必ずしも史的にその発展を辿るわけではないが、フォックス・ハンティング反対運動の高まりも視野に入れたこのスポーツの文化的・社会的な意味を論述したジェイン・リドリーの『フォックス・ハンティング』が出版されている。全盛時代のフォックス・ハンティングを語る書物としては、E・W・ボーヴィルの『ニムロッドとサーティーズのイングランド　一八一五年―一八五四年』もある。「ニムロッド」は当時一世を風靡した狩猟家のチャールズ・ジェイムズ・アパリーのペン・ネームで、『スポーティング・マガジン』に彼が寄稿した狩猟についての記事が掲載されるとともに同誌の売り上げは何倍にも跳ね上がったと言われている。「サーティーズ」はミスター・ジョロックスの登場する『ハンドリー・クロス』の作者でニムロッドの後を襲って『スポーティング・マガジン』の狩猟欄を担当し、さらに『ニュー・スポーティング・マガジン』の編集者となったロバート・スミス・サーティーズのことである。

これらの書物はいずれも、大勢の人間や犬によってキツネを追う、いわゆる「フォックス・ハンティング」を扱うものである。しかし、キツネを対象とする狩猟は、はじめからこのような形で行われたものではなかった。ジョゼフ・ストラットの『イングランド人のスポーツと娯楽』は、ターバヴィルの『高貴なる狩猟の術』に記載されているキツネ猟の二つの方法を紹介している。一つは、テリア、すなわちキツネやアナグマなどの地中にいる野生動物を狩り立てることを得意とする猟犬を使って地中の巣穴にいるキツネを狩り出す方法（図4－2）であり、もう一つは、一九世紀に流行したフォックス・ハンティングと同じく、巣穴の入り口を閉じてから、地上にいるキツネをグレイハウンドなどの猟犬に追わせる方法であったという。多数の猟犬を用いる狩猟がイングランドで始まったのは一七世紀の終わりになってからで、当初はシカやキツネやノウサギを区別なく追い、キツネだけを追うキツネ狩りの方法が始まったのは一七二五年のことであるという。

図4－2　16世紀のキツネ狩り

伝統的なキツネ狩りとの相違

『オックスフォード英語大辞典』によれば、本来、広く「娯楽・気晴らし・遊び」の意味をもっていた「スポーツ」(sport) という語が、とくに「野生動物、野鳥、魚を捕獲する際に得られる楽しみ」を表すようになるのは一七世紀のことであり、この意味での「スポーツ」の初出例として、『釣魚大全』のカワウソ狩りに言及する用例が挙げられている。恐らく、当初のキツネ狩りには、魚を食い荒らす害獣を退治するカワウソ狩りと同じように、家禽を食い荒らす害獣を退治するという実利的な目的があった。しかし、この野生動物を狩る興奮のなかに、確かに楽しみはあったのである。

ここには、後の「娯楽」や「スポーツ」が向かう二つの方向が潜んでいた。害獣としてのキツネを退治する狩りは、一つには、一六世紀のイングランドで人気を博した熊攻めや牛攻めなどのアニマル・スポーツと同じく、残酷さに伴う興奮をその娯楽の大きな要素としていた。後に動物に対する残虐行為の禁止運動のなかで槍玉に挙げられ、禁止に追い込まれた民衆娯楽に連なる要素はあったのである。

一方で、地上のキツネを馬で追うキツネ狩り（図4－3）は、イギリスにおける他の近代スポーツと同様に、上流階級のスポーツとして発展する。狩猟や弓術などにも実戦の模擬練習あるいはその訓練といった実用的な意味があったが、次第に有閑階級が余暇を過ごす一つの方法となる。一九世紀になると「スポーツ」という語は、「野生動物、野鳥、魚を捕獲する際に得られる楽しみ」という意味から、さらに広義の「野外において身体を使う運動」という今日的な意味を帯びるようになるのである。この「スポーツ」の変化が、キツネ狩りの発展のなかに典型的な形で辿れる。

図4－3　17世紀のキツネ狩り

キツネ狩りがスポーツとして発展するのには、いくつかの要素があった。まず、スポーツとしての狩りの本来の対象であったシカの数が減少したことがある。燃料用や製鉄用あるいは軍艦建造用に木が伐採され森が縮小し、一方で森がどんどん農耕地に変えられ、シカの生息地が奪われたからである。シカの数が減るにつれて、キツネが狩りの対象とされるようになる。また、ノウサギを犬に追わせるスポーツであるコーシングはすでに存在していたが、狡猾で敏捷なキツネを追う方が面白く、また、品種改良によってキツネに負けない速さで走れる猟犬が作り出されたこともあって、キツネ狩りに人気が移ったこともある。

この時代、狩猟の対象である動物に対する残酷さが表立って問題になることはなかったし、ましてや害獣退治という実利的な目的をもっていたキツネ狩りにおいてはなおさらそのような意識は希薄であっただろう。実際、一八世紀の初めにはすでに害獣である野生のキツネを退治するというキツネ狩りの大義名分は意味を失っていた。フォックス・ハンティングのためにキツネの幼獣は保護され、袋に入れられて他所から運び込まれた「袋詰めのキツネ」を追跡することも多くなっていた。やがて、イギリス社会の文明化とともにアニマル・スポーツに対する非難が次第に高まり、ついに一八三五年の動物虐待禁止法によってほとんどのアニマル・スポーツは禁止されることになったが、フォックス・ハンティングは禁止の対象とならず、二一世紀まで存続してきた。野蛮で残酷であるとして抹殺されていった民衆娯楽と違って、フォックス・ハンティングは、近代スポーツとして生まれ変わった多くの民衆娯楽と同様、文明化という衣をまとって生き延びたのである。

大英帝国のスポーツとしての発展

本来動物と大きな関わりをもつスポーツの文明化には二つの方法がある。一つはアニマル・スポーツの禁止のように野蛮なスポーツそのものを排除することであり、もう一つはそのスポーツを文明化することである。多くの近代スポーツが一九世紀のイギリスにおいてその洗礼を受け、野蛮な民衆娯楽から生まれ変わったものであると言えるが、ノルベルト・エリアスは、エリック・ダニングとの共著『スポーツと文明化——興奮の探求』において、その典型的な例としてフォックス・ハンティングを取り上げている。つまり、獲物を殺すという暴力に伴う快楽を抑制し、見る快楽に転換するという文明化の方法によって、フォックス・ハンティングは単なる狩猟から「スポーツ」に発展したとみるのである。確かに、フォックス・ハンティングには、猟犬は最初に発見したキツネの臭跡だけを追うこと、狩猟家は銃をはじめとしていかなる武器も使わないこと、キツネに直接手を下すのは猟犬に委ねられることなどの決まりのほか、参加者の行動や、組織、手順についても細かな規則が設けられている。同時に、それは、猟犬の飼育や訓練を含め、独自の組織と習慣をもつ「見せるスポーツ」としても様式化されたのである。やがて、大がかりに行われるようになるにつれてフォックス・ハンティングは財力を誇示する場となり、ひたすらにキツネを追って疾走することは、紳士にとって、華麗な乗馬姿を見せる場、勇気と逞しさを見せる場となるのである。正確な制作年は不明であるが、ジェイムズ・シーモーの『フル・クライ』（図4-4）は一八世紀中頃のフォックス・ハンティングの様子をうかがわせるものである。

図4-4　シーモー『フル・クライ』

このようなフォックス・ハンティングの在り方について、一八世紀初めから一九世紀半ばまでのイギリスの国家形成の過程を跡づけた著書『イギリス国民の誕生』において、リンダ・コリーは、もう一つの意味を指摘する。フォックス・ハンティングは勝敗を問題にしない、参加することに意義のある、「見せるスポーツ」であると述べ、敏捷な動きを必要とし危険も伴うが、それだけに見世物としては素晴らしく、軍服を真似た衣裳を着て疾走し、男らしさを誇示する場であったこと、帝国形成期のイギリスにふさわしい娯楽であったことを説明する。つまり、即戦力を養成し、害獣を駆除することによって農民の生活を守る、健康的で有用な、きわめて愛国的なスポーツとして行われたと述べる。マスターである地方の有力者にとっては、地域社会における自らの重要性を確認し、それを誇示する場でもあった。ダニエル・プールも、『ジェイン・オースティンが食べたもの、チャールズ・ディケンズが知っていたこと』において、フォックス・ハンティングが男らしくて、愛国的で、戦時に備える最適の訓練であったとともに、紳士の唯一の運動であり、社交の場を提供するものであったこと、それが莫大な費用を要する大行事であったことを指摘している。

スポーツの文明化は、このような形で、文明化の使命を掲げた大英帝国の形成と結びついていたのである。ワーテルローでナポレオンを撃破したとき初代ウェリントン公爵アーサー・ウェルズリーが発したとされる「ワーテルローの戦いは、イートン校の校庭で勝ち取られたものである」という言葉は、フォックス・ハンティングの愛好者の間ではしばしば、「ワーテルローの戦いは、レスターシャーの猟場で勝ち取られたものである」と言い直されたと言われる。ウェリントン公爵は実際に自らのフォックスハウンドを所有するフォックス・ハンティングの愛好家であったし、戦場ではフォックス・ハンティングにおける優秀な馬の乗り手を重用したと伝えられている。イギリスの帝国形成における大きな転機となったワーテルローの戦いの英雄とともに実戦訓練の場としてのフォックス・ハンティングが神話化されたとしても当然である。

「大英帝国の歴史におけるイングランドの覇権はスポーツによるものである」というハロー校の校長J・E・C・ウェルダンの言葉は、文明化の使命を掲げた大英帝国の歴史のなかで、文明化することによってスポーツを新たな教育の道具としたパブリック・スクールの成果を誇示するものであるが、フォックス・ハンティングの様式化も、一九世紀のパブリック・スクールにおけるスポーツの文明化と連動している。フットボールをはじめとして、それまでは粗暴で野蛮であった民衆娯楽の多くが、一定のルールが持ち込まれることによって、近代スポーツとして生まれ変わったとされる。つまり、自己抑制と規則の遵守、フェア・プレイの精神がスポーツによって育成され、それが帝国発展の精神ともなったという主張が容認されたのである。フォックス・ハンティングも、他のスポーツと同じように、害獣を退治するという大義のもとで、さまざまな規則と抑制による文明化の衣をまとったため、キツネに与える苦痛という残酷さが大きな問題にはならなかったのである。

狩猟が上流階級の特権として古くから認められてきたこともフォックス・ハンティングに大きな反対が起こらなかった一つの理由であろうが、当時のイギリス社会では文明化の使命という大英帝国の論理が先行していたとも考えられる。このことに関して、イツコウィッツは『固有の特権』の冒頭で「フォックス・ハンティングほどイングランド的で貴族的なものはほとんどないと思われる」と述べるとともに、「それは常にスポーツ、とくに貴族やジェントリー階層のスポーツであり続けたが、矛盾しているが、イギリス国民のスポーツとして、単なるスポーツとしての役割から大きく外れた意味をもつ」と述べ、フォックス・ハンティングのイングリッシュネスを指摘している。

フォックス・ハンティングが制度として存在していた事実は、そこに内包されている支配・被支配の論理が容認されていたことにほかならない。一九世紀の初めの動物に対する残虐行為の禁止運動の成果である一連の動物虐待禁止法や王立動物虐待防止協会の運動によって、民衆の娯楽であったアニマル・スポーツはことごとく禁止されたにもかかわらず、フォックス・ハンティングは残されるというダブル・スタンダードが許容されたのは、当時の動物虐待防止運動は動物の福祉よりもむしろ支配階級による民衆の文明化に主眼をおいたものであったことを示している。その後露呈するように、王立動物虐待防止協会の活動は、つまるところ、民衆に慈悲の心を教える啓蒙運動であり、支配・被支配の構造を残した、矛盾に満ちたものであったのである。このようにスポーツの文明化を典型的に表すフォックス・ハンティングは、大英帝国の文明化の使命においても重要な役割を果たしたのである。フォックス・ハンティングが表象するイングリッシュネスがブリティッシュネスと同義であることは、大英帝国のあちこち、すなわち世界中に作られたイングランドにこのスポーツが持ち込まれたことからも理解できる。それは、このスポーツに象徴的に表れるイングランド式の制度・システムを世界中のあらゆる場所に持ち込むことにほかならなかった。

アメリカへのフォックス・ハンティングの移入は、後にこの地の大地主となり、首長となったロバート・ブルックが一六五〇年に妻と一〇人の子供、二八人の使用人とともに、一群の猟犬を連れてメリーランドに移住したことに始まる。この犬たちがアメリカのフォックスハウンドの有力な血統を形成したと言われる。同じ頃、ヨーロッパ産のキツネが北アメリカに移入された。一七四七年に、母からヴァージニアにあった家屋敷を引き継いだ第六代キャメロン・フェアファックス男爵、トマス・フェアファックスが一群の人と猟犬によるイギリス式のフォックス・ハンティングをこの地で始めたのである。トマスの従兄弟の孫に当たるのがアメリカ合衆国初代大統領ジョージ・ワシントンで、若い頃フェアファックス卿のフォックス・ハンティングに参加し、一七九七年には自分自身のフォックスハウンドをかかえていた。第三代大統領トマス・ジェファソンもまた一群のフォックスハウンドを自ら所有し、フォックス・ハンティングを楽しんだと言われる。植民地時代のアメリカ、そして独立後のアメリカにおいてフォックス・ハンティングはイギリスとほぼ同じような形で有力者のスポーツとして発展したのである。

オーストラリアでは入植が始まった当初、狩猟愛好家たちはカンガルーやエミューを狩りの対象としていたが、一八五五年にキツネ、一八五七年にはシカが移入された。同じくヨーロッパから移入されたアナウサギ同様キツネは瞬く間に繁殖し、ヴィクトリア政府が報奨金を出して駆除に乗り出すほどであった。そこで、一八五〇年代にイギリス式のフォックス・ハンティングが始まり、一八七二年に開催されたメルボルン猟友会のシーズン最初のミートには二〇〇人の騎馬の追っ手が勢揃いし、馬車や馬に乗った婦人が見物に訪れたそうだが、マスターは統率力に欠け、ハンツマンは不慣れでぎこちなく、イギリスのフォックス・ハンティングの形だけの真似事で終わったと伝えられている。しかし、首尾のいかんにかかわらず、この行事が有力者たちによって自らの権勢を誇る「見せるスポーツ」として意図されたものであることは明らかである。増殖して害獣となったアナウサギやキツネ、もともとはヨーロッパから持ち込まれ、野生化していたディンゴ、そしてカンガルーやワラビなどを対象として、害獣退治を大義名分にした、有力者の示威活動としてのフォックス・ハンティングが行われたのである。

図4-5　インドへ移送される船上のフォックスハウンド

インドに駐在したイギリス人は獲物の豊富な現地の狩猟を楽しんだが、キツネ狩りに関しては、在来種のキツネには臭跡を残すほどの臭いがないため、目視型のグレイハウンドを使った狩りを行っていた。しかし、一八六〇年代から、イギリス式のフォックス・ハンティングが、有力な商人や政府の高官、あるいはイギリス軍の各連隊の所有する猟犬を用いて、ジャッカルを追跡の対象として行われた。馬に関しては、現地の気候にもすんなり適応し、その移入は比較的容易であったが、猟犬の移入は困難を極めた。暑さのためにイギリスから輸送された犬の半数が死に、毎年たくさんのフォックスハウンドが新たに移入されねばならなかったという（図4－5）。

フォックスハウンドの誕生

さて、フォックス・ハンティングの主役とも言うべきフォックスハウンドであるが、一三世紀にはすでに行われていたと考えられるキツネ狩り、すなわち巣穴のなかにいるキツネを捕らえる猟においては、特定の犬種の猟犬が使われたわけではなかった。キツネ狩りの目的が害獣であるキツネを退治することに変わりはなかったが、猟犬を使ってキツネを狩る猟が一五三四年にノーフォークで行われた記録があり、恐らくこの頃からこの猟に相応しい猟犬の改良が始まったと考えられる。きわめて漠然としているが、足の速いグレイハウンド、鼻が利き、狩りのうまいフォックス・テリア、そして勇猛で頑強なブルドッグなどの交配を巧妙に繰り返して作り出された猟犬がフォックスハウンドの原型になったと考えられている。

しかし、一七世紀に入って、チャールズ二世の治世の頃に狩りの対象が次第にシカからキツネに代わるにつれて、キツネを追う猟犬としてフォックスハウンドという犬種が確立されてくる。それは、シカ狩り用の犬種でオールド・サザーン・ハウンドと呼ばれていた、足は遅いが、大型で、鼻の利く犬種と、ノーザン・ゲイズハウンドと呼ばれていた、目視型の狩りを得意とする足の速い、グレイハウンドの系列に属する犬種との交配から始まったと考えられている。

一八世紀に入ると、現在フォックスハウンドと呼ばれている犬種が登場する。野外スポーツに興じ、さまざまな犬種の猟犬とともに六組すなわち一二頭のグレイハウンドを所有していたジェントルマンであったウィリアム・サマーヴィルは一七三五年に発行した「狩猟」という詩においてフォックス・ハンティングを取り上げ、「類い希なる嗅覚と俊足の完璧な猟犬」としてフォックスハウンドに言及している。また、『オックスフォード英語大辞典』が挙げる「フォックスハウンド」(foxhound) の初出例は、一七六三年に書かれたウィリアム・シェンストーンの若者に狩猟や鷹狩りなどに富を浪費することを戒める教訓詩のなかに現れるものである。

しかし、一八世紀の後半になると、キツネ狩りの形が変化し始める。いわゆる第二次エンクロージャーによって視野の開けた広大な耕作地が増加し、大勢の犬や人、馬による追跡を可能にし、「見せるスポーツ」としてのフォックス・ハンティングの可能性を開いたのである。家畜の進入を防ぐためや隣地との境界を明確にするためにこれらの土地に設けられた柵や溝、生け垣は、障害物レースにおけるように、馬と鞍上の人の勇気と技を試すものであると同時に見物人に対する見せ場となった。やがて、フォックス・ハンティングは、今日も行われているような形に様式化されてゆくのであるが、そこで果たしたフォックスハウンドの役割は大きい。

ときには何時間にもわたって延々と繰り広げられるフォックス・ハンティングには、スピードとスタミナをもつフォックスハウンドを必要とした。馬は途中で乗り換えられることはあったが、犬たちは馬の先を走ってキツネを追い続けなければならなかった。また、巧みに身を隠すキツネの臭跡を辿る優れた嗅覚も必要とした。さらに、普通一五組から二〇組、すなわち三〇頭から四〇頭で構成される犬たちは各々の役割をわきまえて、統率された行動をとることを求められた。

このようなフォックスハウンドが必要であることにいち早く気づいていたのが、メイネルである。イングランド北部と南部で使われていたフォックスハウンドを交配し、走り続けるスタミナのある嗅覚の優れたフォックスハウンドを作出していたが、新しい形のフォックス・ハンティングには、足の速さが何よりも大事であると彼は考えた。やがて、メイネルが作出に成功した、猛スピードでキツネの臭跡を追うフォックスハウンドの後を、馬に乗ったハントが障害物を乗り越えて必死で追いかける形のフォックス・ハンティングが主流となっていった。西部地方で名を馳せたジェイムズ・ジョン・ファーカソンや『ハンティング雑感』の著者で、ドーセットシャーやウィルトシャーをホームグラウンドとしたピーター・ベックフォードも、メイネルと同じく、追跡の主体性をフォックスハウンドに任せる方法をとった。狡猾で足の速いキツネの臭跡をとらえて離さず、キツネの逃げるスピードに負けない足の速さをもつフォックスハウンドの作出がその後も続けられた。ちなみに、『フォックスハウンド血統台帳』は一八六五年に創刊された。

このように、フォックス・ハンティングは、大体において、よりスピード感のあるものへと変化していった。たとえば、レスターシャーで活動したウィリアム・チャイルドは、ときには犬よりも先に疾走し、障害物を果敢に飛び越えることで「空飛ぶチャイルド」の異名をとった。しかし、一九世紀の初め頃には、フォックス・ハンティングは、まだ、さまざまな形で行われていた。その主催者であるマスターも当初はその土地の所有者である貴族やジェントリー階層の者であり、参加者はその知己であることが多かった。ところが、産業革命の進展により経済システムが変化するにつれて、莫大な費用のかかるこのスポーツは産業資本家によって行われることも多くなり、さまざまな階層の人が参加するようになった。説教中の僧服の下に狩り用のズボンとブーツがのぞいていることが多かったといわれる、ジャック・ラッセル・テリアの作出者としてその名をとどめているジョン・ラッセルをはじめとする聖職者や、昼はフォックス・ハンティング、夜は酒盛りと賭け事に明け暮れたジョージ・オズバルデストンのような有産階級、さらには産業革命で新たな富裕層となった中産階級などがその担い手になった。

このような変化に応じて、それまで貴族によって所有されていた猟場が細分されたり、フォックス・ハンティングの方法がどんどん恣意的になるなどの問題が生じ、一八八一年にマスター・オヴ・フォックスハウンド協会が設立される。発起人の一人である第八代ボーフォート公爵ヘンリー・サマセットを中心にフォックス・ハンティングのルール作りが行われ、マスター間の協力体制が推進されることになる。

一九世紀中頃からの運河網、それに続く鉄道網の発達は、当初は猟場を寸断するためフォックス・ハンティングには不利なものになると考えられたが、都市部から地方にある猟場への移動を容易にし、フォックス・ハンティングへの参加者を増加させた。「見せるスポーツ」としてのフォックス・ハンティングの発展に不可欠な見物人の大量輸送を可能にしたのである。

三　フォックス・ハンティング反対運動の歴史

フォックス・ハンティング愛好家であった動物愛護運動家

リーは一八九三年発行の『イギリスとアイルランドの近代犬の歴史と記述（猟犬篇）』において、フォックスハウンドがあらゆる点で完璧な犬であると称揚するとともに、フォックス・ハンティングによって培われるさまざまな資質が類い希な商人、軍人を作り上げるだけでなく、フォックス・ハンティングの活動は人を健康にすると述べる。そして、ナポレオンの揶揄の言葉を踏まえて、「われわれは小商人の国民であると言われてきたが、むしろフォックス・ハンターの国民である」と述べ、フォックス・ハンティングは「イギリス全土に二〇〇パックを擁する国民的スポーツである」と言ってのける。しかし、同時にリーは、「それでもなお、このスポーツをわが国の不名誉だと非難するいわゆる人道主義者がいる」と言って首をかしげる。

恐らく、リーは、一八九一年にソルトが中心になって結成された博愛者同盟の活動のことを言っているのであろう。動物にいかなる苦痛を与えることにも反対し、狩猟禁止法の成立をその目的の一つとしたこの団体の設立メンバーにはジョン・ゴールズワージーが加わっていたし、トマス・ハーディやジョージ・バーナード・ショーなど多くの知識人が支持を表明していた。オスカー・ワイルドがフォックス・ハンティングについて語った「食べられないものを必死で追いかける口にするのも恥ずかしいもの」という言葉は彼らのフォックス・ハンティングに対する見解を如実に示すものであった。しかし、一八九〇年代においても世の中の大勢は狩猟には寛大で、博愛者同盟の活動はむしろ特異なものとして冷ややかに無視されるか、揶揄の対象になることの方が多かった。リーの言葉はこの時代の風潮をおおむね反映していると言える。

確かに、一九世紀の初めに起こった動物愛護意識の高まりは画期的なものであった。しかし、畜獣虐待禁止法の制定に尽力し、動物虐待防止協会の設立を牽引したマーティンは、「慈悲の権化ディック」と呼ばれたが、実は、フォックス・ハンティングの愛好者で、郷里のコニマーラには二〇〇〇エーカーに及ぶ広大な猟場を所有していた。また、博愛主義者で奴隷廃止協会の副会長であったトマス・ファウエル・バクストンは、動物虐待防止協会の有力な後援者であったが、賭けのために一週間に五〇〇羽の猟鳥を撃ち殺したと伝えられている。当時の動物愛護の対象は家畜にあり、狩猟を残酷だとする意識は一般にはなかったのである。その意味では、リーの言葉から考えて、動物愛護の意識には大きな進展はなかったとも言える。王立動物虐待防止協会は、まるで大きな目的は果たしたかのように、発足当時の過激とも言える積極的な活動を失い、穏健な慈善団体の様相を強めていた。しかし、内部には、動物に対する残虐行為そのものに向かうよりも、民衆に慈悲の心を教えることに熱心な協会の活動に不満をもつ人々もいた。主としてフェビアン協会に属する人たちであり、博愛者同盟の中心メンバーであった。博愛者同盟は、フォックス・ハンティングを含む狩猟の禁止法案を成立させることをその目的の一つに掲げて活発に活動し、一時期広く民衆の支持を得ていた。しかし、第一次世界大戦が始まるとともにその平和主義は次第に人々の共感を失って下火になり、一九二〇年に活動を停止することになる。フォックス・ハンティングの禁止と動物愛護運動は簡単には結びつかなかったのである。

フォックス・ハンティングを困難にする社会変化

フォックス・ハンティング反対運動は、このような倫理的な側面のみを問題にしていたわけではなかった。猟場である耕作地や牧草地を生活の場としている農民との利害の対立は当然ながら存在し、農民の生活を守ることも運動のスローガンに掲げられた。しかし、もともと家畜や家禽を襲う害獣であるキツネを駆除するという大義名分があり、マスターが猟場となる土地の所有者である貴族や大地主でない場合でも、フォックス・ハンティングのために他人の土地に入ることは不法侵入とはならなかった。しかし、一九世紀に入った頃から、マスターに対する不法侵入の訴えがあちこちで頻繁に起こるようになる。それは、土地に基づいたイギリス社会が産業革命の結果、資本に基づいた経済社会に変化しつつあったことを物語るものであった。農村社会における地主の経済力と権威を示す場であったフォックス・ハンティングが、その必然性を失いつつあったのである。

一八四一年に創刊された、新興中産階級を主な読者とする絵入りの風刺週刊誌の『パンチ』には、釣りや銃猟、ゴルフなどとともにフォックス・ハンティングが盛んに取り上げられている。それは、この時期にこの階層の人たちの間に起こった愛玩犬飼育の流行と同じように、上流階級の余暇を取り入れようとする彼らの上昇志向を表すものであった。しかし、同時にそのような志向が揶揄され、その俗物性が辛辣に風刺される場合もあった。たとえば、このようなスポーツを楽しむミスター・ブリッグズという人物が登場する風刺画のシリーズがあるが、一八五〇年発行の第一八号に掲載されたある風刺画（図4-6）には、フォックス・ハンティングの栄光の象徴である殺したキツネの尻尾を袖の下を使って手に入れようとするブリッグズが描かれている。一方で、同じく一八号に掲載されたもう一枚の図版（図4-7）では、垣越えをしようとするブリッグズの前にジョン・ブルと覚しき人物がフォックス・ハンティングに反対する農民の味方として立ちはだかっている。ジョン・ブルはここでは世論の代弁者として描かれているのである。

フォックス・ハンティングは地方の共同体における調和を確認する行事として、さらには大英帝国を表象するスポーツとして長らく是認されてきたが、内部には常に領主である貴族や地主であるマスターと猟場となる土地で生計を立てている農民との軋轢が存在していた。一八七九年の大不況がそこに内在する軋みを明るみに出した。地主と小作人との間の利害関係における寛容な譲歩に見切りがつけられ、この行事の大きな意義であった共同体の調和は大きく崩れだすのである。多くの小作農民が小作料が高すぎると主張し、大挙して農業者連盟に参加する。やがて、フォックス・ハンティングの猟場として自分の土地が使われることに異を唱える農民も現れるが、結果的にはこのときの危機は乗り越えられる。つまり、農業者連盟はまもなく崩壊し、皮肉にも、イギリス農村社会に連綿として続いてきた伝統的な絆を温存することに寄与することになるのである。この組織が、逆説的ではあるが、農民たちが地主制度を根本から覆すような過激な行動に出ることを抑制したからである。農民たち自身が、雇用している

MR. BRIGGS HAS ANOTHER GLORIOUS DAY WITH THE HOUNDS, AND GETS THE BRUSH (FOR WHICH HE PAYS HALF-A-SOVEREIGN—ONLY DON'T TELL ANYBODY).

図4-6 「ミスター・ブリッグズのフォックス・ハンティング——栄光の舞台裏」

MR. BRIGGS HAS ANOTHER DAY WITH THE HOUNDS.
MR. BRIGGS CAN'T BEAR FLYING LEAPS, SO HE MAKES FOR A GAP—WHICH IS IMMEDIATELY FILLED BY A FRANTIC PROTECTIONIST, WHO IS VOWING THAT HE WILL PITCHFORK MR. B. IF HE COMES "GALLOPERRAVERING" OVER HIS FENCES—DANGED IF HE DOANT!

図4-7 「ミスター・ブリッグズのフォックス・ハンティング——垣越えを阻まれる」

農業労働者の突き上げに苦慮していたことも背景にあった。

しかし、時代の変化はさまざまな形でフォックス・ハンティングの実行を困難なものにしていた。アメリカから移入された境界に鉄線を張る方法が、安価で長持ちするためたちまち普及し、馬での柵越えを危険なものにした。支柱に鉄線が張られているだけの場合はまだしも識別が可能であったが、生け垣を補強するために使用された場合には、人にも馬にも識別は難しく非常に危険であった。有刺鉄線が使われている場合は危険きわまりなかった。農民たちもフォックス・ハンティングに参加する伝統的な農村社会が生きている地域では、フォックス・ハンティングのシーズンが来ると、農民たちによって鉄線は取り払われたが、そのような田園社会は、イギリス経済の担い手が変化するとともに、次第に消えつつあった。

野外スポーツに対する嗜好の変化

野外スポーツに対する嗜好にも変化が起こっていた。銃の改良が進んだことによって、大がかりで莫大な費用がかかるフォックス・ハンティングに代わって、手軽でダンディなスポーツとして上流階級、中産階級の間で銃猟の人気が高まった。エンクロージャーによって増加した耕作地と生け垣が、銃猟にも最適な環境を作り出していた。銃猟の愛好者にはフォックス・ハンティングの愛好者も多かったが、銃猟を重視する地主たちは、猟鳥の育種・繁殖をはかるために雇ったゲーム・キーパーが、猟鳥を襲うキツネを罠や毒薬あるいは銃で殺すのを黙認していた。フォックス・ハンティングの立場からすると、害獣であるキツネを駆除するという段階はすでに過ぎ、フォックス・ハンティングのためのキツネを確保するのが困難な状況になっていたのに、である。害獣駆除という大義を温存し、このスポーツを維持するために、ドイツなどの外国からキツネを移入する地域もあったほどである。

農民の感情からすれば、銃猟も歓迎できる野外スポーツではなかった。キツネがそうであったように、猟鳥は作物を食い荒らす害鳥であった。しかし、狩猟権は土地の所有とは無関係であり、多くの場合、農民にとって手をこまねいているしかない問題であった。当時、密猟が頻繁に起こり社会問題になっていたが、それは、厳しい窮乏生活をしのぐために行われただけではなく、一部の特権階級が狩猟の権利を専有している現実に対するフラストレーションの表れでもあった。フォックス・ハンティングや銃猟を含む野外スポーツを共同体の行事として継続させることが困難な社会意識が生まれつつあったのである。イギリス社会の伝統的行事としてフォックス・ハンティングは、第一次世界大戦が終わる頃までは表面的には盛大に行われたが、大英帝国の衰退と軌を一にするかのように、その勢いを失ってゆく。もはや、狩猟を残酷なスポーツの埒外におくことは困難になってきていたのである。

大戦後の一九二四年に、狩猟に関して明確な態度を示さないことを不満とする王立動物虐待防止協会のメンバーによって残酷スポーツ禁止同盟が結成される。やがて、これは、残酷スポーツ反対同盟と改称され、狩猟禁止を明確に打ち出した運動を展開する。一九二九年と一九三〇年に、残酷スポーツ反対同盟はシカ狩り廃止法案の下院提出の後押しをする。

この時点でこの法案が成立する可能性はほとんどなかったが、狩猟家たちに自分たちのスポーツを取り巻く状況を認識させ、自分たちのスポーツを守るために全国組織を立ち上げる必要を感じさせることになる。当時、禁止すべき狩猟として槍玉に挙げられていたのはシカ狩りであったため、このスポーツの愛好家たちは、一九三〇年一二月、かつてデヴォンシャーおよびサマセットシャーのシカ狩りのマスターであった保守党の国会議員で、一九二二年から二四年まで農業相を務めた初代ベイフォード男爵ロバート・サーンダーズを会長に推し立て、イギリス野外スポーツ協会を結成する。この協会はシカ狩りだけではなく、広く野外スポーツの擁護をうたったが、それは、残酷スポーツ反対同盟の次の標的はフォックス・ハンティングであり、矛先がやがて銃猟や釣りにも及ぶであろうことを訴え、広く共闘を求める狙いがあったからである。

しかし、一九三〇年代に、狩猟をはじめとする野外スポーツの賛否が大きな社会問題となることはなかった。イギリス野外スポーツ協会の主な活動は、野外スポーツを批判する新聞やラジオの記事に反論することであり、独自のキャンペーンを張ることはなかった。しかし、この時期に、着実に会員数を伸ばし、全国組織を築き上げたことが後に大きな力となった。一九三一年に三四五〇人であった会員数は、一九三二年には八五四九人、一九三八年にはおよそ一万人に達した。第二次世界大戦が始まると、イギリス野外スポーツ協会の活動も休止状態になるが、一九四〇年に残酷スポーツ反対同盟の幹事が、戦時に狩猟にうつつを抜かすことを非愛国的だとし、このスポーツを援助している戦時農業委員会を攻撃した。

そもそも民衆の娯楽であったアニマル・スポーツが全面禁止されたとき、上流階級のスポーツであったフォックス・ハンティングは禁止されなかったことにも、イギリス特有の階級社会の反映があったが、この残酷スポーツ反対同盟の幹事の発言は、それまでも貴族のスポーツである狩猟に批判的であった労働党を刺激した。労働党が戦後の総選挙で政権をとったとき、狩猟に対する賛否が政治的な問題として意識される予兆はここにあったと言える。

四　フォックス・ハンティング禁止法案提出の経緯

政治の争点となった禁止法案

実際、戦後労働党が政権を握ると、狩猟家たちが危機感を感じたのか、一九四六年には五〇〇〇人に減少していたイギリス野外スポーツ協会の会員数は、一九四八年には一万八〇〇〇人に跳ね上がり、一九四九年に戦後最初の反狩猟法案が提出されたときには、一二万人に達した。一方、残酷スポーツ反対同盟のなかに先鋭的な全英残酷スポーツ廃止協会が組織されたが、イギリス人の根強い田園嗜好もあって、この時期にはイギリス野外スポーツ協会の方が圧倒的に優勢であった。イギリス野外スポーツ協会の首脳部は退役軍人で占められており、鉄壁の統制が守られていたし、支配者層としての社会的影響力を残していた。

一九四九年に、全英残酷スポーツ廃止協会によって草案が練られた、シカ狩りとコーシングを禁止する法案が労働党の国会議員のシーモー・コックスによって提出されると、イギリス野外スポーツ協会は広く世の中に狩猟の伝統の維持を訴えるキャンペーンを張った。その主張を盛り込んだ「カントリーマンとスポーツマンの誓約書」には一二〇万人の署名が集まり、法案を委員会に回す前にその大筋を検討する第二読会が始まると、狩猟家たちが大挙して馬でロンドンに乗り込み、狩猟ラッパを吹き鳴らしながらウェスト・エンドまで示威行進を行った。

コックスは、遠い祖先から引き継がれてきた残酷さを捨てきれないでいるイギリス人を文明化する道具だとしてこの法案を提出した。しかし、一方で、労働党政府の農業相トム・ウィリアムズは、農夫たちはフォックス・ハンティングによってキツネの数が管理されるのは望んでいるが、罠や銃でキツネを駆除することには反対していると述べ、このスポーツは農業社会に深く根付いており、農夫や牧夫にとっては唯一の冬のリクリエーションであると陳述した。また、バネ仕掛けや輪なわによる罠は言うまでもなく熟練者の銃による場合でもキツネに与える苦痛は大きく、いずれもフォックスハウンドによって即座に殺されるよりずっと苦しみを長引かせるものであるとも付け加えた。そして、コックスの提出した法案は残酷さを根拠に人道主義的な側面を強調しすぎていると述べて、政権を任された責任政党としては、他者の楽しみを禁止するのに熱心な政党として歴史に名を残したくはないと結論づけた。

結局、コックスの法案は、二一四対一〇一の票差で退けられた。フォックス・ハンティングの廃止を主張する労働党の党是からすれば、ウィリアムズの見解は異例なものであったが、このとき労働党政府によって設立された狩猟に関する調査検討委員会の結論も、「フォックス・ハンティングはキツネの管理にたいへん重要な貢献をしている。その数を抑制するためのいかなる方法より残酷さの度合いは少ない。したがって、フォックス・ハンティングは存続を許されるべきである」というものであった。ただし、委員会は、キツネを穴からむりやりに引き出すこと、巣穴をふさいでキツネの逃げ場を奪うことを禁じる規則を作ることを提案した。委員会は、カワウソ狩りに関しては、条件をいくつか付けて許可したが、河川の汚染をはじめとする生息環境の悪化でカワウソの数が急激に減少し、一九七八年に保護動物に指定されるはるか以前に、自発的にこの狩りは行われなくなった。

一九五一年から一九六四年まで保守党政権が続いた後、一九六四年に労働党が政権を奪うと、残酷スポーツ反対同盟はすかさずコーシングの禁止法案を提出した。一九六六年から一九七五年の間に一三回の提案が行われ、一九七六年には特別委員会で審議されたが、結局廃案になった。一九六四年から一九八一年までイギリス野外スポーツ協会の会長を務め、熱心な狩猟家であった保守党の国会議員マーカス・キンブルの豊富な議会経験と老練な手練手管によるところが大きかったと言われる。しかし、一方で、これはイギリス野外スポーツ協会の油断を生み出し、一九五〇年には三万六〇〇〇人であった会員数が一九七五年には二万五〇〇〇人にまで減少した。また、貴族や軍人との強い結びつきは過去においては有効であったかもしれないが、次第に保守的な上流階級の者の組織としてイギリス野外スポーツ協会のイメージを固定し、広く世の中の理解を求めることを難しくした。

一九七九年から一九九七年まで続いたマーガレット・サッチャーとジョン・メイジャーの保守党政府が、狩猟禁止の法案を通すことはまず考えられなかったが、動物の権利を主張するロビー活動は相変わらず盛んであったし、狩猟禁止のプロパガンダが訴訟の形をとって行われることも多くなった。そのため、イギリス野外スポーツ協会の方でも、単にメディアを通じて反論や主張を繰り返すだけでなく、より専門的な対応をするようになった。また、この保守党政権の間にも、成果は出なかったものの次々と反狩猟法案は提出された。一九九二年には、労働党の国会議員で残酷スポーツ反対同盟の副会長であったケヴィン・マクナマラが猟犬を用いる狩猟を禁止する野生動物保護法案を提出したが、第二読会で否決され、一九九三年には、労働党の国会議員で動物の権利を主張するトニー・バンクスがフォックス・ハンティング廃止法案を提出したが、これも否決された。さらに、一九九五年には、労働党の国会議員ジョン・マクフォールが猟犬を用いた狩猟を禁止する法案の提出を試みたが不首尾に終わった。同年にマクナマラが提案していた野生動物保護法案が下院で大幅な修正を加えられて第二読会を通過したが、上院で否決されて廃案になった。

しかし、一九九七年にトニー・ブレアの労働党政権が誕生すると、フォックス・ハンティング禁止法案を取り巻く情勢に明らかな変化が現れた。労働党は、選挙に先立って「猟犬を用いる狩猟が禁止されるべきか否かについて議会での自由投票を含め、動物の福祉を推進するための新しい手段を提唱してきたわれわれは、野生動物に対するより大きな保護を確約する」というマニフェストを掲げた。公約どおり、労働党の国会議員マイケル・フォスターが猟犬を用いた狩猟を禁止する法案を提出し、四一一対一五一の票差で下院を通過した。しかし、カントリーサイド・アライアンスが「カントリーサイド・マーチ」と称するデモ行進を開催し二五万人の狩猟賛成者がロンドンに集結したため、法案の審議が差し止められ一九九八年三月に時間切れで廃案になった。

一九九九年、七月にブレア首相が突然会期中にフォックス・ハンティング禁止法案を通すことを表明したが、反狩猟団体から新たに一〇万ドルの献金があったためであるとして、狩猟支持団体から厳しい政府批判の声があがり暗礁に乗り上げた。二〇〇〇年、スコットランドでフォックス・ハンティング禁止法案の成立に向けた動きが活発になると、危機感を募らせたカントリーサイド・アライアンスは狩猟継続を訴える六〇万人規模のデモを打つことを発表した。

二〇〇一年、一月に狩猟禁止法案が三九九対一五五で下院を通過したが、三月に上院において三一七対六八の票差で否決された。この間、二月に口蹄疫が発生し狩猟は全面禁止になったため、カントリーサイド・アライアンスはデモを中止した。しかし、口蹄疫が収束し、一二月に狩猟は解禁された。

二〇〇二年、三月に全面禁止案、現状案、許可制案が提案され、下院は全面禁止を支持、上院は許可制を支持した。一二月に、農村問題担当相のアリン・マイケルが、早期決着をはかるためだとして、フォックス・ハンティングは厳格な許可制に、コーシングを含むノウサギ狩りとシカ狩りは全面禁止とする、修正の含みを残した腹案を提示した。この提案によって、あくまでも全面禁止を求める議員との間で新たに論争が起こった。

二〇〇三年、六月、動物の権利を強く主張して一九九三年にフォックス・ハンティング廃止法案を提出したバンクスから全面禁止を求める修正案が提出され、三六二対一五四の票差で支持された。七月、全面禁止法案が三一七対一四五の票差で第三読会を通過した。一〇月、上院において、下院を通過した全面禁止法案に対して狩猟賛成派の議員から許可制案が提出され、これに反対する狩猟禁止派の議員からは全面禁止案での審議が主張された。しかし、結局時間切れで不成立に終わった。

二〇〇四年、九月一六日、本章の冒頭で見たような混乱があったが、三三九対一五五の票差で下院を通過したフォックス・ハンティングの禁止を盛り込んだ狩猟禁止法案は、上院との折衝の後、一一月一八日、下院議長マイケル・マーティンの決断によって議会法として法律化され、二〇〇五年二月一八日から効力をもつことになった。

イギリス社会の対立構造

狩猟禁止法の成立に至るまでのこの経過からも分かるように、この法案の成立に努力したのは主として労働党の国会議員であり、これが大きく進展するのは、禁止法案を成立させることをマニフェストとしたブレアの労働党政権が発足してからである。ブレアあるいは労働党の狩猟禁止法案を後押ししたのは、動物愛護運動や環境運動に対する意識の強い都市の住民であり、一方、この法案の成立に歯止めをかけたのは、このスポーツの愛好家も多い、どちらかと言えば保守的な上院議員であり、古き良きイギリスの伝統を重んじ、田園生活に強い憧憬をもつ人々であった。

狩猟禁止法に反対する勢力の中心にあるのは、このスポーツを楽しむ貴族や地主などの裕福な人々であるが、犬や馬の世話をする労働者など、この大がかりな伝統スポーツを支えることによって生活の資を得ている農村部の労働者も同調している。フォックス・ハンティングの伝統を残そうと、この禁止法に反対する人々は、このスポーツが依然として「害獣であるキツネを駆除し、農民や養鶏業者の生活を守っていること」や「禁止法はフォックス・ハンティングによって生活をしている労働者の生活を脅かすものであること」を訴えた。また、「フォックス・ハンティングにおけるキツネに与える苦痛は他の方法よりも残酷ではない」と主張し、「フォックス・ハンティングの禁止はイギリスの文化と伝統をないがしろにするものである」と訴えた。

法案が議会を通った後も、両者の運動とマスコミを通じての舌戦は続き、施行直前の二〇〇五年二月一六日、『タイムズ』は、フォックス・ハンティングの愛好者で、その擁護者であるチャールズ皇太子がメイネル・アンド・サウス・スタッフォードシャー狩猟場で開催されたフォックス・ハンティングに七〇人のメンバーとともに参加したとき、そのメンバーの一人が「皇太子のフォックス・ハンティング擁護の言葉はまさしく百人力だ。偏見に満ちた悪意のある復讐と言ってよい、この我慢のならない法律はそのうち撤回されるはずだ」と言って意気軒昂である様子を伝えた。しかし、一方で、施行後最初の週末である一九日の土曜日には、禁止法が遵守されているかどうか監視するために、三五万人ものフォックス・ハンティングに反対する人々が動員されたことも伝えた。

また、二〇〇五年一二月二六日のBBC放送は、禁止法成立後の最初のボクシング・デイであるこの日、マスコミにあおられるかのように、二五〇件ものフォックス・ハンティングが行われたことを伝えた。クリスマスの翌日の休日であるボクシング・デイには各地で大規模にフォックス・ハンティングが行われる慣習があるが、この日の件数は記録的なものであった。

これを踏まえて、フォックス・ハンティング擁護の団体であるカントリーサイド・アライアンスのサイモン・ハート代表は「禁止法案は効力を発していない」と胸をそらせた。しかし、従来のフォックス・ハンティングからすると、この日のフォックス・ハンティングは陳腐なものであったはずだ。二月に施行された狩猟禁止法によって「犬を使って野生の哺乳動物を狩ること」ができなくなったため、多くの猟場で生きたキツネを追う代わりに、あらかじめ準備した人工の臭いを犬たちに追わせて、その後を馬で追うことを余儀なくされたからである。このことに関して、もっとも歴史が古く、現在では比較的穏やかな動物愛護団体である王立動物虐待防止協会は、この日行われた多くのフォックス・ハンティングは人工の臭いを使用する、臭跡追跡の形にうまく移行したと楽観的な見解を示した。しかし、より鮮烈な動物愛護団体である国際動物福祉基金は法律違反の疑いのあるフォックス・ハンティングが行われたことを明らかにした。広い野原で繰り広げられるこのスポーツが法律の範囲内で行われたかどうかを確かめるのは事実上不可能に近かった。カントリーサイド・アライアンスのサイモン代表の意味深長な言葉は、「生きたキツネを追わなくてもこのスポーツの精神は維持可能である」という意味にとれるが、「生きたキツネが相変わらず使われている」ことを暗示しているともとれる。

残酷スポーツ反対同盟は見物人の数が膨れ上がったのは残虐行為を監視するために多くの人が集まったからだと発表したが、フォックス・ハンティングは自分の所有地あるいは許可を得た土地で行われるため、反対同盟の者がその土地に入ることは不可能であった。違法の恐れのある場合にはその土地に入ることを許されている警官でさえ、野原を縦横に走り、垣根を越え、川を越えるスポーツマンたちの行動のすべてを掌握できなかった。また、この法律には、抜け道となり得る多くの免除事項も含まれていた。

フォックス・ハンティングをめぐる論争は、狩猟の是非をめぐるだけにとどまらず、イギリスの社会・文化・政治に深くかかわる問題として、イギリス社会を二分するような形でエスカレートしている。しかし、その論争の中心にいるのは、率直に言って、フォックス・ハンティングが存続するか否かによって、その生活に切実な影響を受ける人たちではない。

影響を受けるのは、これによって生計を立てている人たちである。禁止法の施行によって、フォックス・ハンティングに使用される猟犬や馬の世話に従事している六〇〇〇人から八〇〇〇人の人が職を失い、その仕事に影響を受ける人が一万五〇〇〇人から一万六〇〇〇人になると見積もられている。また、残酷さという側面から言えば、約二万五〇〇〇頭のフォックスハウンドの処遇も大きな問題である。里親捜しを引き受けた王立動物虐待防止協会の仕事は難航しており、安楽死などの処分も避けられないことが予想される。逆に、フォックス・ハンティングの存続によって得られる実利的な恩恵として、家禽や羊を襲う害獣が駆除されることがあることにはあるが、もはやその必要度は非常に低くなっている。フォックス・ハンティングによって垣根を破壊され、畑や牧場を荒らされる被害からすれば、むしろ取るに足らないものであると言える。

決しておろそかにできない問題であるが、イギリス社会全体からみればフォックス・ハンティングにかかわっている人は決して多くはないし、もっと深刻な問題はほかにもいくらでもある。それにもかかわらず、フォックス・ハンティングの禁止をめぐる論争がこれほど大きな問題になったのはなぜであろうか。

フォックス・ハンティングに関する論争は長い歴史をもつが、この論争が鮮明になったのは、一九九七年の総選挙でブレア率いる労働党が「フォックス・ハンティングを禁止するかどうかは議員の自由投票による」ことを公約に掲げてからである。それ以後、上院下院合わせて七〇〇時間以上が討議に費やされ、国民の間に大論争が起こった。下院の労働党議員の多くはフォックス・ハンティングの全面禁止を主張しており、下院を通過したが、自らフォックス・ハンティングを楽しむ者も多く、その温存に好意的な上院において否決されるということが繰り返された。しかし、二〇〇四年一一月一八日の審議では、上院が一年以内に二会期続けて同じ法案を拒否した場合、下院の議決を優先するという議会法を議長が適用し、ついにこの法案が成立することになったのである。この決議は、ブレア政権にとっても痛手であった。フォックス・ハンティングの禁止を公約として掲げていたが、総選挙を控え、農村部での票を失うことを恐れたブレア政権は、許可制による存続案という妥協案に傾いていたからである。

フォックス・ハンティングの是非をめぐる論争には、労働党と保守党の対立、下院と上院の対立があったが、この日の議決によって、新たに政府と議会の対立を鮮明にしたのであった。対立的な論争はかならずしも否定すべきものではないが、ここから現れてくるのは、拭いがたいイギリス人の階級意識である。

一九世紀の初めに、動物に苦痛を与える民衆娯楽がことごとく禁止されたとき、フォックス・ハンティングがその埒外にあったのは、これがその残酷さを文明化という糖衣でくるんだ支配階級のスポーツであったからである。ここには、古くからの自分たちの娯楽を残酷だとして取り上げられた庶民と、富と力に任せて大がかりなスポーツを楽しむ特権階級の対立があった。下院と上院の対立、そして労働党と保守党の対立の根本にはこのような階級意識がある。

都市の労働者を大きな支持基盤とする労働党がフォックス・ハンティング禁止の論陣をはった背景に

図4－8　ローランドソン『狩りの風景』

もこのような構造があったからだと考えられる。現在のフォックス・ハンティング反対運動は、動物愛護団体の結成やその活動によって発言力を増した人々が、残虐行為の禁止という反対しようのないスローガンを掲げて反撃に出たのだとも言える。しかし、これが新たにイギリス社会の対立構造を明らかにすることになった。地方にはもともと都市中心の政策を推し進めるブレア政権に対する不満があったが、フォックス・ハンティングの実態も知らない都会人が動物愛護というお題目を掲げてはしゃいでいるだけだという思いがフォックス・ハンティングの擁護者のみならず、より広く地方の人々の心に生まれたとしても無理はない。ただ、フォックス・ハンティングにおいて、馬に乗ってキツネを追う者たちと馬や犬の世話をする者たちの間にはある意味で都会と田舎の対立、支配・被支配の構造が含まれており、その対立構造は決して一様なものではない。

確かに、ローランドソンの描いた『狩りの風景』（図4－8）にうかがえるように、フォックス・ハンティングには、ある種の郷愁を呼び起こす牧歌的な要素がある。とくに、地方の人々にとっては、共同体の伝統的な行事でもあったフォックス・ハンティングには一種の連帯感を生み出すものがある。この共同体意識が、都会中心の政策によって自分たちが軽視されているという不満を募らせ、地方の人々の多くがフォックス・ハンティングへの攻撃を自分たちの伝統的な文化に対する侵害だと感じたのも事実であった。

しかし、歴史の歯車は確実に動いている。もはや、フォックス・ハンティングを過去のような華々しい行事として行うことは不可能であろう。たとえ、そこに古き良きイギリスの農村の祝祭の雰囲気があるとしても、すでに、その祝祭はマスプロ化し、商業化されたフットボールなどに取って代わられたのである。そもそも、野生の動物を狩る、自然と一体化したスポーツを「見せるスポーツ」に変化させた責任の一端は、一九世紀に始まった大規模なフォックス・ハンティングにあったのである。

終章　イギリスの犬文化と二つのイングリッシュネス

一　支配するイングリッシュネス

動物愛護と自国意識

イギリス人が真に動物愛護の国民であるかどうかは別として、序章で見た動物福祉法が成立した際の動物福祉相ブラッドショーの談話にもうかがえるように、イギリス人は自分たちが「動物愛護の国民」、とりわけ「犬を愛する国民」であることを誇りにしているようである。動物福祉法成立前後のマス・メディアにはそれが自明のことであるかのように語られる言葉が頻繁に現れた。しかし、それはにわかに起こった認識ではない。

一九九三年の四月二三日の夕刻に催された保守党のパーティーで当時の首相ジョン・メイジャーが行ったスピーチのなかに、「犬を愛すること」がイギリス文化の特質であるとする次のような言葉が含まれていた。

五〇年後もイギリスはなお、クリケットのグラウンドに差す長い影、生ぬるいビール、愛犬家、どこにも引けを取らない緑の郊外の国であり、老婦人たちが朝霧のなかを自転車で教会に通うであろう。オーウェルを意識したこのスピーチは、EU（欧州連合）におけるイギリスの役割について意見が分かれていた当時のものであり、しかもこの日はイングランドの守護聖人である聖ジョージの祝日であった。メイジャーの頭にあったのは、一九四〇年代前半に書かれた『ライオンと一角獣』や『イングランド人』などのオーウェルのイギリスおよびイギリス人についてのエッセイであると考えられるが、後者のなかで、オーウェルは、イギリス人の動物好きを表すものとして、「イングランドにはあちこちに動物専用の墓地があること」や「戦時中には動物用の防空施設があったこと」などを挙げ、「このような愚行は上流階級の婦人によるものであったけれども、動物熱は国中に蔓延し、恐らくは農業の衰退と出生率の低下と関係している」と指摘し、「戦時中の厳しい配給生活のなかでも犬猫の数は減らなかった」ことを付け加えている。

さらに同じエッセイのなかで、オーウェルは国家表象としてブルドッグを受け入れるイングランド人の心性について述べる。

何百万人ものイングランド人が、頑固さ、醜さ、そして不可解な愚かさで知られている動物であるブルドッグを自分たちの国家表象として進んで受け入れる。イングランド人は、外国人が自分たちより利口であることを驚くほどあっさりと認めるが、イングランドが外国人に支配されることは神と自然の法に対する暴虐だと感じる。

「ブリタニアよ、支配せよ、怒濤を支配せよ／イギリス人は決して奴隷になることはない」というリフレインをもった、イギリスの第二の国歌とも言うべき「ルール・ブリタニア」と重ね合わせると、ブルドッグには、ブリタニアやジョン・ブルと同じく、とくに帝国形成期のイギリスにおいて帝国支配の象徴として受け入れられる要素のあることは明らかである。

ブルドッグには、テューダー朝のイングランドにおいて王侯貴族から庶民に至るまで広く楽しまれ、その後も一九世紀に動物虐待禁止法によって禁止されるまで、長くイギリスの民衆娯楽として楽しまれてきた熊攻めや牛攻めなどのアニマル・スポーツにおける勇猛果敢な闘犬の攻撃的なイメージが重ねられている。また、グレイハウンド・レーシングの原型ともなったコーシングやフォックス・ハンティングなどの野外スポーツがイギリスにおいて特有の文化として発展したが、スポーツ化した狩猟も帝国形成とかかわっていたことはそれぞれの章で見たとおりである。猟犬以上に攻撃的な性質をもつ闘犬もまた長く関心の的であり、その意味でもイギリスは愛犬家の国であった。

しかし、ブラッドショーが言う一般的な意味での「動物愛護の国民」あるいは「犬を愛する国民」という言葉は、別の意味合いをもっている。それは、オーウェルが上流階級の婦人に極端な形で見られると指摘した、ペットとしてあるいは家庭犬としての犬を可愛がる慣習に言及するものである。この慣習は一九世紀初めの動物愛護運動と同時期に顕著になったものであり、とくに中産階級の者が上位階級の文化である愛玩犬の飼育を自分のものにしようとする現象として始まった。それは、アニマル・スポーツにおけるような犬との野蛮な付き合いを脱し、犬との優しい関係を求める文明化の過程であった。あるいはそれを標榜する過程であったと言える。「動物愛護の国民」であるという評判がことさらに気になる理由はここにあるかもしれない。自足した犬との愛情関係にとどまらず、「優しい動物愛護者に見えること」が重要なのである。

獰猛なブルドッグを自らの表象として容認する一方で、「犬を可愛がること」を自らの慈善の深さを表象するものと考えたのである。いずれも文明化の使命という帝国形成を是認する論理と結びついていた。大英帝国の象徴的存在であるヴィクトリア女王はまた動物に対する慈愛を実行する象徴的存在でもあったが、その在位五〇周年にあたる一八八七年に、王立動物虐待防止協会は日頃の絶大な支援に感謝して女王に祝辞を送る。これに対する女王の返礼の辞のなかに次のような言葉があったと伝えられている。

国民の間に啓蒙が広がりつつあることを示すさまざまな兆候のなかでも、下等な動物に対する優しい感情が大きく育ってきたことをとりわけ嬉しく思う。神の創造物のうちの物言わぬものや無力なものを慈悲のなかに包み込まない限り、いかなる文明も完全ではないからです。

これより、二〇年ほど前の一八六六年に発行されたジェシーの『イギリスの犬の歴史についての研究』における「文明国のなかで大英帝国ほど犬が人間の仲間になっている国はないし、これほど多くの貴重な犬種をもつ国もない」という叙述にも明らかなように、威圧的なブルドッグとともに「犬を仲間として考える慈悲深さ」は帝国支配の重要な要素であった。

動物愛護とイギリス階級社会

動物愛護の国民であるというイギリス人の自負が広く容認されているとすれば、一九世紀の初めに世界に先駆けて起こった動物虐待防止運動がその起点にある。イギリスで独自の発展を遂げたコーシングやフォックス・ハンティングあるいは銃猟においても犬への大きな関心があり、犬は尊重されたが、そこには今日的な意味での「動物愛護」あるいは「愛犬家」の概念はなかった。ましてや民衆娯楽としてのアニマル・スポーツに使用される犬に対する関心は全く異質のものであった。次々に成立した動物保護法と動物愛護団体の活動、そして愛玩犬・家庭犬として新たに登場したさまざまな犬種の飼育の流行が「動物愛護の国」を作り上げたと言える。

しかし、すでに見たように、これらの運動は当初、動物の福祉そのものから発したものではなかった。確かに、これらの法律の立法化を担ったのは動物愛護の精神に富んだ人々であったし、その活動を支える世論もあった。一八〇二年にデントが牛攻めなどの残酷な娯楽を禁じる法案を提出した際には八都市からそれに同調する嘆願書が提出されたし、一八〇九年にアースキンが家畜に対する残虐行為を禁じる法案を提出したときには、彼の元にはそれを支持するトランク三個分の手紙が届けられたと言われる。また、マーティンは、法案を提出した際の議会において、法案の支持者は何百万人もおり、「請願が必要とあらば、動物に対する残虐に終止符を打つためなら王国中のあらゆるところから嘆願書がただちに集まるであろう。……ロンドン中のどの家でも訪ねてみられるとよろしい。このような残虐を廃止することを望んでいる人が大部分であることがお分かりになるであろう」と言って、圧力をかけたと言われる。福音主義や功利主義の影響もあり、当時のイギリス社会には社会改革運動の大きなうねりがあった。驚いたことに動物愛護運動に一歩遅れた観があったが、未成年者に対する残虐行為を防止するための運動も起こったし、大量飲酒や賭博を抑制するための運動も盛んであった。一連の動物保護の運動もこのような社会改革運動の一つであった。それはとりもなおさず、野蛮な労働者階級に慈悲の心を教えるという文明化の使命を実行したものにほかならなかった。しかし、そこに自分たちの地位や富の保全をはかる支配階級の思惑があったとすれば、その運動の真意は虐待を防止して動物を苦痛と恐怖から解放することではなく、野蛮な行為によって助長される民衆の反逆的な力の牙を抜くことにあったとする主張にはうなずける。支配階級の狩猟が禁止の対象にならず、民衆娯楽がその対象になったのはそのためであり、動物虐待の事例として牛馬を扱う庶民が大通りで摘発されたのもそこに理由があった。初期の動物虐待防止法案の提案理由を見ても、そのことは明らかである。

一八〇二年に牛攻め禁止法案を提出したときパルテニーは、この娯楽が「大きな工場のある産業地域で開催されることがとりわけ多くなっており、怠惰や暴動、大量飲酒を助長し、一般民衆の道徳的な堕落をもたらしている」のが提案理由であるとしたし、一八〇九年に虐待防止法を提案したときアースキンは、「動物を残忍かつ過酷に取り扱うことによって支配権を濫用することは、きわめて不当で非道徳的であるのみならず、人間としての優しい自然な感情に反する無慈悲な心を作り出しがちである」と述べている。ここには、ホガースが『残酷の四段階』で提示した「動物に対する残虐行為の放置は人間に対する残虐行為を生み出す」という考えの反映が見られる。彼の提案した法案の内容を見れば、残虐行為の主は牛馬を使役する御者や食肉業者であると考えられる。マーティンもまた法案提出にあたって、残酷なアニマル・スポーツは「道徳を破壊し、秩序を危機にさらす傾向があるから抑制すべきである」とか、「これらの残虐行為が見世物となっているロンドンの歓楽地は、世の悪漢たちの巣になっている」というような言葉を重ねている。

動物の虐待防止という実をとるために、彼らが当時の社会改革の動きを利用したとは考えられない。むしろ、それは動物虐待を根拠にした民衆教化の社会改革運動の一つであったのである。そこに民衆の文明化、国民の啓蒙という使命感にとどまらない、下層階級が残虐性を帯びることに対する支配階級の恐れ、社会秩序の混乱への懸念があったことは後世になってターナーやトマスによって指摘されたことだが、支配階級の身勝手を指摘する声は当時からあがっていた。たとえば、貧民層の教育についての法律を整備するために熱心に活動していた国会議員であったヘンリー・ブルームは、動物虐待防止法案について次のような指摘をしていた。

この法案は下層階級の娯楽を形成しているスポーツを標的にしているが、裕福で権力をもつ上流階級が耽溺しているスポーツには干渉しないでいる。釣りや雷鳥撃ち、ノウサギ狩り、キツネ狩り、その他の同種の娯楽はこの法案が標的としている娯楽と同じように残酷であるのに問題にしようとはしないのである。この法案はわが国民を下級と上級に分けて線引きし、同じように残虐である娯楽を優遇しようとしている。

また、アースキンの法案に対する『エディンバラ・レヴュー』のシドニー・スミスの見解のように、ジャーナルにおいても動物虐待防止法案に内在するダブル・スタンダードを批判する声は少なくなかった。

年収一万ポンドの者たちは好き放題にキツネを苦しめている。ところが貧しい労働者は六ペンスの金を払って犬と熊の勇猛な闘いを見たことで治安判事の前に引き出される。裕福な者たちの胃袋を満たすためにあらゆる残虐が行われているのに、貧しい者の祭日を活気づけるための残虐は何一つ許されない。

このように、一九世紀初めのイギリスにおける初期の動物愛護運動は、主として使役動物への残虐行為やアニマル・スポーツにおける残虐行為を中心にして展開された。王立動物虐待防止協会の過激とも言える虐待行為の告発がこの運動を牽引したところがあったが、その活動は、一面で支配者層による被支配者層の文明化という一方的な使命感の発露であり、社会秩序の維持のための手段であることは否定できなかった。当時の動物愛護運動は慈悲心に訴える情緒的なものであったが、社会の上層部にいる支配者層にとっては使役動物も労働者も同じく慈悲の対象であった。

動物虐待を防止する活動の一方で、動物愛護を実践するものとしてヴィクトリア朝において愛玩犬飼育の大流行が起こった。エリザベス朝においてすでにイングランドは犬の国であったように、イギリスにおける犬の飼育はヨーロッパ社会でも目立ったものであった。しかし、今日的な意味での「犬愛好」の様相が生まれたのは、動物愛護運動が盛んになったのと同時期の一九世紀前半である。時代の風潮として動物を可愛がってみせることが自分の慈悲心を示すことであった。それに関連して、それまで貴族を中心とした上流階級の特権であったペットの飼育が、上昇志向をもつ新興中産階級の間に流行したのであった。それまで使役犬としての役割を果たしてきた牧羊犬や猟犬を含むさまざまな犬が愛玩犬あるいは家庭犬として再登場したし、異なった犬種の間で交配が重ねられて新しい犬種が作り出されたり、一方では純血種の犬が過度に重視されたりした。過熱気味のドッグ・ショーにうかがえるように歪んだ愛情を内在させながら、社会流動性の増大とともにペットとしての犬の飼育がイギリス社会全体に広がったのであるが、ここでもイギリス独特の階級意識が関与していたと考えられる。

クーパーは『階級』において、イギリスの社会階層を細かく区分し、各階層の飼い犬の傾向をおおむね次のように説明している。

上流階級の飼い犬は概してラブラドール・レトリヴァーやジャック・ラッセル・テリア、ノーフォーク・テリアなどの銃猟や狩猟に使われた犬であり、ラブラドール・レトリヴァーでも被毛が黄色のものより黒の方が好まれる。そしてキング・チャールズ・スパニエルやホイペット、コーギーなどの愛玩犬が好まれる。

上層中産階級の犬の愛好者は、貴族よりも犬に夢中になる傾向がある。ダルメシアン、イングリッシュ・セッター、ケアン・テリア、ゴールデン・レトリヴァーがこの階層の犬である。また、最近、より下層の階級には、ワイマラナーやロットワイラーなどの外国種の犬を好む傾向がある。その理由は、上層中産階級の者たちにはそのような犬の名前を発音するのが難しいからである。また、イギリスの牧羊犬はかつて上層中産階級の犬であったが、テレビで塗料の宣伝にしきりに登場するようになってから格が落ちてしまった。

一九世紀の愛玩犬飼育熱を引き起こした大きな要因に、上流階級に憧れ、自らがそこから這い上がってきた階級と一線を画そうとした中産階級の上昇志向があったとするターナーやリトヴォの指摘があるが、ここには、犬がステータス・シンボルとなっているイギリス階級社会の現実が語られている。

文明化の使命と動物愛護

このようにクーパーは犬に対する意識にイギリスの階級社会が反映されていることを指摘するが、これはなにもイギリス社会独特の現象ではないかもしれない。しかし、このように犬種にこだわり、社会階層に応じてそれぞれの犬種が飼育される社会・文化状況はイギリス特有のものとして発展したし、そのような犬文化がイギリスから世界の文明国に広がったことも確かである。アーロン・スキャブランドは『犬の帝国――幕末ニッポンから現代まで』において、イギリス人と犬との関係にイギリス階級社会の様相や自国意識を見たリトヴォの指摘を敷衍し、「ヴィクトリア朝の英国人が帝国の動物を故郷に持ち帰って、動物園で展示したり狩猟記念品としたりすると同時に、彼らは帝国のほうにもペットに対する情熱、とくに純血種の犬への熱狂を持ち込んでいったのであり、ヨーロッパ大陸の列強諸国やアメリカ合州国もこうした習慣を自分たちの領土に植え付けていった」ことを論述する。

スキャブランドの書物はこのような文明化の過程をとくに日本に焦点を当てて考察するものであるが、このような帝国主義的な力学の存在を示すものとして、血統正しい宗主国の犬と植民地の犬との間にヒエラルヒーが存在することを示す「世界犬種地図」を引き合いに出す。「七〇あまりの飼い犬の血統がどこからやってきたか――半分はイギリス諸島から！」という説明的な副題を付けて紹介されることもあるこの地図（図終-1）は、一九三三年にアメリカ人のジョゼフ・P・シムズによって作成されたものであり、これらの犬種はアメリカン・ケネル・クラブによって認められているものであるが、すでにイギリスに存在していたこの種の地図に基づいていることが断られている。

この「世界犬種地図」は、ヴィクトリア朝に数多く発行された「大英帝国地図」（図終-2）と重ね合わすことができる。たとえば、一八八六年に発行された「大英帝国地図」には、帝国の版図を赤く塗って示した世界地図の縁にイギリスの表象であるブリタニアがさまざまな植民地の人間と風物に取り囲まれ、地球儀の台座の上に腰掛けている姿が描かれている。この地図が帝国のあらゆる場所から産物を集め、それに文明の息吹を当てて製品化するイギリスの文明化の使命を示していることは明らかである。

一方、「世界の犬地図」は世界地図の周りに描かれた六六種類の犬種の起源を示すものであるが、実際、そのうちの三六種類がイギリス原産であり、しかも、ケネル・クラブによって認定されているこれらの

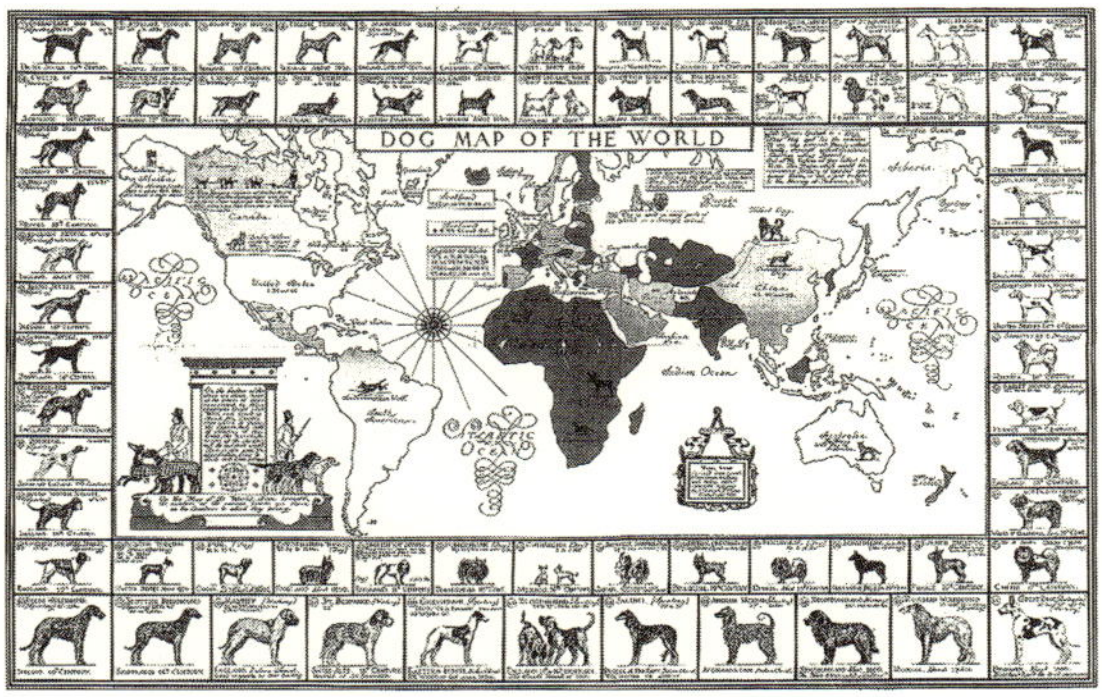

図終－1　「世界犬種地図」

図終－2　「大英帝国地図」

犬種はいわゆる文明国、あるいは文明国によって国家として容認されている国に属するものであり、地図上の国家としての境界も定められていない未開の地が原産地となっているものの大部分はオオカミや野生の犬である。つまり、「大英帝国地図」に「文明による未開の支配」という帝国支配の構図が臆面もなく高らかにうたわれているように、「犬種世界地図」には、犬にかかわる文化から見ても、イギリスが「世界の文明化」の役割を立派に果たしていることが示されているのである。

イギリスにおける犬文化はイギリス階級社会における支配・被支配の構造をあぶりだしたが、「犬種世界地図」はイギリスの血統犬の世界制覇の様相を示し、イングリッシュネスあるいはブリティッシュネスという言葉で表されるグローバルなレヴェルでの支配構造を暗示している。支配と搾取の図式をさまざまな分野での人間と動物との関係に辿ったリトヴォは、ドッグ・ショーの流行やペットの愛好熱などの時代の特徴が、植民地における大量虐殺とも言える狩猟や、異国から珍しい動物あるいは有用な動物を馴化を目的として収集し、展示する動物園の創設などと無関係ではないことを指摘しているが、イギリス中心のこれらの世界地図は、植民地における狩猟やそこで捕獲した動物を展示する動物園同様、まさしく大英帝国による植民地支配を表象するものであった。

『パンチ』の一八四九年一一月一九日号に掲載されたリチャード・ドイルによる「ロンドン動物園の光景」の図版（図終-3）からも、本来は科学的な探究心から生まれたものであったこの動物園が、植民地やその他の世界中の土地から運ばれた動物を展示し、帝国の力を示すとともに、檻に入れられた動物を見せる見世物になっていたことがうかがえる。異国の珍しい物を好奇の目で眺めるだけではなく、檻のなかにいる無力な動物に罵声を浴びせたり、脚をつないである鎖を引っ張ったりする残酷な悪戯をする客が跡を絶たないため、飼育係が見物客を監視しなければならない状況があったという。そこには牛攻めやドッグ・ファイティングなどを楽しむ伝統の一端を見ることもできる。それはまた、この時代に盛んになった、純血種の犬を重視する一方で人工交配によってさまざまな犬を作り出し、それを見世物とするドッグ・ショーや、品種改良の結果を発表する家畜の品評会、そしてさまざまな分野の製品を並べた産業博覧会、さらには一八五一年のロンドン万国博覧会に連なるものである。その意味で、ドイルの「ロンドン動物園の光景」の図版は、『パンチ』の一八五一年七月一九日号の「ハイド・パークの

図終－3　ドイル「ロンドン動物園の光景」

図終－4　テニエル「ハイド・パークの幸せ家族」

幸せ家族」というジョン・テニエルの図版（図終-4）に重ねられる。

ロンドン万国博覧会開幕後二カ月半経って発行されたこの図版には、当時の万国博覧会を取り巻く世相が映し出されている。クリスタル・パレスの中には、世界中からやって来た人々が楽しそうに語らい、踊っている姿が見える。そして、この様子を手前の大写しになったアルバート公をはじめとするイギリス人あるいはヨーロッパ人がまるで動物園の檻の前で珍しい動物を見るように眺めている。よく見ると、クリスタル・パレスのなかの人物は、中国人やアメリカ先住民、ターバンを巻いたトルコ人、髭もじゃのロシア人などである。世界中の人々との共和を訴えた万国博覧会は、実は、珍奇な異国のものを見る西洋人の優越性を前提としていたことが暴露されている。

一八五〇年三月二一日に、この博覧会の開催を推進するためにロンドン市長公邸で開かれた宴会においてなされた、この博覧会の総裁となったアルバート公の演説にうたわれているように、国際的な万国博覧会を目指したこの博覧会のスローガンは、その後の万国博覧会の多くがそうであったように、「進歩・平和・調和」であった。しかし、その演説の端々に、この万国博覧会開催の真の理由が見え隠れしていた。つまり、地球上のあらゆる地域の産物を目的に合わせて取捨選択し、目的に合わせて安価な製品を作り、それを世界中に供給するというイギリスの役割を強調するものであった。つまり、イギリス産業の発展を誇示し、それを支える帝国主義的な植民地主義を表明するものであった。

イギリス人の選良意識を語るものとしてよく引き合いに出される会田雄次の『アーロン収容所――西欧ヒューマニズムの限界』には、イギリス軍およびイギリス人に対する痛烈な嫌悪の言葉が連ねられているが、イギリス人の支配者意識に対する会田の憤慨は、女性将校が捕虜となった日本人の面前で排尿をしたり、全裸になることを躊躇しないというエピソードに続けて述べられる「彼女たちからすれば、植民地人や有色人はあきらかに『人間』ではないのである。それは家畜にひとしいものだから、それに対し人間に対するような感覚を持つ必要はないのだ」という言葉によって端的に示されている。それは動物愛護運動が民衆の文明化という視点から行われたこと、そして、先に見た二葉の『パンチ』の図版によってあぶりだされるように、人類の文明化を掲げたイギリスの帝国支配は植民地の人間を動物として扱う支配構造を免れていなかったことを考えるとうなずける。『アーロン収容所』とほぼ同じ時期に書かれたオーウェルのエッセイに、イギリスでは戦時中に犬猫専用の防空避難施設が設けられていたこと、愛玩動物用の墓地があちこちにあることについて見たが、これらは、イギリス人の動物愛護の二面性を物語るものでもある。

二　動物愛護に内在する矛盾

動物保護法の成果

イギリスの動物愛護運動の課題は、このようなダブルスタンダード、動物愛護のなかに執拗に残る支配的な意識を解消することにあると考えられる。一九世紀の初めイギリスにおいて世界に先駆けて動物保護法が制定されたが、それは主として家畜に対する残虐行為を防止するためのものであり、その背後には、集団で、暴徒化する労働者階級の反逆への恐怖があった。そこにはまさしく支配と被支配の問題があり、それは大英帝国による文明化の使命を大義名分とした植民地支配とも連動していた。

未だに密かにしかし盛んに行われている残酷なドッグ・ファイティング、身勝手な溺愛とそこに起因する虐待が深刻な愛玩犬飼育の実態、かつて「見るスポーツ」として大流行したが今は衰退期に入り、過剰になった競争犬の行方が気になるグレイハウンド・レーシング、争点は若干異なるが、同じく多くの猟犬の行方も問題になるフォックス・ハンティング、いずれもきわめてイギリス的なものとしてイギリス文化を特徴づけたものである。しかし、現在においてもなお、社会矛盾を明るみに出し、新たな亀裂をイギリス社会に生み出すものともなっている。そこには使役犬あるいは愛玩犬として犬を飼育してきた長い伝統があり、ともすれば主従の関係あるいは支配・被支配の関係で犬を所有物として見なしてきた歴史がある。

社会経済システムの変化とともに、犬と人間との関係にも変化が生じた。ちなみに、序章で見た『ポケット版オックスフォード英語辞典』の「狩猟、牧羊、警護で人間の役に立つこと、仲間であること、猫と仲が悪いことで知られている」という「犬」の定義は一九二四年発行の初版から一九四二年発行の第四版までのものであり、一九六九年発行の第五版もほぼ同じ定義を踏襲しているが、一九七八年以降の第六版から二〇〇五年発行の第一〇版までの定義は、「ペットあるいは労役や狩猟用に飼育されている四足の肉食哺乳動物」となっている。福原が説明に用いた旧版に比べると味気ない定義になっているが、ペットとして飼われることが多くなった現在のイギリス社会における犬の役割を説明したものになっている。このような変化を進歩あるいは文明化と呼ぶか、単なる人間の自然観あるいは動物観の変化とするかは別として、イギリスが動物愛護の国となった発端は一九世紀初めの動物虐待防止運動にあり、現在に至るまで主導的に動物虐待を防止し、動物保護をはかる法律の整備に努めてきた動物虐待防止協会をはじめとする慈善団体の活動が大きな役割を果たしたことは明らかである。

主立った動物保護法を辿ってみると、一八二二年に、マーティン法と呼ばれている畜獣虐待禁止法、すなわち「残酷で不当な畜獣の取り扱いを防止する法律」が成立し、一八三五年には、保護の対象となる動物が「畜獣」から「家畜」に拡大され、さまざまな残虐行為を禁止する「残酷で不適切な動物の取り扱い、畜獣を追い立てて移動させる際の加害行為、およびそれに関する諸法を統合・修正し、必要な規定を設ける法律」が成立した。これによって、動物を用いる娯楽である牛攻めやドッグ・ファイティング、闘鶏などがイギリス全土で禁止された。

一八四九年には、「動物に対する虐待のより効果的な防止のための法律」が成立し、保護の対象となる動物の範囲がさらに拡張され、虐待行為に関しても、馬を「乗りつぶす」ことが加えられ、他人にそのような行為をさせるのも刑罰の対象になることが定められた。また、一八五四年の「動物に対する虐待のより効果的な防止のための現女王陛下の治世一二年、一三年の法律を修正する法律」において、犬に荷車などを牽引させることをイギリス全土において禁止することが盛り込まれた。しかし、『パンチ』の一八八九年一〇月二六日号の「どうしても仕事をしたがるんだ」というキャプションのついた図版（図終－5）には、なおも荷車を引く苦役を免れない犬の姿がロンドン市中で見られたことが示されており、動物虐待の現実はなかなか改善されなかったことが分かる。

図終－5「どうしても仕事をしたがるんだ」

一八七六年には実験動物の保護を目的とした「動物虐待に関する法律を修正する法律」が成立し、動物保護法は整備されていった。しかし、これらの法律において虐待の対象として想定されたのは、家畜や実験動物、民衆娯楽に用いられる動物であり、愛玩動物は十分に愛されている動物として埒外におかれていた。愛玩動物の飼育においても虐待は問題になっていたが、公道や市場における虐待と違って、家庭内やさらに私的な個人の部屋などで起こる虐待は露見することが少なかったし、告発も難しかったからである。実際、子供に対する虐待防止法案が動物に対する虐待防止法案よりも遅れて整備された背景には、私的な事柄に公権力が介入すべきではないという意識があったことも確かである。しかし、愛玩動物の飼育が過熱するにつれて、愛玩動物に対する残虐行為も無視できなくなってきていた。社会的地位を示す道具として、あるいは自己顕示欲を満たす所有物として飼育された愛玩犬に対する残虐行為は後を絶たなかったが、自らが行っている残虐行為に無自覚な動物愛好家も多かった。

このような状況を反映して、それまでの動物保護法を総括するような形で一九一一年に制定されたのが、一般に、「一九一一年動物保護法」と簡潔に呼ばれている「動物と畜殺業者に関する法律を統合・修正し、適用範囲を拡張し、必要な規定を設ける法律」であった。第一条には動物虐待に該当する行為がこれまでの保護法の条文を踏まえて記述されており、この法律は「いかなる動物」(any animal) にも適用されることが記された。マーティン法では保護の対象となる動物の適用範囲は「畜獣」(cattle) であったが、一八三五年の保護法で「家畜」(domestic animals) に拡張され、ここに至ってすべての動物に拡張されたわけである。しかし、ここでいう「いかなる動物」という語によって保護の対象に含まれるのは捕獲された野生動物までであって、野生動物が虐待防止の対象になるのには一九九六年野生哺乳類保護法を待たねばならない。

一九一一年以降も一連の動物保護法が次々と制定された。動物の演技に一定の規制を設ける一九二五年演技動物(規制)法、犬に対する虐待に関する一九三三年動物保護(犬虐待防止)法、一九五一年ペット動物法、一九七三年犬繁殖法、一九八三年ペット動物（改正）法、一九八八年動物保護（修正）法、一九九一年犬繁殖法、一九九九年犬繁殖販売（福祉）法などである。そして、これらが二〇〇六年動物福祉法へとつながっていった。

拭いきれない支配の論理

動物福祉法が制定されたにもかかわらず、さらに厳しい法律の制定が取りざたされる現実があるように、次から次へと動物保護のための法律が作られたのは法によって律する必要があったからであるとも言える。つまり、動物に対する虐待はイギリス社会に深く根を下ろしていることの証左であるとも言える。しかし、社会の変化に応じて絶えずこのような法律が整備され続けてきた事実が、イギリスの人々の動物愛護意識の高さを示していることは間違いない。修正を繰り返し、必要に応じて新たな法律を加えるマーティン法から動物福祉法にいたるまでの一連の動物保護法の制定は、イギリスの人々の真の動物愛護に対する覚醒の過程であり、自らに課した文明化の過程であると言えよう。

動物虐待を防止する法律の制定とともにイギリスの人々の文明化を担ったのが、イギリスの動物愛護運動を支えてきた、王立動物虐待防止協会などの動物の保護と福祉を目的とする慈善団体（チャリティ）の活動である。王立動物虐待防止協会について、設立当初の過激とも言える活動に反して第一次世界大戦の頃には愛猫家と愛犬家のクラブも同然であったという厳しい見方もあるが、一方では、より激しい活動を行う団体が次々と生まれたことで、動物保護全体としてはバランスがとれていたのかもしれない。ともすれば一方的な価値観の押しつけにもなりがちであるが、議会での論争とは別に、基本的には政策とは無関係な各種の団体がその主張を闘わせ、世論に訴えることが動物愛護意識を高めたことは事実である。また、動物愛護運動がナショナル・トラストなどの自然や歴史的記念物の保護運動とともに二〇世紀のイギリスにおける市民運動を牽引したのも事実である。

個々の問題としては、エリザベス女王の愛犬を咬み殺し、安楽死させられたアン王女の飼い犬であったブル・テリアの悲劇は長い間アニマル・スポーツに使われた犬種が愛玩犬として適切に飼育されなかったために起こった悲劇であり、反社会的な行動をとる若者たちの多くによっていまなおドッグ・ファイティングの戦士としてあるいは威嚇の道具として使われているピット・ブルの問題は、イギリス社会がアニマル・スポーツの伝統あるいは悪習を昇華しきれていない一つの表れである。

斜陽産業となりつつあるグレイハウンド・レーシングは、動物さえも大量消費するスポーツの商業化の問題を提起し、極限まで引き出される動物の能力の素晴らしさと表裏一体となっている動物虐待の問題を考えさせるものになっている。また、フォックス・ハンティングの問題はようやく収束しようとしているが、イギリス社会内部の文明化の問題を提起しながらいまだにくすぶり続けている社会問題である。フォックスハウンドの処遇の問題は今後に残されている難問である。前者は伝統的スポーツが社会の変化に応じて見事にあるいは無節制に対応した例であり、後者は伝統的スポーツが頑なにその伝統を守り通してきた希有な例である。

そして「動物愛護の国民」「愛犬家の国民」であるイギリス人にとっていま一番大きな問題は、これらの血統と来歴をもった犬種の犬たちも含め、多くの犬たちが愛玩犬あるいは家庭犬として飼育されていることにある。いまでも、猟犬や牧羊犬、あるいは新たに加わった盲導犬や介護犬などの使役犬としての犬の役割は決して小さくない。しかし、都会を中心にして、ペットとして人間とともに生活する犬の比重がどんどん大きくなっている。そのような状況のなかで、支配・被支配の構造を温存した、あるいはその痕跡をとどめたペットとしての犬との関係にはどこかいびつなものがあるのかもしれない。十分に愛されているとして視野に入れられることはなかったペットの動物への配慮はこれまで等閑視されてきた。また、動物愛護運動は、動物の苦痛への配慮よりは、むしろ人間の慈悲心の満足に重点が置かれていた側面もあった。そのようななかで、新たな社会問題として浮上したのが、ペットへの残虐行為の多発であった。実際、二〇〇六年動物福祉法は、従来のさまざまな動物保護法を統合してペットとしての動物にも適用されるよう改定されたものである。

イギリスの国是でもあったと言える文明化の使命には拭いがたい支配・被支配の構造があった。犬との付き合いにおいても人間中心主義が頭をもたげ、鼻持ちならない階級意識やイギリス中心主義が絡んでいた。逆説的ではあるが、動物愛護運動は優越感に根ざした文明化の使命の実践であった。それは、帝国支配と同義であったイングランド性の追求、すなわちブリティッシュネスと同義の拡大主義的なイングリッシュネスの動きと連動していた。マーティン法の成立から動物福祉法の成立までには二〇〇年近い年月を要したが、いまだに動物との付き合いを旧来の支配・被支配の構造のなかでしか見ることができないところが大いに残っているのも事実である。

もう一つのイングリッシュネス

それでも、わが国の現状と比べてみるとき、イギリスの犬たちは概して幸せに見える。イギリスの犬たちは人々の生活のなかに溶け込んでいる。パブの庭でサンデー・ランチのひとときを犬と一緒に過ごす家族や、電車に乗り込んで来た犬を当たり前のように受け入れる人々の光景には成熟した社会の姿がある。それは人間と犬の自然な姿であるかもしれないが、自然に成り立ったものではない。動物虐待の歴史があり、それに対する反省があり、さまざまな努力の末に生まれた人間と犬との一つの関係であると言える。文明化とは、ある意味で、規制によって自然を封じ込める作業にほかならない。よくしつけられ、人間社会の一員となっているイギリスの犬の生活にどこか窮屈な印象があるのはそのせいであろう。しかし、犬が人間社会に順応させられた結果かもしれないし、人間が文明化された結果かもしれないが、そこには人と犬との一つの理想の姿があることは確かである。

このような犬と人間の関係が見られる社会が成立する根底には、犬を愛し、犬とともに暮らす生活を理想とするイギリス人の心性がある。そこには、もうひとつのイングリッシュネスの意味が隠れている。帝国形成期のイギリスにおいて、猛々しいブルドッグが国家表象となり、ステータス・シンボルとしての愛玩犬飼育熱が起こり、商業主義的なグレイハウンド・レーシングが人気を呼び、帝国システムを誇示するフォックス・ハンティングが植民地に移入されるなど、イギリスの犬文化は、拡大主義的なイングリッシュネスを反映するものであった。ところが、このような拡大主義的な、二重の意味をもつ巧妙な文明化の使命の実行であったイングリッシュネスに対して、真のイギリスを産業化する以前の、人々が自然にそって睦み合って生きていた、陽気で楽しい社会を表象する「メリー・イングランド」に求める求心的なイングリッシュネスの動きが一九世紀末から二〇世紀初めにかけて顕著になる。それはイギリスの産業化と帝国主義的な植民地主義の矛盾が明らかになるとともに起こった動きであるが、拡大主義的なイングリッシュネスが幅を利かせていた間も、静かにもう一つのイギリス性の主張として存在していたと考えられる。

イギリス原産の血統犬の重視など共通する面もあるが、搾取や支配を文明化という糖衣でくるんだ拡大主義的なイングリッシュネスとは違って、求心的なイングリッシュネスは、折からの中世主義や自然への回帰運動とも連動した、産業化によって汚される以前の美しい田園を憧憬し、金や利権に基づいた経済本位の社会ではなく、単純で素朴な生活が送れる社会を求めるものであった。これを現実と遊離した牧歌的な「幻のイギリス」を求める動きであるとするジョン・ルーカスの『イングランドとイングリッシュネス』やD・ジャーヴェの『文学的イングランド』における指摘、あるいはこの思潮がその後のイギリスの経済的衰退の一因となったというマーティン・J・ウィーナの『イングランド文化と産業精神の衰退　一八五〇―一九八〇』における主張もある。

しかし、『ライオンと一角獣』において「草花が好きで、温和さを尊重する」ことなどを挙げてイギリス国民性論を展開したオーウェル、そして、オーウェルをなぞってクリケット、生ぬるいビール、緑の郊外そして犬愛好を不変のイギリスとして希求したメイジャーのスピーチにあるのは、第一次世界大戦前に狂信的な愛国心が高まりつつあった頃にクィラー・クーチが『文学研究』において主張した「真のイギリスについて考えるとき、そこにあるのは『ルール・ブリタニア』ではない。……われわれは、実際にも潜在的にも、列強であるとしてイングランドのことを自慢げに語ることはしない。島国性を非難されようと、国民的熱情をわが家と暖炉の狭いところにおき、それを強めるのがわれわれの習い性である」という言葉の延長線上にあるものである。炉端に犬が屈託なく寝そべっている生活、それがイギリス人の理想の生活であることは想像に難くない。一九世紀になって次々と出版されたテイラーの『犬の一般的性質』や『犬の感謝』、『四本足の友達』、エドワード・ジェシーの『犬の逸話集』、ジョージ・R・ジェシーの『イギリスの犬の歴史についての研究』などに収められた人と犬との感動的な物語や犬への哀悼詩は犬との理想の生活を求めるイギリス人の古くからの心性を物語っているし、一九世紀になってからのこの種の書物の出版の増加はまさしく一九世紀末の求心的なイングリッシュネスの動きにつながっている。

そのような真のイギリスの姿を示す書物としてウォルトンの『釣魚大全』が版を重ねたが、そのなかに作者ウォルトンと重なる登場人物の釣り師が歌う「釣り師の願い」がある。その牧歌的な歌の最後の部分に「あるいは、愛犬ブライアンを連れ、本を携えて、／ひねもす、ショーフォードの岸辺を散策し、わが犬の傍らに座し、／昼餉《ひるげ》をとる」ような生活を続け、静かに一生を終えたいと願う部分がある。犬のいる生活はイギリス人にとって当然のものであり、身近な理想なのである。ウォルトンが生きた時代にそうであったし、『釣魚大全』が版を重ねたどの時代においてもそうであった。

絵画や素描、版画などにおいても同じことが言える。ランシアの『老羊飼いの死をもっとも悲しむ者』やバロードの『主人の声』などのあまりに感傷的なとも言える、犬との濃密な愛情を描いた作品をはじめとして、一九世紀に入ると犬への愛情を描く絵画が流行し、複製が普及するような状況が生まれたが、それは拡大主義的なイングリッシュネスに対する一種の反動とも言える求心的なイングリッシュネスの表れだと見ることができる。しかし、犬との自然な愛情の交歓を示す肖像画も古くから存在していた。本書に掲載した愛犬と一緒に収まった幾葉かの肖像画や写真についてみても、その時代における動物観や犬と人との関係を反映していることは確かであるが、個々の犬への愛情あるいは関心の深さが読み取れるものもある。また、先に、ベッドフォード伯爵の屋敷に飾られている、たくさんの犬と一緒に収まった肖像画について、そこに描かれた犬は所有物としてあるいはステータス・シンボルとしてしか描かれていないというトムスンの指摘を引用したが、同書のなかに収められた伯爵の孫と曾孫たちを描いた肖像画には曾孫の一人にじゃれつく犬が描き込まれているものもある。

人々の日常を描いた版画や風刺画には、そのような犬との生活の現実がそのままに映し出されている。

たとえば、一八世紀末から一九世紀初めに制作されたビューイックの「冬景色のなかの旅人と犬」や「農場労働者と犬」などにも、犬とともに暮らす素朴な生活が描かれている。ビューイックの版画はその客観的な描写で動物についての正確な情報を広く伝えただけでなく、人々の日常生活をありのままに描き、一九世紀中頃から顕著になる家族の一員としての愛玩犬を愛情込めて描く素描や絵画の先駆けとなった。

図終－6　ローランドソン「旅の出来事を読み聞かせるシンタックス博士」

一九世紀の初めに出版されたウィリアム・クームの『シンタックス博士の旅』の三部作および『ジョニー・クウィー・ジーナスの遍歴』に付けられたローランドソンの挿絵も同種のものである。「湖をスケッチするシンタックス博士」における竿をかついだ老人と一緒に釣りに行く犬、「シンタックス博士と村の娯楽」における広場で村人たちが輪になって踊るのを楽しそうに眺める犬、「厨房での気晴らしに加わるクウィー・ジーナス」における厨房で給仕係の女性たちと一緒になって踊る犬、そして「シンタックスの葬式」における神妙な面持ちで葬列を眺める犬など、日常生活のさまざまな場面に犬が登場する。さらに、「女主人と勘定書のことで言い争うシンタックス博士」における言い争う二人の傍らで無造作に耳をかく犬の格好や、「旅の出来事を読み聞かせるシンタックス博士」（図終－6）における、暖炉の前で自分の旅の物語を得意になって読み聞かせるシンタックスの長話に大あくびをしたり居眠りをしたりしている聞き手の人間たち同様、うんざりした様子で前足の上に顎をのせて居眠りする犬の姿には、あまりにも日常的で気づかないままに見過ごしてしまいがちな犬の様態が表情豊かに描かれている。

犬の素晴らしさを語るエピソードとともに、このような版画や絵が人々の共感を呼んできたことは、イギリス文化の根底には犬を愛する伝統が息づいていることを物語っている。このような感情を裏切る社会状況があり、動物に対する残虐行為が横行した時代があった。その残滓がいまだに顔をのぞかせる現実もある。「動物愛護」というスローガンが政治的に利用されたことがあったし、いまもそうであるかもしれない。しかし、ローランドソンの絵に描かれた犬たちが屈託なく人々の生活のなかに入り込んで暮らしているように、イギリスの人々には生活のなかに犬を当然のごとく受け入れる心情があると言える。ごく当たり前のことではあるが、実現は容易ではないこの理想を追求するのが動物愛護運動であり、それは真のイギリスを求めるイングリッシュネスの動きと連動している。

第二次世界大戦後の帝国システムの崩壊、そしてEUの成立の後、アイルランドは言うに及ばず、スコットランドやウェールズにおいても自立の動きが起こり、イングランドにおいても自国意識に変化が起こりつつある。このような状況のなかで、新たなる国家形成を迫られている現在のイギリスにおいて、イングリッシュネスは、内向性を強めることによって懐古的なイングランド中心主義と結びつき、拡大主義的なイングリッシュネスとないまぜになっている側面もある。

イギリス人と犬との関わり方、つまりイギリスの犬文化にはイングリッシュネスの典型が見られるが、血統犬の重視に見られる正統性の主張、ドッグ・ファイティングの密かな流行に見られる支配・被支配の力関係の容認、娯楽のために動物を大量消費するグレイ・ハウンド・レーシングへの愛着、フォックス・ハンティングに見られる大英帝国時代へ郷愁など、いずれにも、一九世紀初めに始まった動物愛護運動がはらむ矛盾の覚醒に基づいた動物福祉の進展を阻む足かせになっている側面がある。しかし、犬とともに暮らす炉端の安らぎをひとりよがりのものにしないためには、人間の身勝手が犬と犬文化にもたらした矛盾は解決されねばならない。その成否は分からないが、イギリスはその取り組みにおいて先進しており、その意味では確かに、イギリスは動物愛護の国である。

あとがき

空前のペット・ブームだと言われるようになって久しい。総務省の人口推計によれば、二〇〇九年一〇月一日現在の日本の人口は約一億二七五一万人であり、一五歳未満の子供の数はそのうちの一三・三パーセントで一六九六万人弱である。一方、ペットフード協会の推計によれば、二〇〇九年にペットとして飼われている犬猫の数は約二二三四万頭で、子供の数を大きく上回っている。

ペットとしてつまり家族の一員として犬を飼うこと、特に小型犬の室内飼育が増加したこと、医療技術の進歩や健康管理の向上によって犬の長寿化が進んでいることが、現在のペット・ブームの特徴である。『週刊東洋経済』の二〇一〇年五月二九日号は、この肥大化するペット・ブームをめぐるペット・ビジネスの現況と将来性について特集を組んでいるが、そこには人間社会の問題にも通底するペットをめぐるトラブルが浮き彫りにされている。マンションでのペット飼育をめぐってのトラブルは日常的に起こっているし、殺処分の問題も深刻である。着実に改善されつつあるが、地球生物会議(ALIVE)のまとめた推計によれば二〇〇三年の時点で未だ四四万匹以上の犬猫が殺処分されている。子犬の可愛さにひかれて衝動的に犬を飼い、成長して飼い切れなくなると遺棄したり、動物愛護センターに持ち込む飼い主が後を絶たないという。

ショー・ケースに犬を並べて販売する方法にも批判は多いが、これらの犬の多くはまさしく商品として次々と競り落とされるペット・オークションによって手に入れられているという。『ＡＥＲＡ』の二〇一〇年五月三一日号によると、売り買いされる犬の半数以上、およそ三五万匹以上の子犬がオークションを介して市場に出て行くという。このシステムが悪徳ブリーダーによって利用されている側面もある。狭くて、不潔な場所で繁殖のためにだけ犬を飼育し、オークションで売れ残った犬は動物愛護センターに持ち込むような業者が暗躍しているという。

犬を可愛がるという動物愛護に根ざす行為が、逆に動物虐待を引き起こしている側面がある。そのような実態が、「日本では動物愛護は遅れている」という自虐的な西洋崇拝熱を再燃させているところもある。「西洋、特にイギリスの動物愛護を見習うべきである」という主張をよく耳にするし、彼の地の犬たちがいかに幸せであるかを伝える書物やレポートを目にすることも多い。しかし、実際にそうであろうか。

犬に対する扱いに端を発した「日本人は動物虐待の国民」であるという批判がマスコミを賑わせたことがある。一九六〇年代に起こった東京畜犬の問題である。この会社から保証金と引き替えに雌犬を預かり、二〇匹の子犬を産ませるとその犬の所有権を得ることができ、その時点で保証金も戻るという方法に心を動かされて多くの人が契約を結んだ。たちまちこの会社は急成長し、イギリスやアメリカから金に糸目をつけず血統犬を大量輸入した。やがて、繁殖を手段にして犬を商品として扱うこの会社は、脱税や詐欺容疑、動物虐待が明るみに出て破綻する。棒で叩き殺されそうな犬の写真が付いた「このようにして犬たちは死んでゆく」と題された一九六九年四月一三日号の記事をはじめとして、『ピープル』はこの件を激しく非難する論陣をはった。やがてこの問題は次第に大きくなり、イギリス国内における日本への犬の輸出禁止だけでなく、日本製品の輸入禁止にまで発展した。これに対して、日本国内でも論議が起こったが、つまるところ、商業上の理由から「日本人は野蛮で残酷である」というイメージが肥大することを恐れるものであった。

このことを憂慮した加藤シヅエ議員が、一九六九年五月八日開催の参議院外務委員会で、イギリスの動物愛護協会は女王を総裁にいただいて一二〇年の歴史があり、ほかにもたくさんの動物愛護運動があること、ほかのヨーロッパ諸国やアメリカでも同様の運動があり、動物虐待に対しては厳罰を与える法律も整備されていることを引き合いに出し、日本でも動物愛護の法律を成立させる必要があることを説いた。これが、一九七三年の「動物の愛護及び管理に関する法律」の成立につながったことは確かであり、イギリスが動物愛護の先進国であり、動物愛護の国であるとして知られるようになったひとつの要因であることは間違いない。

イギリスが動物愛護の国であると自他ともに認められているところがあるとすれば、それは、イギリスにおいて世界に先駆けて動物愛護運動が起こり、その後の動物保護法の整備においても先行しているからであろう。現実に、街で見かけるイギリスの犬は、概して行儀がよくて、人々の生活のなかに溶け込んでいるように見える。しかし、どこまでも緑の続く、心地よいイギリスの風景にどこか窮屈な印象があるように、イギリスの犬はあまりにも人間の生活に順応しているようにも思える。イギリスの動物愛護運動の背景や動物愛護法成立の経緯を考えれば、うなずけるところがある。

イギリスにおける動物愛護精神の高まりは、今日の考え方からすれば動物虐待が顕著であったこの国における慈悲の重要性の認識、博愛精神の発展の結果であった。それはこの国のかかげた文明化の使命のひとつの具現化であった。しかし、一九世紀に起こった動物愛護運動は、動物の福祉・安寧そのものよりも、残酷で野蛮なアニマル・スポーツに耽る下層階級の文明化という社会改革運動としての側面を強くもっていた。また、中流階級を中心に流行したペット・ブームには、上位の階級に同化しようとする俗物的な上昇志向が潜在していた。いずれも、イギリスが階級社会であることをあぶりだすものである。また民衆娯楽としてのアニマル・スポーツが禁止される一方でフォックス・ハンティングはつい最近まで温存されてきた。これもイギリスが階級社会であることを物語っているし、グレイハウンド・レーシングの盛衰にも明らかにイギリスの階級意識が関与していた。

ここにある支配・被支配の構造は、イギリスの帝国形成のなかで実行された文明化の使命のなかにも見ることができる。コーシングやフォックス・ハンティングがイギリスの権威を象徴するものとして植民地に持ち込まれ、イギリスにおいてその血統を保証された血統犬が、優秀なものとして世界中に持ち出された。東京畜犬の問題は、そのような犬の飼育方法を真似ようとした当時の日本人の上昇志向が引き金になったものであり、自分たちの神聖な文明を汚されると感じたイギリス人の怒りが形をとって現れた事件であったとも言える。「生粋のイングランド人」と「血統犬」を重ね合わせるイギリス人の選良意識がここにはのぞいている。

一九五八年に日本の南極観測隊が犬ぞりを引く樺太犬一五頭を南極に置き去りにした一件とも結びつき、東京畜犬の問題は第二次世界大戦時の日本軍のイギリス人捕虜に対する虐待の記憶をよみがえらせ、日本人の残酷さが取りざたされることになった。さらに、急速に発展する日本経済に対する警戒の念が、動物さえをも金儲けの道具にするエコノミック・アニマルとしての残忍で下品な日本人のイメージを助長することが恐れられた。確かに、加藤の主張は、動物愛護について論議する契機となり、動物愛護管理法制定へとつながっていった側面があったが、ここでも動物の安寧そのものよりも、「国際社会で生きてゆくには文明国である必要がある」という論理が先行していたと言える。オリンピック開催前の韓国や中国で「犬の肉を食べること」が規制され、そのような食文化があることにヴェールがかぶせられたと同じような配慮があった。それは、文明化が西洋化であった事実を物語るものである。

一方には、自らの捕虜生活のなかで体験したイギリス人の選良意識を衝く会田雄次の指摘もあったし、彼我の動物観の違いを説く文化・文明論も数多くあった。しかし、その多くは自国意識に基づいた日本の文化や伝統の弁護の形をとるものであった。このような問題を国民性の問題として固定することは避けねばならない。特定の出来事や限られた見聞に基づく国民性についての論議は、それなりの根拠はあったとしても、そこに感情を伴っている場合とりわけ危険なものに発展することが多いからである。

日本が非難の矢面に立っている捕鯨反対運動にそのような危険性がある。捕鯨反対運動の背景には政治的・経済的な別の意図があることは指摘されているが、捕鯨反対の大義はその残虐性におかれている。つまり、もっとも反対することの難しい慈悲の問題が利用されていることは厳然とした事実である。「捕鯨は野蛮で、残忍な行為である」という単純化された、反対しようのない理由が前面に押し出され、互いの情報を交換し、解決をはかる努力がはじめから閉め出されてしまっているのである。折から、太地町におけるイルカの追い込み漁を描いたドキュメンタリー映画『ザ・コーヴ』が二〇〇九年度アカデミー賞の長編ドキュメンタリー映画賞を受賞した。その制作意図や編集方法についてさまざまな疑問が出されているが、この映画はイルカに対する残酷さを訴えるプロパガンダとしては間違いなく成功している。ここからも、「日本人は残酷である」という短絡的な結論が導かれる恐れがある。

しかし、この映画について冷静で客観的な見方をするものもないわけではない。二〇〇九年一〇月二六日号の『ガーディアン』は、「『ザ・コーヴ』の伝えるメッセージはおぞましいが皮相的である」という見出しの付いた記事において、「西洋人は牛を殺して食べる。東洋人はイルカを食べる。どこに違いがあるのか」というイルカ漁に携わる漁師の困惑した問いかけに対する答えに窮している。このような反応はきわめて少ないであろう。しかし、いかなる文化事象にもそれなりの歴史と背景があること、その理解のうえに立って、それが守られるべきものか、葬られるべきものかを決することが重要であることをこの記事は暗示している。

異文化の理解には、できるだけ多くの、正確な情報が不可欠である。本書の存在理由もその辺りにある。イギリスは古くから犬に対する関心の深い国であるが、社会の変化に応じて犬の果たす役割も犬との付き合いの在り方も変化した。イギリス人が動物愛護精神に富んでいるとは一概に言えないし、動物愛護運動が生まれたのは人々の慈悲心が向上した結果であるとも言い切れない。犬との付き合いは生活文化に属するものであるが、もっと大きな社会のシステムの影響を受けている。敢えて言えば、文明化を自らの使命として意識した国民であったことが大きく作用をしていると言える。この文明化の使命こそ、矛盾をはらむものであった。

文明化の使命は、国内における下層階級の文明化、つまり残酷行為の防止という社会改革の実践によって果たされたが、同時に、イギリスの帝国形成の過程において、国外の野蛮人の教化、その産物の活用という植民地主義の大義ともなった。動物の飼育にはつねに支配・被支配の構造が存在し、身近な家族あるいは友としてともに過ごす犬との関係にもこの構造は見られる。動物愛護運動は慈愛の発露である文明化という身勝手な愛情の押しつけ、すなわち管理・抑制の意味を帯びていた。それは、イギリスの帝国形成における未開の文明化という使命感とも連動していた。この使命感は、イングリッシュネス、あるいはブリティッシュネスと言い換えることができるものである。

しかし、イギリスにおける動物愛護運動は、このような拡大主義的なイングリッシュネスに対する反省の兆しとも言えるもう一つのイングリッシュネスが時代の思潮として意識された頃に、時期を同じくして起こっている。この内向きの、求心的なイングリッシュネスのなかにこそ、イギリス人の動物愛護の本質があるように思える。本書の書名には、そのような意味が込められている

動物に対する虐待と動物愛護という視点から、イギリス社会における犬の文化を辿る本書の執筆は、次々と新たな事実を発見する楽しい作業であった。また、グローバル化が声高に叫ばれる現代において、文化相対主義のナショナリズムに陥る恐れのあるこのような問題には、表面的ではない、歴史を踏まえた総体的な文化の理解が重要であることも改めて知った。その意味でも本書の出版にはいささかの意義があるものと信じる。

最後に、本書の出版をお引き受けくださったミネルヴァ書房に感謝申し上げたい。とくに、編集部の河野菜穂さんには適切なご助言と暖かいご配慮でお力添えをいただいた。心からお礼申し上げたい。

二〇一一年九月

飯田　操

《著者紹介》

飯田　操（いいだ・みさお）

1946年　兵庫県生まれ。

現　在　広島大学名誉教授・博士（学術）。

著　書　『シェイクスピア――喜劇とその背景』文化評論出版，1985年。

『エドワード・トマス――人とその詩』文化評論出版，1988年。

『エドワード・トマス　ラフカディオ・ハーン』文化評論出版，1990年。

『釣りとイギリス人』平凡社，1995年。

『エドワード・トマスとイングリッシュネス』渓水社，1997年。

『川とイギリス人』平凡社，2000年。

『イギリスの表象――ブリタニアとジョン・ブルを中心として』ミネルヴァ書房，2005年。

『パブとビールのイギリス』平凡社，2008年。

共編著　『イギリス文化を学ぶ人のために』世界思想社，2004年。

訳　書　アイザック・ウォルトン『完訳　釣魚大全Ⅰ』平凡社，1997年。

チャールズ・コットン，ロバート・ヴェナブルズ『完訳　釣魚大全Ⅱ』平凡社，1997年。

エドワード・グレイ他『釣り師の休日』角川書店，1997年。

それでもイギリス人は犬が好き
――女王陛下からならず者まで――

2011年10月30日　初版第1刷発行　〈検印廃止〉

定価はカバーに
表示しています

著　者　飯　田　　操
発行者　杉　田　啓　三
印刷者　坂　本　喜　杏

発行所　株式会社　ミネルヴァ書房
607-8494　京都市山科区日ノ岡堤谷町1
電話代表　(075)581-5191番
振替口座　01020-0-8076番

冨山房インターナショナル・兼文堂

ISBN 978-4-623-06166-2
Printed in Japan

索　引

動物虐待防止関連法の細目である個々の法律名は成立順に記述し，犬種名のうちキーズの分類によるものは別項目にし，記述順序もキーズに従った。その他はすべて50音順である。

ア　行

愛犬家（dog lover, dog fancier）····6, 34, 79, 82, 96, 123, 130, 131, 133, 135, 136, 138, 140, 143, 164, 192, 233, 235, 237, 251, 252
会田雄次······246
　『アーロン収容所』······246
アイルランド・グレイハウンド委員会（Irish Greyhound Board）······149
アイルランド・コーシング・クラブ（Irish Coursing Club）······155
悪習防止協会（Society for the Suppression of Vice）······22
アースキン，トマス（Thomas Erskine）······17-19, 237-239
アッシュダウン・パーク・クラブ（Ashdown Park Club）······180, 181
アディソン，ジョゼフ（Joseph Addison）······12
アドルファス公（Prince Adolphus）〈初代ケンブリッジ公爵（1st Duke of Cambridge）〉···127
アナウサギ（rabbit）······179, 188, 209
アナグマ攻め（badger-baiting）······21
アニマル・ウェルフェア（animal welfare）······27, 84
アニマル・シェルター（Animal Shelter）······190
アニマル・スポーツ（animal sports）·····31, 49, 50, 52, 55, 63, 80, 114, 116, 128, 129, 148, 150, 176, 184, 188, 193, 202, 204, 207, 220, 235, 237, 238, 240, 252
アーバスノット，ジョン（John Arbuthnot）······47
　『ジョン・ブル物語』（*The History of John Bull*）······47
アバディーン伯爵夫人（Countess of Aberdeen）······136
アパリー，チャールズ・ジェイムズ（Charles James Apperley）·······201　ニムロッド参照
アメリカ・グレイハウンド・ペット協会（Greyhound Pets of America: GPA）······190
アリアノス，フラウィウス（Flavius Arrianus）······171
　『アレクサンドロス東征記』（*The Campaigns of Alexander*）······171
　『狩猟論』（*On Hunting*）······171
アリン，エドワード（Edward Alleyn）······52, 53
アール，ジョージ（George Earl）······129, 130
　『フィールド・トライアル・ミーティング』（*The Field Trial Meeting*）······129, 130
アール，モード（Maud Earl）······104
アルバート公（Prince Albert）······104, 127, 140, 246
アレグザンドラ王妃（Queen Alexandra）······136
アロー戦争（Arrow War）······48

アン王女（Princess Anne）……2, 252
アンズデル，リチャード（Richard Ansdell）……120, 121
『奥さん，犬はいかが』（*Buy a Dog, Ma'am?*）……120, 121
『イヴニング・テレグラフ』（*Evening Telegraph*）……5
イーヴリン，ジョン（John Evelyn）……9, 12, 55, 98
『イギリス愛犬家年次評論』（*British Fancier Annual Review*）……136
イギリス・グレイハウンド・レーシング委員会（British Greyhound Racing Board: BGRB）…190
イギリス野外スポーツ協会（British Field Sports Society）……220, 221, 223
異種交配（crossing）……183
『イソップ物語』（*Aesop's Fables*）……43
イツコウィッツ，デイヴィッド・C（David C. Itzkowitz）……200, 207
『固有の特権』（*Peculiar Privilege*）……200, 207
犬（dog）
〈役割・その他による分類〉
愛玩犬（toy dog, etc.）……27, 28, 47, 65, 76, 78, 84–88, 90, 91, 94–100, 102, 104, 106, 110, 111, 113–121, 123–125, 128, 131, 134–136, 138–140, 142–145, 164, 166, 183, 216, 235, 237, 240, 241, 247, 248, 250, 252, 254, 257
トイ・ドッグ（toy dog）……118, 138, 143
ペット・ドッグ（pet dog）……138
ラップ・ドッグ（lap dog）……98, 118
家庭犬（family dog）……36, 94, 106, 117, 125, 194, 235, 237, 240, 252
軍用犬（army dog）……28, 36, 49
血統犬（pedigree dog）……65, 85, 88, 89, 115, 122, 123, 125, 126, 132, 134–136, 140, 143, 145, 244, 254, 258
雑種犬（mongrel）……112, 115, 117, 132
使役犬（woking dog）……37, 79, 87, 91, 106, 114, 116, 117, 128, 139, 142, 240, 248, 252
闘犬（fighting dog, pit dog）……31–35, 42, 56, 61–68, 70, 73, 76–78, 81, 83, 91, 235
野良犬（cur）……37, 74, 76, 77, 80, 91, 112, 117, 120
番犬（ban dog, guard dog, watch dog）……3, 28, 36, 37, 41, 49, 106, 108, 112, 114, 117
牧羊犬（shepherd, shepherd's dog, sheep dog）……36, 79, 87, 89, 125, 129, 240, 241, 252
密漁犬（poacing dog）……77
猟犬（hound, hunting dog, sporting dog）……27, 28, 36, 49, 77, 78, 91, 94, 95, 99, 102, 108, 111, 112, 114–116, 125, 128–132, 135, 139, 142, 147, 154, 168–175, 184, 185, 188, 192, 194, 195, 197, 199, 200, 202, 204, 205, 208, 210, 211, 223, 224, 228, 235, 240, 248, 252
子犬（puppy, whelp）……66–69, 89, 96, 169, 140, 148, 166
ビッチ（雌犬）（bitch）……123
〈キーズの分類による17犬種〉
ハリア（harier）……113
テリア（terrar）……113
ブラッドハウンド（blodhound）……113
ゲイズハウンド（gasehound）……113

グレイハウンド（grehound）……113
リュイナー（ライマー）（leuiner〈lyemmer〉）……113
タンブラー（tumbler）……113
スティーラー（stealer）……113
ランド・スパニエル（land-spaniel）……113
セッター（setter）……113
ウォター・スパニエル（ファインダー）（water spaniel〈finder〉）……113
スパニエル・ジェントル（コンフォーター）（spaniel gentle〈comforter〉）……113
シェパード・ドッグ（shepherds dogge）……113
マスティフ（バンドッグ）（mastive〈bandogge〉）……113
ウァップ（wapp）……113
ターンスピット（turnespet）……113
ダンサー（dauncer）……113
〈本書に登場する犬種〉
アメリカン・スタッフォードシャー・（ブル）・テリア（American Staffordshire〈bull〉terrier）…42
アメリカン・ピット・ブル・テリア（American pit bull terrier）……42
ウルフハウンド（Wolfhound）……172
グレイハウンド（greyhound）……28, 87, 97, 98, 104, 112, 117, 129, 139, 142, 147-152, 154, 156-158, 161, 163-165, 167-179, 181, 183, 186-193, 195, 202, 209-211
アイリッシュ・グレイハウンド（Irish greyhound）……170
アラビアン・グレイハウンド（Arabian greyhound）……170
イタリアン・グレイハウンド（Italian greyhound）……170, 183
イングリッシュ・グレイハウンド（English greyhound）……170
ウィルトシャー・グレイハウンド（Wiltshire greyhound）……183
ニューマーケット・グレイハウンド（Newmarket greyhound）……183
ヨークシャー・グレイハウンド（Yorkshire greyhound）……183
ランカシャー・グレイハウンド（Lancashire greyhound）……183
スコッチ・グレイハウンド（Scotch greyhound）……170, 183
ターキッシュ・グレイハウンド（Turkish greyhound）……170
ハイランド・グレイハウンド（Highland greyhound）……170
ペルシャン・グレイハウンド（Persian greyhound）……170
ロシアン・グレイハウンド（Russian greyhound）……170
ゲイズハウンド（gazehound）……170
コーギー（corgi）……1, 2, 241
コリー（collie）……87, 116, 124, 139
スコッチ・コリー（Scotch collie）……124
ゴールデン・レトリヴァー（golden retriever）……241
ジャーマン・シェパード（German shepherd）……89, 145
スタッフォードシャー・ブル・テリア（Staffordshire bull terrier）……42, 65
スパニエル（spaniel）……36, 88, 91-95, 97, 98, 103, 104, 112, 115, 117, 120, 121, 144, 178, 179
カーペット・スパニエル（carpet spaniel）……94

キャバリエ・キング・チャールズ・スパニエル（Cavalier King Charles spaniel）…… 88, 95, 97, 145
キング・チャールズ・スパニエル（チャーリー）（King Charles spaniel 〈Charlie〉）……95, 121, 131, 241
コンフォーター（comforter）……95
スパニエル・ジェントル（spaniel gentle）……94, 114
狆（ジャパニーズ・スパニエル）（Japanese spaniel）……116, 123
トイ・スパニエル（toy spaniel）……116, 118, 123, 144
セッター（setter）……87, 94, 115, 117, 125, 131
イングリッシュ・セッター（English setter）……241
セントバーナード（St. Bernard）……116
ダックスフンド（dachshund）……139, 145
ダルメシアン（Dalmatian）……65, 241
テリア（terrier）……64, 65, 70, 97, 104, 116, 120, 122, 201
ケアン・テリア（cairn terrier）……241
ジャック・ラッセル・テリア（Jack Russell terrier）……110, 213, 241
スカイ・テリア（Skye terrier）……110, 131
トイ・テリア（toy terrier）……118
ノーフォーク・テリア（Norfolk terrier）……241
フォックス・テリア（fox terrier）……210
ボーダー・テリア（Border terrier）……145
ホワイト・イングリッシュ・テリア（White English terrier）……65
ヨークシャー・テリア（Yorkshire terrier）……122
ドゴ・アルヘンティーノ（Dogo Argentino）……32
土佐闘犬（Tosa fighting dog）……32
ニューファンドランド（Newfoundland）……107
パグ（pug）……42, 47, 94, 96, 100, 116, 144
バンドッグ（ban-dog）……39, 40, 41
ビーグル（beagle）……88, 115, 116
グローヴ・ビーグル（glove beagle）……88
スリーヴ・ビーグル（sleeve beagle）……88
トイ・ビーグル（toy beagle）……88
ミトン・ビーグル（mitten beagle）……88
ラップ・ビーグル（lap beagle）……88
ピット・ドッグ（pit dog）……65
ピット・ブル（pit bull）……31-33, 42, 65, 81, 82, 252
ピット・ブル・テリア（pit bull terrier）……32
フィラ・ブラジレイロ（Fila Brasileiro）……32
フォックスハウンド（foxhound）…… 28, 78, 79, 115, 129, 130, 142, 193-196, 200, 201, 206, 208, 210-213, 222, 228, 252
オールド・サザーン・ハウンド（old southern hound）……210

ノーザン・ゲイズハウンド（northern gazehound）……210
プードル（poodle）……48, 116, 120
ブル・テリア（bull terrier）……2, 62, 65, 66, 70-72, 110, 131, 145, 158, 252
ブルドッグ（bulldog）…12, 27, 28, 39, 41-43, 45-49, 61, 64, 65, 76, 85-87, 131, 139, 142-144, 183, 210, 234-236, 254
イングリッシュ・ブルドッグ（English bulldog）……41
ホイペット（whippet）……116, 157, 158, 164, 169, 241
ポインター（pointer）……87, 115, 120, 125, 131
ボクサー（boxer）……32
ポメラニアン（Pomeranian）……116, 123
ボルゾイ（borzoi）……116, 139
マスティフ（mastiff）……12, 28, 33, 35-43, 49, 56, 62, 91, 93-95, 97, 111, 116, 117
マルティーズ（Maltese）……97
ラブラドール・レトリヴァー（Labrador retriever）……1, 32, 117, 139, 241
ロットワイラー（Rottweiler）……241
ワイマラナー（Weimaraner）……241
犬愛好（dog fancy）……123, 134-136, 240, 255
『犬血統台帳』（*Dog Stud Book*）……125, 126, 131, 132
EU（European Union：欧州連合）……234, 258
『イラストレイテッド・ロンドン・ニューズ』（*Illustrated London News*）……78, 141
イングランド西部グレイハウンド救出協会（Greyhound Rescue West of England）……149
「イングランドの犬」（'English Dog'）……36, 37, 42-45
イングリッシュネス（Englishness）……26, 94, 119, 140, 207, 208, 233, 253-256, 258
引退グレイハウンド基金（Retired Greyhound Fund）……191
引退グレイハウンド・トラスト（Retired Greyhound Trust）……191
ヴィクトリア王女（Princess Victoria）……105
ヴィクトリア女王（Queen Victoria）……2, 23, 79, 104, 105, 127, 236
ヴィーズィ＝フィッツジェラルド，ブライアン（Brian Vesey-Fitzgerald）……140
『犬の百科全書』（*The Book of the Dog*）……140
ウィーダ（Ouida）……79
「犬殺し」（'Canicide'）……79
『犬たち』（*Dogs*）……79
「犬たちに代わっての嘆願」（'A Plea on Behalf of Dogs'）……79
『フランダースの犬』（*A Dog of Flanders*）……79
ウィリアム１世（William I）……172
ウィリアム王子（Prince William）……1
ウィリアムズ，トム（Tom Williams）……221, 222
ウィルバーフォース，ウィリアム（William Wilberforce）……17, 19, 21, 23
ウィン，M・B（M. B. Wynn）……115
『マスティフの歴史』（*The History of the Mastiff*）……115
ウインダム，ウィリアム（William Windham）……25

ウェイカム，リチャード (Richard Wakeham) ……………………………………197
ウェストミンスター・ピット (Westminster-Pit) ……………………………57, 69
『ウェストミンスター・レヴュー』(Westminster Review) …………………185
ウェストール，リチャード (Richard Westall) ………………………………104
　『幼少のヴィクトリアと愛犬ネリー』(Young Victoria with Nellie) ………104
ウェリントン公爵………………………………………………206　ウェルズリー参照
ウェルズリー，アーサー (Arthur Wellesley)〈初代ウェリントン公爵 (1st Duke of
　Wellington)〉………………………………………………………………………206
ウェルダン，J・E・C (J. E. C. Welldon) ……………………………………206
ヴェロネーゼ，パオロ (Paolo Veronese) ……………………………………97
　『ヘルメース，ヘルセーそしてアグラウロス』(Hermes, Herse and Aglauros) ………97
ウォータールー・カップ (Waterloo Cup) ……………………154, 164, 182, 183, 186
ウォリック伯爵夫人 (Countess of Warwick) …………………………………136
ウォルヴィン，ジェイムズ (James Walvin) ……………………………………98
　『白と黒』(Black and White) ……………………………………………………98
ウォルッシュ，J・H (J. H. Walsh) …………………143, 169, 183　ストーンヘンジ参照
　『イギリス諸島の犬』(The Dogs of the British Islands) ……………………143, 169
　『犬―その種類と健康管理』(The Dog: Its Varieties and Management in Health and
　　Disease) ……………………………………………………………………143
　『1864年におけるグレイハウンド』(The Greyhound in 1864) …………………183
ウォルトン，アイザック (Izaak Walton) ……………………………………50, 256
　『釣魚大全』(The Cmpleat Angler) …………………………………50, 202, 256
ウォルポール，ロバート (Robert Walpole) …………………………………45
牛攻め (bull-baiting) ……7-9, 12, 15, 17-19, 21, 27, 28, 31, 39-41, 49, 52, 54, 55, 61, 63, 64, 68,
　76, 84, 86, 87, 91, 95, 99, 111, 128, 129, 132, 143, 149, 176, 193, 202, 235, 237, 238, 244, 249, 251
ウッディウィス，S (S. Woodiwiss) ……………………………………………144
ウッドフォード，ジェイムズ (James Woodforde) ……………………………178-180
　『田舎牧師の日記』(The Diary of a Country Parson) ………………………178
ウラストン，ウィリアム (William Wollaston) ………………………………12
『エコノミスト』(Economist) ………………………………………………………158
エセックス伯爵…………………………………………………………38, 53　デヴァルー参照
『エディンバラ・レヴュー』(Edinburgh Review) ……………………………239
エドワーズ，シドナム (Sydenham Edwards) ………………………………27, 86, 114
　『図説ブリタニアの犬』(Cynographia Britannica) ………………………27, 86, 114
エドワード (Edward)〈第2代ヨーク公爵 (2nd Duke of York)〉……………169, 173
　『マスター・オヴ・ゲーム (狩猟の管理者)』(The Master of Game) …………169, 173
エドワード3世 (Edward III) ……………………………………………………51, 173
エドワード7世 (Edward VII) ……………………………………………………136
エドワード6世 (Edward VI) ……………………………………………………113
エリアス，ノルベルト (Norbert Elias) …………………………………………204
　『スポーツと文明化』(Quest for Excitement: Sport and Leisure in the Civilizing Process) ‥204

エリオット，T・S（T. S. Eliot）……155
『文化とは何か』（*Notes towards the Definition of Culture*）……155
エリザベス１世（Elizabeth I）……39, 52, 88, 113, 177
エリザベス女王〈現女王エリザベス２世〉（Present Queen Elizabeth II）……1, 252
エンプソン，ウィリアム（William Empson）……7, 15, 73
『複合語の構造』（*The Structure of Complex Words*）……7
オウィディウス（Ovidius）……171
『変身物語』（*Metamorphoses*）……171
オーウェル，ジョージ（George Orwell）……234, 235, 247, 255
『イングランド人』（*The English People*）……234
『ライオンと一角獣』（*The Lion and the Unicorn*）……234, 255
王政復古（Restoration）……9, 10
王立動物虐待防止協会（Royal Society for the Prevention of Cruelty to Animals: RSPCA）……5, 6, 24, 32-34, 72, 79, 89, 90, 189, 190, 194, 195, 207, 208, 215, 219, 227, 228, 236, 240
王立博愛協会（Royal Humane Society）……105
「お気に入りの肖像—新しい出で立ちのジョンブル」（'A Fancy Portrait: John Bull in his New Walking Dress'）……48
オズバルデストン，ジョージ（George Osbaldeston）……213
『オックスフォード英語大辞典』（*Oxford English Dictionary: OED*）…36, 50, 86, 91, 98, 168, 174, 176, 184, 202, 211
オーフォード卿（Lord Orford）……180, 183
『オブザーヴァー』（*Observer*）……191
オラニエ公・ウィレム（Willem of Orange）〈ウィリアム３世（William III）〉……96
オルケン，ヘンリー（Henry Alken）……53, 54, 63, 200
『牛攻め』（*Bull Baiting*）……53, 54
『とどめ』（*The Kill*）……200
『路上のドッグ・ファイティング』（*Dog Fighting in the Street*）……63
オルテリウス，アブラハム（Abraham Ortelius）……36
『世界劇場縮図』（*An Epitome of the Theatre of the World*）……36
オルトカー・コーシング・クラブ（Altcar Coursing Club）……182

カ　行

カー，レイモンド（Raymond Carr）……200
『イングランドにおけるフォックス・ハンティングの歴史』（English Fox Hunting: A History）……200
階級（class）……8, 22, 25, 28, 31, 61, 76, 118, 123, 126, 170, 193, 219, 220, 229, 236, 240-242, 244, 253
下層階級（the lower class）……20, 25, 26, 71, 77, 87, 98, 118, 122, 164, 239
貴族（the aristcracy, the nobility）……28, 46, 52, 91, 94, 95, 97-99, 102, 111, 116-118, 123, 125, 127-129, 132, 135, 136, 164, 170, 173, 175, 178, 180, 207, 212, 213, 215, 216, 220, 223, 225, 235, 240, 241

ジェントリー階層（the gentry）…………127, 128, 178, 207
支配階級（the ruling class）…………25, 26, 160, 170, 193, 207, 229, 238, 239
上流階級（the upper class）…15, 20, 25, 76, 84, 91, 94, 98-100, 104, 117, 118, 122, 128, 135, 136, 140, 141, 164, 176, 180, 203, 207, 216, 218, 220, 223, 229, 235, 239, 240, 241
庶民（common people）…………40, 52, 62, 64, 91, 119, 122, 158, 164, 179, 180, 229, 235, 238
中産階級（the middle class）…12, 46, 47, 76, 77, 84, 87, 98, 105, 111, 116, 118-120, 122-124, 126, 128, 135, 136, 140, 145, 164, 185, 213, 216, 218, 235, 240, 241
特権階級（the privileged class）…………219, 229
有閑階級（the leisured class）…………24, 203
有産階級（the wealthy class）…………131, 213
労働者階級（the working class）…………16, 21, 162, 166, 237, 247
カヴァー（cover）…………200
カウズ（Cowes）…………155
カエサル（Caesar）…………36, 171
『ガリア戦記』（*Gallic Wars*）…………36, 171
賭け・賭け事（gambling, betting）…………59, 62, 63, 122, 154, 155, 161-164, 166, 175-177, 182, 189, 231, 215　賭博参照
家畜（domestic animal）…5, 14, 16, 18, 19, 22, 35, 36, 40, 54, 99, 119, 126-129, 139, 140, 142, 171, 183, 192, 197, 211, 215, 237, 247, 249, 250
家畜品評会（livestock show）…………126, 129, 140, 142, 245
カップ・ファイナル（Cup Final）…………155
カヌート（Canute）…………172
カブ・ハンティング（cub hunting）…………199
カントリーサイド・アライアンス（Countryside Alliance）…………195, 196, 224, 227
カントリーサイド・マーチ（Countryside March）…………224
カントリー・スポーツ（country sports）…………180　田園スポーツ参照
「カントリーマンとスポーツマンの誓約書」（'Countryman's and Sportman's Pledge'）…221
擬似フォックス・ハンティング（pseudo fox-hunting）…………195, 196
キーズ，ジョン（John Caius）…………39, 40, 91, 94, 113-115, 174
『イングランドの犬について』（*Of Englishe Dogges*）…………39, 40, 91, 113-115, 174
キャメルフォード男爵…………56, 61　ピット参照
キャメロン・フェアファックス男爵…………208　フェアファックス参照
旧約聖書（Old Testament）…………13
狂犬（mad dog）…………74, 80
狂犬病（rabies）…………64, 73-80
狂犬病蔓延防止法案（Bill to Prevent the Spreading of Canine Madness）…………78
恐水病（hydrophobia）…………74
『競走馬血統台帳』（*Horse Stud Book*）…………126, 128
ギヨーム２世（Guillaume II）〈ノルマンディー公（Duke of Normandy），ウィリアム１世（William I）〉…………172
近親交配（inbreeding）…………85, 89, 139, 145

キンブル，マーカス（Marcus Kimball）……223
クセノポン（Xenophon）……171
　『狩猟論』（*On Hunting*）……171
口輪（muzzle）……68, 69, 76, 79, 80, 150
熊攻め（bear-baiting）…… 7-9, 12, 21, 22, 27, 28, 31, 38-40, 49, 50, 52, 54, 55, 68, 76, 84, 91, 95, 111, 128, 176, 202, 235
クーパー，ウィリアム（William Cowper）……14, 18, 19
　『課題』（*The Task*）……14, 18, 19
クーパー，ジリー（Jilly Cooper）……117, 241, 242
　『階級』（*Class*）……117, 241
クーム，ウィリアム（William Combe）……257
　『シンタックス博士の旅』3部作（*The Tour of Doctor Syntax in Search of the Picturesque, The Second Tour of Doctor Syntax in Search of Consolation, The Third Tour of Doctor Syntax in Search of a Wife*）……257
　『ジョニー・クウィー・ジーナスの遍歴』（*The History of Johnny Quae Genus*）……257
グラッドストン，ウィリアム・ユアート（William Ewart Gladstone）……48
クラフツ（Crufts）……89, 90, 133
クリスタル・パレス（Crystal Palace）……131, 132, 246
クリミア戦争（Crimean War）……48
クルックシャンク，ジョージ（George Cruickshank）……21
　『スミスフィールド市場でのリチャード・マーティン』（*Richard Martin in Smithfield Market*）……21
グレイシング（gracing）……168　グレイハウンド・レーシング参照
『グレイハウンド血統台帳』（*Greyhound Stud Book*）……155, 183
グレイハウンド・レーシング（greyhound racing）…… 28, 76, 147, 149, 150, 151, 153, 154-161, 163-166, 168, 177, 184, 188-190, 192, 193, 235, 248, 252, 254
グレイハウンド・レーシング組合（Greyhound Racing Association）……155, 156
グレイハウンド・レーシング・レース場（greyhound racing stadium）……149, 150, 153, 155-159, 162, 163, 166, 184
　ウェルッシュ・ハープ（Welsh Harp）……154, 181
　ウォルサムストー（Walthamstow）……163
　スタンフォード・ブリッジ（Stamford Bridge）……159
　ハリゲイ（Harringay）……159
　ベル・ヴュー（Bell Vue）……155, 163, 168, 188
　ホワイト・シティ（White City）……163, 165, 167, 168
グレイハウンド・レーシング連合組合（Greyhound Racing Association Trust）……156
グレイハウンド・レース（greyhound race）……168　グレイハウンド・レーシング参照
グレイフライアーズのボビー（Greyfriars Bobby）……110
ゲイ，ジョン（John Gay）……14, 55
　『寓話集』（*Fables*）……55
　『乞食のオペラ』（*The Beggar's Opera*）……55

『羊飼いの 1 週間』(*The Shepherd's Week*)……14
ケイシー，レイチェル (Rachel Casey)……194, 195
競馬 (horse racing)……135, 150, 153, 155–157, 160, 163, 166, 190, 191, 197
ゲインズバラ，トマス (Thomas Gainsborough)……102, 103
ゲスナー，コンラート (Conrad Gesner)……113
『動物誌』(*Historie Animalium*)……113
ケネル (kennel)……125
『ケネル』(*Kennel*)……72
ケネル・クラブ (Kennel Club)……65, 85, 88–90, 124–126, 131–135, 143, 145, 243
『ケネル・クラブ・カレンダー』(*Kennel Club Calendar*)……126
『ケネル・レヴュー』(*Kennel Review*)……136
犬種標準 (Dog Breed Standard)……65, 81, 85, 86, 88–90, 123, 124, 143–145
ケンブリッジ公爵……127　アドルファス公参照
口蹄疫 (foot-and-mouth disease)……224
功利主義 (utilitarianism)……14, 16, 26, 237
国王御用命熊係 (Master of King's Bears)……52
国際動物福祉基金 (International Fund for Animal Welfare)……227
コーシング (coursing)…84, 116, 154, 156, 164, 168, 174–189, 193, 203, 221, 222, 224, 235, 237
告解の火曜日 (Shrove Tuesday)……8
コックス，シーモー (Seymour Cocks)……221, 222
コックス，ニコラス (Nicholas Cox)……114, 139
『紳士のリクリエーション』(*The Gentleman's Recreation*)……114, 139
ゴッデン，ラナー (Runner Godden)……137
『バターフライ・ライオン』(*The Butterfly Lions*)……137
コペンハーゲン・ハウス (Copenhagen House)……63
コリー，リンダ (Linda Colley)……205
『イギリス国民の誕生』(*Britons: Forging the Nation 1707-1837*)……205
御料林 (royal forest)……172
ゴールズワージー，ジョン (John Galsworthy)……214
コールリッジ，サミュエル・テイラー (Samuel Taylor Coleridge)……15
「年少のロバへ」('To a Young Ass')……15
コンスタブル，ジョン (John Constable)……119

サ　行

サウジ，ロバート (Robert Southey)……13
サザーランド公爵夫人 (Duchess of Sutherland)……164
サッチャー，マーガレット (Margaret Thatcher)……223
サーティーズ，ロバート・スミス (Robert Smith Surtees)……201
『ハンドリー・クロス』(*Handley Cross*)……201
サマーヴィル，ウィリアム (William Sommerville)……211
「狩猟」('Chase')……211

サマセット，ヘンリー（Henry Somerset）〈第8代ボーフォート公爵（8th Duke of Beaufort）〉……213
産業化（industrialization）……24, 119, 180, 254, 255
残酷スポーツ（cruel sports）……50
残酷スポーツ禁止同盟（League for the Prohibition of Cruel Sports）……219
残酷スポーツ反対同盟（League Against Cruel Sports）……148, 186, 191, 219-223, 227
サーンダーズ，ロバート（Robert Sanders）〈初代ベイフォード男爵（1st Baron Bayford）〉……219
シェイクスピア，ウィリアム（William Shakespeare）……8, 9, 37, 42, 52, 92, 102, 112, 113, 177
　『アントニーとクレオパトラ』（*Antony and Cleopatra*）……92
　『ウィンザーの陽気な女房たち』（*The Merry Wives of Windsor*）……9, 177
　『じゃじゃ馬馴らし』（*The Taming of the Shrew*）……177
　『ヘンリー5世』（*Henry V*）……37, 42, 52, 177
　『マクベス』（*Macbeth*）……52, 112, 113
　『真夏の夜の夢』（*A Midsummer Night's Dream*）……93
　『リア王』（*King Lear*）……9
ジェイムズ，ヘリオット（James Herriot）……4
　『犬物語』（*Dog Stories*）……4
ジェイムズ1世（James I）……52, 95, 177
ジェイムズ2世（James II）……95, 96
ジェシー，エドワード（Edward Jesse）……106, 255
　『犬の逸話集』（*Anecdotes of Dogs*）……106, 255
ジェシー，ジョージ・R（George R. Jesse）……66, 106, 107, 115, 143, 236, 255
　『イギリスの犬の歴史についての研究』（*Researches into the History of the British Dog*）……66, 106, 107, 115, 143, 236, 255
ジェファソン，トマス（Thomas Jefferson）……208
『辞苑』……3
ジェンキンズ，ロバート（Robert Jenkins）……45
シェンストーン，ウィリアム（William Shenstone）……211
ジェンダーズ，ロイ（Roy Genders）……166
　『グレイハウンド・レーシング事典』（*The National Greyhound Racing Club Book of Greyhound Racing*）……166
地主制度（landlordism）……217
シーモー，ジェイムズ（James Seymore）……205
　『フル・クライ』（*Full-Cry*）……205
社会的な見せびらかし（social display）……127, 128, 132, 139
ジャケ，E・W（E. W. Jaquet）……131, 132, 134
　『ケネル・クラブ』（*The Kennel Club*）……131
シャーリー，S・E（S. E. Shirley）……125
『シャリヴァリ』（Charivari）……46
銃猟（shooting）……132, 187, 216, 218-220, 237, 241
シューティング……132　銃猟参照

狩猟（hunting, chase）……3, 14, 15, 20, 27, 49, 60, 76, 95, 98, 99, 106, 113-116, 125, 135, 148, 154, 155, 171-177, 179, 185, 186, 188, 194, 195, 197, 198, 201-205, 207, 209, 211, 214, 215, 219-225, 227, 228, 235, 238, 241, 242, 244, 248
ショー，ジョージ・バーナード（George Bernard Shaw）……214
ジョージ３世（George III）……45
ジョン王（King John）……173
ジョーンズ，E.・グウィン（E. Gwynne Jones）……114
　『犬に関する文献』（*A Bibliography of the Dog*）……114
ジョーンズ，デイヴィッド（David Jones）……45
　『むち打ちの柱』（*The Whipping Post*）……44, 45
ジョンソン，ベン（Ben Jonson）……8
ジョン・ブル（John Bull）……47-49, 76, 141, 216, 235
シンガー，ピーター（Peter Singer）……13
　『動物の解放』（*Animal Liberation*）……13
人工交配（artificial crossing）……66, 140, 148, 192, 245
スウォッファム・クラブ（Swaffham Club）……180
『スカイ・ニューズ』（*Sky News*）……1
スキャブランド，アーロン（Aaron Skabelund）……242
　『犬の帝国』（*Empire (s) of Dogs*）……242
スコットランド動物虐待防止協会（Scottish SPCA）……31, 32, 72
スコットランド・ヤード（Scotland Yard）……33
スタッフォード，エドワード（Edward Stafford）〈第３代バッキンガム公爵（3rd Duke of Buckingham)〉……174
スタッブズ，ジョージ（George Stubbs）……102, 103, 119
スタンリー，エドワード・ジョージ（Edward George Stanley）〈第一四代ダービー伯爵（14th Earl of Derby)〉……48
スタンリー卿（Lord Stanley）……164
スティーラー（犬盗人）（stealer）……121
スティール，グアリー（Gourlay Steell）……104
スティール，リチャード（Richard Steele）……12
ステータス・シンボル（status symbol）……28, 33, 123, 128, 136, 145, 241, 254, 256
『ステート・ペイパーズ』（*State Papers*）……38
ステュアート，ジョン（John Stuart）〈第３代ビュート伯爵（3rd Earl of Bute)〉……45
ステュアート，フランシス（Frances Stuart）……95
ストラット，ジョゼフ（Joseph Strutt）……201
　『イングランド人のスポーツと娯楽』（*The Sports and Pastimes of the People of England*）……201
ストラボン（Strabon）……171
　『地理書』（*Geographica*）……171
ストーンヘンジ（Stonehenge）……143　ウォルッシュ参照
スパークス，ピート（Pete Sparks）……83

『スポーティング・マガジン』(*Sporting Magazine*)……57, 60, 201
スミス，アダム（Adam Smith）……117
　『国富論』(*The Wealth of Nations*)……117
スミス，シドニー（Sydney Smith）……239
スミスフィールド市場（Smithfied Market）……21, 23
スミスフィールド協会（Smithfield Society）……126
スミスフィールド・クラブ（Smithfield Club）……126
スモレット，トバイアス（Tobias Smollett）……13
「世界犬種地図」(‘Dog Map of the World’)……242, 243
ゼノフォービア（xenophobia）……43, 94
全英グレイハウンド委員会（Greyhound Board of Great Britain: GBGB）……190, 191
全英グレイハウンド・レーシング・クラブ（National Greyhound Racing Club）……155, 157, 159, 190
全英コーシング・クラブ（National Coursing Club）……154, 155, 177, 183, 184, 186, 187
全英残酷スポーツ廃止協会（National Society for the Abolition of Cruel Sports）……221
全英ドッグ・クラブ（National Dog Club）……131
全英ドッグ・クラブ協議会（National Dog Club Committee）……125
全英ドッグ・ショー（National Dog Show）……133
全米グレイハウンド里親活動（National Greyhound Adoption Program: NGAP）……190
セポイの反乱（Sepoy Mutiny）……48
『セント・オールバンズの書』(*The Boke of Saint Albans*)……173
ソルト，ヘンリー（Henry Salt）……50, 214

タ　行

「大英帝国地図」(‘Map of the World: British Empire in 1886’)……242, 243, 244
『タイムズ』(*Times*)……6, 127, 138, 189, 226
『タイムズ・オンライン』(*Times Online*)……85
ダーウィン，チャールズ（Charles Darwin）……24
ダウンズ，D・M（D. M. Downes）……163
　『賭博，仕事そして余暇』(*Gambling, Work and Leisure*)……163
『タトラー』(*Tatler*)……185
ダドリー，ロバート（Robert Dudley）〈初代レスター伯爵（1st Earl of Leicester)〉……40
ターナー，ジェイムズ（James Turner）……16, 24, 25, 35, 76, 118, 239, 241
　『動物への配慮』(*Reckoning with the Beast*)……16
ダニエル，ウィリアム・B（William B. Daniel）……115
　『田園スポーツ』(*Rural Sports*)……115
ダニング，エリック（Eric Dunning）……204　エリアス参照
ターバヴィル，ジョージ（George Turbeville ）……174-176, 201
　『高貴なる狩猟の術』(*The Noble Art of Venerie or Hunting*)……174, 201
ダービー（グレイハウンド・レーシング）(Derby)……165, 167
ダービー（競馬）(Derby)……155, 160, 182

ダービー伯爵……48　スタンリー参照
ダラム牛（Durham ox）……141
『短角牛血統総監』（*General Short-Horned Herd Book*）……126, 128
チェイス（chase）……175
畜殺（slaughtering）……14
畜獣（cattle）……19, 20, 22, 248–250
チャイルド，ウィリアム（William Childe）……212
チャーチル，ウィンストン（Winston Churchill）……42, 48, 49, 85
チャーチル，チャールズ（Charles Churchill）……101
「ウィリアム・ホガースへの書簡詩」（'An Epistle to William Hogarth'）……101
チャムリー夫人（Lady Cholmondeley）……164
チャールズ1世（Charles I）……95–98
チャールズ皇太子（Prince Charles）……226
チャールズ2世（Charles II）……88, 95, 96, 102, 210
チャールトン，H・B（H .B. Charlton）……61
『ワスプ，チャイルドそしてビリー』（*Wasp, Child and Billy*）……61
チョーサー，ジェフリー（Geoffrey Chaucer）……91
『カンタベリー物語』（*The Canterbury Tales*）……91
釣り・釣魚（angling, fishing）……14, 20, 60, 78, 114, 174, 180, 216, 220, 239, 257
釣りパーティ（angling party, fishing party）……180
ディクシー，フロレンス（Florence Dixie）……185
「スポーツの恐怖」（'The Horror of Sport'）……186
ティツィアーノ・ヴェチェリオ（(Tiziano Vecellio)……97, 102
『フェデリコ・ゴンザーガ2世の肖像』（*Federico II Gonzaga, Duke of Mantua*）……97
テイラー，ジョゼフ（Joseph Taylor）……27, 105, 106, 115, 255
『犬の一般的性質』（*The General Character of the Dog*）……27, 106, 255
『犬の感謝』（*Canine Gratitude*）……105, 255
『4本足の友達』（*Four-Footed Friends*）……105, 255
ティリー，M・P（M. P. Tilley）……117
『16世紀および17世紀のイングランドのことわざ辞典』（*A Dictionary of the Proverbs in England in the Sixteenth and Seventeenth Centuries*）……117
『デイリー・エクスプレス』（*Daily Express*）……159
『デイリー・ガゼッティア』（*Daily Gazetteer*）……62
『デイリー・ヘラルド』（*Daily Herald*）……156
デヴェルー，ウォルター（Walter Deveroux）〈第二代エセックス伯爵（2nd Earl of Essex)〉……38
テニエル，ジョン（John Tenniel）……245, 246
田園スポーツ（rural sports）……178, 180, 198　カントリー・スポーツ参照
デント，ジョン（John Dent）……17, 237
テンプル，ヘンリー・ジョン（Henry John Temple）〈第3代パーマストン子爵（3rd Viscount of Palmerston)〉……48

トイ・ドッグ・クラブ（Toy Dog Club）……130
ドイル，リチャード（Richard Doyle）……244, 245
闘牛（bull-fighting）……13
闘鶏（cock-fighting）……8, 9, 14, 15, 22, 25, 49, 55, 60, 62, 68, 99, 122, 130, 193, 249
闘犬場（pit）……56, 57, 59, 122
動物いじめ（tormenting animals）……7, 8, 21, 22, 24, 49, 50, 52, 72, 176
動物虐待防止関連法（成立年順）
　1822年畜獣虐待禁止法（Act against Cruel Treatment of Cattle 1822）……16, 79, 119, 214, 248
　1835年動物虐待禁止法（Act against Cruelty to Animals 1835）……17, 22, 31, 34, 35, 64, 68, 72, 83, 86, 122, 129, 136, 193, 204, 235
　1849年動物虐待防止法（Act for Prevention of Cruelty to Animals 1849）……249
　1854年動物虐待防止（改正）法（Act for Prevention of Cruelty to Animals 1854）……249
　1867年首都街路法（Metropolitan Street Act 1867）……79
　1876年動物虐待防止（改正）法（Act for Prevention of Cruelty to Animals 1876）……249
　1886年および1887年狂犬病法（Rabies Order）……79
　1911年動物保護法（Protection of Animals Act 1911）……5, 72, 250
　1925年演技動物（規制）法（Performing Animals 〈Regulation〉 Act 1925）……186, 250
　1927年動物保護（改正）法（Protection of Animals 〈Amendment〉 Act 1927）……186
　1933年動物保護（犬虐待防止）法（Protection of Animals 〈Cruelty to Dogs〉 Act 1933）……186, 250
　1934年動物保護法（Protection of Animals Act 1934）……186
　1951年ペット動物法（Pet Animals Act 1951）……251
　1954年動物保護（改正）法（Protection of Animals 〈Amendment〉 Act 1954）……186
　1954年動物保護（麻酔）法（Protection of Animals 〈Anaesthetics〉 Act 1954）……186
　1960年動物遺棄法（Abandonment of Animals Act 1960）……186
　1960年賭博法（Betting and Gambling Act 1960）……163
　1962年動物（残虐毒物）法（Animals 〈Cruel Poisons〉 Act 1962）……186
　1964年動物保護（麻酔）法（Protection of Animals 〈Anaesthetics〉 Act 1964）……186
　1973年犬繁殖法（Breeding of Dogs Act 1973）……251
　1983年ペット動物（改正）法（Pet Animals 〈Amendment〉 Act 1983）……251
　1988年動物保護（改正）法（Protection of Animals 〈Amendment〉 Act 1988）……251
　1991年犬繁殖法（Breeding of Dogs Act 1991）……251
　1991年危険犬法（Dangerous Dogs Act 1991）……31-33
　1996年野生哺乳類保護法（Wild Mammals 〈Protection〉 Act 1996）……188, 250
　1999年犬繁殖販売（福祉）法（Breeding and Sale of Dogs 〈Welfare〉 Act 1999）……251
　2002年野生哺乳類保護法（スコットランド）（Protection of Wild Mammals 〈Scotland〉 Act 2002）……188
　2002年狩猟動物保護法（北アイルランド）（Game Preservation Act 〈Northern Ireland〉 2002）……188
　2004年狩猟禁止法（Hunting Act 2004）……188, 193, 195, 196, 225, 227
　2006年動物健康福祉法（スコットランド）（Animal Health and Welfare 〈Scotland〉 Act

2006）··32
2006年動物福祉法（Animal Welfare Act 2006）·····································251, 253
動物虐待防止協会（Society for the Prevention of Cruelty to Animals）·········16, 17, 22, 23,
　　25-27, 79, 132, 214, 215, 248
動物に対する理不尽な残酷行為を防止する協会（Society for Preventing Wanton Cruelty to
　Brute Animals）···23
動物の権利（animal rights）······································16, 162, 190, 192, 198, 223
『ドゥームズデイ・ブック』（Domesday Book）···172
都市化（urbanization）···24, 180
ドッグ・ショー（dog show）··83-85, 87, 89, 90, 123-126, 129-138, 140-145, 148, 240, 244, 245
ドッグ・セラー（犬売り商人）（dog seller）···120-122
ドッグ・デイズ（Dog Days）··75, 78
ドッグズ・トラスト（Dogs Trust）···32
ドッグ・ファイティング（dog-fighting）····8, 9, 21, 28, 31-35, 42, 49, 54, 55, 57, 59-73, 77, 78,
　　80-84, 116, 121, 122, 129, 131, 132, 149, 158, 193, 245, 247, 249, 252, 258
ドッグ・レーシング（dog racing）······147, 158, 160, 168　グレイハウンド・レーシング参照
ドッグ・レース（dog race）···············147, 155, 168　グレイハウンド・レーシング参照
賭博（gambling, betting）··············3, 24, 81, 82, 99, 149, 157-163, 237　賭け・賭け事参照
トマス、キース（Keith Thomas）································7, 12, 13, 15, 16, 76, 107, 239
『人間と自然界』（Man and the Natural World）··7
トマス、J・H（J. H. Thomas）···156
トムソン、ジェイムズ（James Thomson）··14
『四季』（The Seasons）··14
トムソン、G・S（G. S. Thomson）···97, 98
『高貴な家庭の生活』（Life in a Noble Household 1641-1700）····························97
トムリンソン、ルーク（Luke Tomlinson）···197
ドラッグ・ハンティング（drag hunting）···195
トラップ（trap）···150, 152, 181
鶏当て（cock-throwing）···8, 12
トリマー夫人（Mrs Trimmer）··15
『たとえ話』（Fabulous Histories）···15
奴隷廃止協会（Anti-Slavery Society）··214
トレイル・ハンティング（trail-hunting）··195
トレヴィリアン、フレッド（Fred Trevellian）···167, 168
トレヴズ・パーフェクション（Trev's Perfection）·······································167, 168
トレーシング（tracing）···179　コーシング参照
トンプソン、ウォルター（Walter Thompson）···48
『ブルドッグのそばにいて』（Beside the Bulldog）···49
トンプソン、ローラ（Laura Thompson）···151
『犬たち』（The Dogs）··151

ナ　行

ナショナル・キャラクター（national character）……45, 47
ナショナル・ヘルス・サーヴィス（National Health Service: NHS）……32
ニッパー（Nipper）……110
ニムロッド（Nimrod）……201　アパリー参照
ニューカースル公爵夫人（Duchess of Newcastle）……136
『ニュー・スポーティング・マガジン』（*New Sporting Magazine*）……61, 201
人間中心主義（anthropocentrism）……15, 22, 26, 253
ネズミ攻め（rat-baiting）……62, 70, 121, 122, 130, 131
農業者連盟（Farmers' Alliance）……217
農業品評会（agricultural show）……129
ノウサギ（hare）……88, 94, 99, 150, 151, 154, 158, 170–172, 174–177, 179, 181, 182, 184–189, 193, 201–203, 224, 239
ノブ（お偉方）（nob）……122
ノーフォーク公爵（第11代）……127　ハワード，チャールズ参照
ノーフォーク公爵（第４代）……177　ハワード，トマス参照
ノルマン・コンクエスト（Norman Conquest）……172

ハ　行

バイユー・タペストリー（Bayeux Tapestry）……172
バイロン，ジョージ・ゴードン（George Gordon Byron）……107, 123
ハーウッド，ディクス（Dix Harwood）……13, 15
　『動物愛―いかにイギリスで発達したか』（*Love for Animals and How It Developed in Great Britain*）……13
博愛者同盟（Humaniterian League）……50, 214, 215
バクスター，ナサニエル（Nathaniel Baxter）……91
バクストン，トマス・ファウエル（Thomas Fowell Buxton）……214
パストウール，ルイ（Louis Pasteur）……79
バスビ，Ｔ・Ｌ（T. L. Busby）……74
　『狂犬』（*Mad Dog*）……74
ハチソン，フランシス（Francis Hutcheson）……14
　『道徳哲学大系』（*A System of Moral Philosophy*）……14
バッキンガム公爵……174　スタッフォード参照
パック（pack）……199, 214
ハックウッド，ウィリアム（William Hackwood）……67
　『古くからのイングランドのスポーツ』（*Old English Sports*）……67
ハーディ，トマス（Thomas Hardy）……214
ハート，サイモン（Simon Hart）……227
『パドック規則集』（*The Book of Sports, or Laws of the Paddock*）……177
バトラー，サミュエル（Samuel Butler）……50

『ヒューディブラス』(*Hudibras*)……50
『パノラマ』(*Panorama*)……80, 85, 88, 90, 145
「秘密裏のドッグ・ファイティング」('Dog--Fighting Undercover')……80
「危機に立つ血統犬」('Pedigree Dogs Exposed')……85
バーバー，バートン (Burton Barber)……104
パーマストン子爵……48 テンプル参照
ハリー王子 (Prince Harry)……1, 197
パリス・ガーデン (Paris Garden)……8, 52, 53
ハリソン，ウィリアム (William Harrison)……39
『イングランドの描写』(*The Description of England*)……39
ハリソン，ミッチェル (Mitchell Harrison)……124
パルテニー，ウィリアム (William Pulteney)……17, 19, 238
バルボー夫人 (Mrs. Barbauld)……15
バロード，フランシス (Francis Barraud)……110, 256
『主人の声』(*His Master's Voice*)……256
バロード，マーク・ヘンリー (Mark Henry Barraud)……110
ハロルド王 (King Harold)……172
ハワード，チャールズ (Charles Howard)〈第11代ノーフォーク公爵 (11th Duke of Norfolk)〉……127
ハワード，トマス (Thomas Howard)〈第4代ノーフォーク公爵 (4th Duke of Norfolk)〉……177
バンクス，トニー (Tony Banks)……223, 225
バーンズ，ロバート (Robert Burns)……14
「メイリーの遺言」('The Death and Dying Words of Poor Maillie')……14
バーンズ調査委員会 (Burns Inquiry)……188
『パンチ』(*Punch*)……46, 102, 141, 142, 216, 244, 245, 247, 249
「ジョン・ブル，プディングを守る」('John Bull Guards his Pudding')……46, 47
「侵略だって，本当に」('Invasion, Indeed!')……47, 48
「1889年の流行犬」('Dog Fashions for 1889')……142
「どうしても仕事をしたがるんだ」('How Does He Like This?')……249
「ハイド・パークの幸せ家族」('The Happy Family in Hyde Park')……245
「ミスター・ブリッグズのフォックス・ハンティング―栄光の舞台裏」('Mr. Briggs Has Another Glorious Day with the Hounds, and Gets the Brush')……217
「ミスター・ブリッグズのフォックス・ハンティング―垣越えを阻まれる」('Mr. Briggs Has Another Day with the Hounds')……217
「ロンドン動物園の光景」('A Prospecte of ye Zoologicl Societye – its Gardens')……244, 245
「パンチとジュディ」(Punch and Judy)……46
ハンツマン (猟犬係) (huntsman)……199, 200, 209
ハント (狩猟隊) (hunt)……200, 212
ヒース，W (W. Heath)……74, 75
『恐水病』(*Hydrophobia*)……74, 75
ヒストン，D・J (D. J. Histon)……149

ピット，トマス（Thomas Pitt）〈第2代キャメルフォード男爵・キャメルフォード卿（2nd Baron Camelford・Lord Camelford）〉……56, 61
BBC（British Broadcasting Corporation：イギリス放送協会）…… 2, 5, 31, 32-33, 80, 81, 85, 89, 90, 148, 149, 194-196, 226
ピープス，サミュエル（Samuel Pepys）……9, 12, 95
ビュアリー，エドワード（Edward Bury）……185
『家の友』（*The Husbandmans Companion*）……185
ビューイック，トマス（Thomas Bewick）……114, 115, 141, 257
『四足獣概説』（*A General History of Quadrupeds*）……114, 115
「農場労働者と犬」（'A Farm Labourer and his Dog'）……257
「冬景色のなかの旅人と犬」（'A Traveller and his Dog in a Winter Landscape'）……257
ビュート伯爵……45　ステュアート，ジョン参照
ヒューム，デイヴィド（David Hume）……14
『道徳哲学』（*An Enquiry concerning the Principles of Morals*）……13
ピューリタン（Puritan）……8, 12, 13, 185, 196
ファインダー（捜査人）（finder）……121
ファーカソン，ジェイムズ・ジョン（James John Farquharson）……212
ファン・アイク，ヤン（Jan Van Eyck）……97
『アルノルフィーニ夫妻の肖像』（*The Marriage of Giovanni Arnolfini and Giovanna Cenami*）……97
ファン・ダイク，アントニー（Anthony Van Dyck）……96, 97, 102, 144
『ジェイムズ・ステュアートの肖像』（*James Stuart*）……97
『チャールズ1世の子供たち』（*The Children of Charles I*）……97
『チャールズ1世の3人の子供たち』（*The Three Eldest Children of Charles I*）……96, 97, 144
フィッツスティーヴン，ウィリアム（William Fitz Stephen）……51
『ロンドンの描写』（*A Description of London*）……51
フィッツバーナード，L（L. Fitzbarnard）……82, 84
『ファイティング・スポーツ』（*Fighting Sports*）……82
フィールド（field）……199
『フィールド』（*Field*）……70, 143
フェアファックス，トマス（Thomas Fairfax）〈第6代キャメロン・フェアファックス男爵（6th Baron Fairfax of Cameron）〉……208
フェア・プレイ（fair play）……176, 207
フェリー，オーティス（Otis Ferry）……197
フェリー，ブライアン（Bryan Ferry）……197
フォスター，マイケル（Michael Foster）……224
フォーチュン座（the Fortune）……52
『フォックスハウンド血統台帳』（*Foxhound Stud Book*）……212
フォックス・ハンティング（fox hunting）…… 24, 28, 29, 84, 99, 116, 132, 142, 188, 193-202, 204-231, 235, 237, 248, 252, 254, 258

『フォートナイトリー・レヴュー』(*Fortnightly Review*)……79
福音主義(evangelicalism)……10, 17, 24, 237
福原麟太郎……3, 6, 248
　『英学三講』……3, 6
ブックメイカー(bookmaker)……161, 164, 165
フライ・フィッシング(fly-fishing)……180
ブラック・カントリー(Black Country)……64, 66, 70, 158
ブラッドショー,ベン(Ben Bradshaw)……5, 233, 235
ブラッド(流血)・スポーツ(blood sports)……50
フランス革命(French Revolution)……16
『フランスの雄鶏とイングランドのライオン』(*The Gallic Cock and English Lyon*)…44, 45
『ブリズベーン・クーリアー』(*Brisbane Courier*)……69
ブリタニア(Britannia)……45, 141, 235, 243
ブリッグズ,イーアン(Ian Briggs)……34
ブリティッシュネス(Britishness)……26, 208, 244, 253
プリニウス(大)(Plinius Major)……96
　『博物誌』(*Natural History*)……96
プリマット,ハンフリー(Humphrey Primatt)……14
　『動物に対する慈悲の義務および虐待の罪に関する論考』(*A Dissertation on the Duty of Mercy and Sin of Cruelty to Brute Animals*)……14
フリン,マイク(Mike Flynn)……32
プール,ダニエル(Daniel Pool)……206
　『ジェイン・オースティンが食べたもの,チャールズ・ディケンズが知っていたこと』(*What Jane Austen Ate and Charles Dickens Knew*)……206
フル・クライ(full cry)……200
プルタルコス(Plūtarchos)……13
ブルック,ロバート(Robert Brooke)……208
ブルーム,アーサー(Arthur Broome)……23
ブルーム,ヘンリー(Henry Brougham)……239
ブレア,トニー(Tony Blair)……223-225, 228-230
ブレイク,ウィリアム(William Blake)……14
　「無垢の予兆」('Auguries of Innocence')……14
フレミング,エブラハム(Abraham Flemmming)……39, 113
文明化(civilization)……16, 26, 27, 61, 76, 80, 119, 122, 129, 133, 161, 162, 189, 204, 206-208, 221, 229, 235, 236, 238-240, 242-244, 247, 248, 251-254
ベア・ガーデン(Bear Garden)……8, 9, 53, 55
ベイカー,ヘンリー(Henry Baker)……15
　『宇宙』(*The Universe*)……15
ベイフォード男爵……219　サーンダーズ参照
ヘイル,マシュー(Matthew Hale)……185
　『孫たちへの忠告の手紙』(*A Letter of Advice to the Grandchildren*)……185

ベックフォード，ウィリアム（William Beckford）……13
ベックフォード，ピーター（Peter Beckford）……212
『ハンティング雑感』（*Thoughts on Hunting*）……212
ペット（pet）…6, 16, 36, 42, 76, 91, 96, 98, 103, 111, 118, 119, 122, 138, 192, 235, 240, 242, 244, 248, 252, 253
ベッドフォード公爵……127　ラッセル，フランシス参照
ベッドフォード伯爵……97, 256　ラッセル，ウィリアム参照
ベラスケス，ディエゴ（Diego Velazquez）……97, 99
『宮廷道化』（*Court Dwarf*）……97, 99
ヘリオット，ジェイムズ（James Herriot）……4
『犬物語』（*Dog Stories*）……4
ベルカン，アルノー（Arnaud Berquin）……15
『子供の友』（*The Children's Friend*）……15
『ベルズ・ライフ』（*Bell's Life in London*）……60
ベンサム，ジェレミー（Jeremy Bentham）……14, 16
ヘンズロー，フィリップ（Philip Henslow）……52
ヘンツナー，ポール（Paul Hentzner）……42
『イングランドへの旅』（*A Journey into England*）……42
ペンバートン，ニール（Neil Pemberton）……75
『狂犬とイングランド人』（*Mad Dogs and Englishmen*）……75
ヘンリー八世（Henry VIII）……174
ヘンリー・レガッタ（Henley Regatta）……155
ボーヴィル，E・W（E. W. Bovill）……201
『ニムロッドとサーティーズのイングランド』（*The England of Nimrod and Surtees 1815-1854*）……201
ホーカー（街商人）（hawker）……122
ホガース，ウィリアム（William Hogarth）……10, 11, 99, 100-102, 141, 238
『逸話集』（*Anecdotes*）……11
『カレーの門』（*The Gate of Calais*）……141
「残酷の第1段階」（'The First Stage of Cruelty'）……10, 11
「残酷の第2段階」（'The Second Stage of Cruelty'）……11
『残酷の4段階』（*The Four Stages of Cruelty*）……11, 100, 238
「自叙伝ノート」（'Autobiographical Notes'）……11
『ジン横町』（*Gin Lane*）……99
『ストロード家の人々』（*The Strode Family*）……100
『パグと一緒の自画像』（*The Painter and his Dog*）……101
『ビール街』（*Beer Street*）……141
『放蕩息子一代記』（*A Rake's Progress*）……99
『乱暴者』（*The Bruiser*）……101
ホガート，リチャード（Richard Hoggart）……162
『読み書き能力の効用』（*The Uses of Literacy*）……162

『ポケット版オックスフォード英語辞典』（*The Pocket Oxford Dictionary: POD*）……3, 248
ホックリー・イン・ザ・ホール（Hockley-in-the-Hole）……55
ボディントン，S（S. Boddington）……124
ボーフォート公爵……213　サマセット参照
ホメロス（Homēros）……171
　『イリアス』（*Ilias*）……171
ポルフュリオス（Porphyrios）……13
『ホワイトホール・レヴュー』（*Whitehall Review*）……79
ホーン，ウィリアム（William Hone）……78, 80
　『毎日の書』（*The Every-Day Book*）……78

マ　行

マイケル，アリン（Alun Michael）……224
マカダム，ジョン（John Macadam）……159
マーカムソン，ロバート・W（Robert W. Malcolmson）……49
　『イングランド社会の民衆娯楽』（*Popular Recreations in English Society 1700-1850*）‥49
マキャンディッシュ，W・L（W. L. McCandish）……140
マクナマラ，ケヴィン（Kevin McNamara）……223
マクフォール，ジョン（John McFall）……223
マーシャル，R（R. Marshall）……130, 131
　『初期の犬品評会』（*An Early Canine Meeting*）……130
マーシャル，ジョン（John Marshall）……181, 182
　『コーシング』（*Coursing*）……181, 182
マスター・オヴ・ハウンド（猟犬の管理者）（master of hounds）……199
マスター・オヴ・フォックスハウンド協会（Masters of Foxhounds Association）……213
『街の婦人の性格』（*The Character of a Town-Miss*）……99
マッチ（match）……131
マーティン，マイケル（Michael Martin）……225
マーティン，リチャード（Richard Martin）……18, 20, 21, 23, 79, 214, 225, 237, 238
マラバン・ガーデンズ（Marylebone Gardens）……55
ミスター・ブリッグズ（Mr Briggs）……216
ミソン，アンリ（Henri Misson）……40, 41
　『イングランド見聞記』（*Misson's Memoirs and Obserbations in his Travel over England*）
　……40
ミック・ザ・ミラー（Mick the Miller）……165, 166
ミッチェリー・ワンダー（Metchley Wonder）……124
密猟者（poacher）……176
ミート（meet）……199, 209
「無秩序状態のドッグ・ショー」（'Dog Shows as They Would Be in an Anarchical State'）
　……134, 135
ムーラールト，ビート・ルイ・ド（Beat Louis De Muralt）……42

メアリー1世（Mary I）……113
メアリー2世（Mary II）……96
メイジャー，ジョン（John Major）……223, 233, 234, 255
メイドストーン夫人（Lady Maidstone）……164
メイネル，ヒューゴー（Hugo Meynell）……142, 212
メイヒュー，ヘンリー（Henry Mayhew）……46, 111, 120
　『ロンドンの労働とロンドンの貧民』（*London Labour and the London Poor*）……111, 121
メグソン，A・H（A. H. Megson）……124
メラン，マーク・アンソニー（Mark Anthony Meilan）……15
メリー・イングランド（Merry England）……254
メルボルン猟友会（Melbourne Hounds）……209
モア，トマス（Thomas More）……184
　『ユートピア』（*Utopia*）……184
モリス，デズモンド（Desmond Morris）……112, 114, 115
　『犬種辞典』（*Dogs: The Ultimate Dictionary of Dog Breeds*）……112, 114, 115
モリソン，ファインズ（Fynes Moryson）……36, 111
　『旅行記』（*An Itinerary*）……36, 111
モルトン・コーシング・クラブ（Malton Coursing Club）……180
モロ，アントニオ（Antonio Moro）……97, 99
　『グランヴィル枢機卿の道化』（*Cardinal de Granville's Dwarf*）……97, 99

ヤ　行

野外スポーツ（outdoor sports, field sports）……20, 60, 102, 103, 114, 131, 143, 154, 186, 187, 193, 197, 211, 218–220, 235
野外スポーツ行事（game fair）……129
野生動物（wild animal）……50, 176, 178, 180, 188, 192, 202, 203, 223, 224, 250
野生動物保護法案（Wild Mammals Protection Bill）……223
ヤング，トマス（Thomas Young）……18, 108
　『動物に対する慈愛についての小論』（*An Essay on Humanity to Animals*）……18, 108
ユーアット，ウィリアム（William Youatt）……77
ヨーク公爵……169, 173　エドワード参照

ラ　行

ライナグル，フィリップ（Philip Reinagle）……103
　『驚くべき音楽犬の肖像』（*Portrait of an Extraordinary Musical Dog*）……103
ラスキン，ジョン（John Ruskin）……109
　『近代画家論』（*Modern Painters*）……109
ラッセル，ウィリアム（William Russell）〈第5代ベッドフォード伯爵，初代ベッドフォード公爵（5th Earl of Bedford, 1st Duke of Bedford）〉……97
ラッセル，ジョン（John Russell）……48
ラッセル，フランシス（Francis Russell）〈第5代ベッドフォード公爵（5th Duke of

Bedford)〉……127
ランシア，エドウィン（Edwin Landseer）……104, 105, 109, 256
『ウィンザー城近況』（*Windsor Castle in Modern Times*）……104
『老羊飼いの死をもっとも悲しむ者』（*The Old Shepherd's Chief Mourner*）……109, 256
ランデヴー（rendezvous）……69
リー，ロードン・B（Rawdon B. Lee）……115, 124, 126, 144, 213-215
『イギリスおよびアイルランドの近代犬の歴史と記述』（*A History and Description of the Modern Dogs of Great Britain and Ireland*）……115, 124, 126, 144, 213
「リーシュすなわちコーシングの規則集」（'A Code of Rules of the Leash or Coursing'）……177
リストーラー（取り戻し人）（restorer）……121
リチャーズ，アン（Ann Richards）……181
リチャード二世（Richard II）……173
リットン，ジュディス・ネヴィル（Judith Neville Lytton）……123, 124, 134-136, 144
『トイ・ドッグとその祖先』（*Toy Dogs and their Ancestors*）……123, 134, 136, 144
立派な人たち（respectable people）……25, 76, 77, 80, 87, 116, 118, 122, 134, 149, 160
リトヴォ，ハリエット（Harriet Ritvo）……76, 127, 241, 242, 244
『階級としての動物』（*The Animal Estate*）……76
リドリー，ジェイン（Jane Ridley）……201
『フォックス・ハンティング』（*Fox Hunting*）……201
リーパ，チェザーレ（Cesare Ripa）……100
『イコノロギア』（*Iconologia*）……100
リーランド，ジョン（John Leland）……174
『旅行記』（*Itinerary*）……174
リリー，ジョン（John Lyly）……36, 111
『ユーフュイーズと彼のイングランド』（*Euphues and his England*）……36, 111
林野法（Forest Laws）……172
「ルール・ブリタニア」（'Rule, Britannia!'）……235, 255
レイナム，ロバート（Robert Laneham）……40
レイノルズ，ジョシュア（Joshua Reynolds）……103
『ボールズ嬢と愛犬のスパニエル』（*Miss Bowles and her Spaniel*）……103
レーン，チャールズ・ヘンリー（Charles Henry Lane）……133, 136
『ドッグ・ショーと愛犬家』（*Dog Shows and Doggy People*）……133, 136
レース・カード（race card）……151-153
レスター伯爵……40　ダドリー参照
『レディーズ・ケネル・ジャーナル』（*Ladies' Kennel Journal*）……136
ローガン，デイヴィッド（David Loggan）……111
ロック，ジョン（John Locke）……10
『教育論』（*Some Thoughts concerning Education*）……10
ローランドソン，トマス（Thomas Rowlandson）……57, 230, 257, 258
「女主人と勘定書のことで言い争うシンタックス博士」（'Dr Syntax Disputing his Bill with his Landlady'）……257

ワ　行

索　引

『狩りの風景』（*Hunting Scene*）··········230
「シンタックスの葬式」（'The Funeral of Syntax'）··········257
「シンタックス博士と村の娯楽」（'Dr Syntax and Rural Sports'）··········257
「旅の出来事を読み聞かせるシンタックス博士」（'Dr Syntax Reading his Tour'）······257
「厨房での気晴らしに加わるクウィー・ジーナス」（'Quae Genus in the Sports of the Kitchen'）··········257
『ドッグ・ファイティング』（*Dog-Fighting*）··········57, 58
「湖をスケッチするシンタックス博士」（'Dr Syntax Sketching the Lake'）··········257
ローレンス，クリス（Chris Laurence）··········32
ローレンス，ジョン（John Lawrence）··········16
ロングリッグ，ロジャー（Roger Longrigg）··········201
『フォックス・ハンティングの歴史』（*The History of Foxhunting*）··········201
ロンドン首都警察（Metropolitan Police）··········23
ロンドン動物園（London Zoo）··········78
『ロンドンにおける生活と労働の新調査』（*The New Survey of London Life and Labour*）···162
ロンドン万国博覧会（The Great Exhibition）··········126, 140, 141, 245, 246

ワイルド，オスカー（Oscar Wilde）··········214
ワシントン，ジョージ（George Washington）··········208
ワーズワス，ウィリアム（William Wordsworth）··········14
「鹿跳びの泉」（'Hart-Leap Well'）··········14
ワーボイズ，マイケル（Michael Worboys）··········75　ペンバートン参照

参考文献

新聞・雑誌記事，テレビ放送番組などについては本文中に掲載号および放送年月日を記し，本蘭における書誌事項の記載は省略した。また，入手および閲覧が容易な一般的な辞書や事典，文学作品等の書誌事項も省略した。

1. 英語文献（アルファベット順）

〈犬と犬文化に関する書物〉

Barnes, Julia, ed. *The Daily Mirror Greyhound Fact File for Britain and Ireland*. Ringpress Books, 1988.

Beckford, Peter. *Thoughts on Hunting*. 1781; rpt. J. A. Allen & Co. Ltd., 1981.

Berners, Dame Juliana. *The Boke of Saint Albans*. 1486; rpt. Elliot Stock, 1899.

Billett, Michael. *A History of English Country Sports*. Robert Hale Limited, 1994.

Bovill, E. W. *The England of Nimrod and Surtees 1815-1854*. Oxford Univ. Press, 1959.

Bowron, Edgar Peters and Others, eds. *Best in Show: The Dog in Art from the Renaissance to Today*. Yale Univ. Press, 2006.

Brown, Antony. *Who Cares for Animals? 150 Years of the RSPCA*. Heinemann, 1974.

Brown, Les. *Cruelty to Animals: The Moral Debt*. The Macmillan Press Ltd., 1988.

Bulliet, Richard W. *Hunters, Herders, and Hamburgers*. 1893; rpt. Columbia Univ. Press, 2005.

Caius, Johannes. *Of Englishe Dogges*. London, 1576.

Carr, Raymond. *English Fox Hunting: A History*. Weidenfeld and Nicolson, 1976.

Carr, Sara and Raymond. *Fox-Hunting*. Oxford Univ. Press, 1982.

Casey, Patricia. *One Day at Wood Green Animal Shelter*. Walker Books, 2001.

Clayton, Michael. *Endangered Species: Foxhunting – the History, the Passion*

and the Fight for Survival. Swan Hill Press, 2004.

———, ed. *The Glorious Chase: A Celebration of Foxhunting*. Swan Hill Press, 2005.

Cox, Nicholas. *The Gentleman's Recreation*. 1674; rpt. London, 1686.

Cuming, E. D., introd. *A Fox-Hunting Anthology: Selections from the Writers of the 18th, 19th and 20th Centuries*. Cassell and Company, 1928.

Daniel, William B. *Rural Sports*, 4 vols. Longman, Hurst, Rees & Orme, 1807–13.

Davies, C. J. *The Kennel Handbook*. John Lane, 1905.

Daws, Judith. *Pet Owner's Guide to the Bulldog*. Ringpress Books, 2000.

De Levie, Dagobert. *The Modern Idea of the Prevention of Cruelty to Animals and its Reflection in English Poetry*. S. F. Vanni, 1947.

Dixon, William Scarth. *Fox-Hunting in the Twentieth Century*. Hurst & Blackett Ltd., 1997.

Duke of Beaufort. *Fox-Hunting*. David & Charles, 1980.

Edward of Norwich. *The Master of Game* ed. by William A. and F. N. Baillie-Grohman. 1909; rpt. Univ. of Pennsylvania Press, 2005.

Egan, Pierce. *Sporting Anecdotes*. Sherwood, Neely, and Jones, 1820.

Fairholme, Edward G. and Wellesley Pain. *A Century of Work for Animals: The History of the R. S. P. C. A., 1824–1934*. 1924; rpt. John Murray, 1934.

Fawcett, William. *Fox-Hunting*. Philip Allan, 1936.

Fiennes, Richard & Alice. *The Natural History of the Dog*. Weidenfeld and Nicolson, 1968.

Fitz-Barnard, Capt. L. *Fighting Sports*. Triplegate Ltd., 1983.

Fleig, Dr. Dieter. *The History of Fighting Dogs* trans. by William Charlton. T. F. H. Publications, Inc., 1996.

Frain, Seán. *Fox Control*. Swan Hill Press, 2006.

Francione, Gary L. *Animals as Persons: Essays on the Abolition of Animal Exploitation*. Columbia Univ. Press, 2008.

Frederick, Charles and Others. *Fox-Hunting* (The Landsdale Library, Vol.7). Seeley, Service & Co. Ltd., 1930.

Garner, Robert. *Animals, Politics and Morality*. 1993; rpt. Manchester Univ. Press, 2004.

Genders, Roy. *The Greyhound and Greyhound Racing: A History of the Greyhound in Britain from Earliest Times to the Present Day*. Sporting Handbooks Ltd., 1975.

Gilmore, Danny. *The Complete Staffordshire Bull Terrier*. Ringpress Books Ltd., 1994.

Godden, Rumer. *The Butterfly Lions: The History of the Pekingese in History, Legend and Art*. Macmillan, 1977.

Goodman, Jack, ed. *The Fireside Book of Dog Stories*. Simon and Schuster, 1943.

Green, Miranda. *Animals in Celtic Life and Myth*. Routledge, 1992.

Grenier, Roger. *The Difficulty of Being a Dog* trans. by Alice Kaplan. 1998; rpt. Univ. of Chicago Press, 2000.

Griffin, Emma. *Blood Sport: Hunting in Britain since 1066*. Yale Univ. Press, 2007.

———. *England's Revelry: A History of Popular Sports and Pastimes 1660-1830*. Oxford Univ. Press, 2005.

Grossman, Loyd. *The Dog's Tale: A History of Man's Best Friend*. BBC Books, 1993.

Hackwood, Frederick W. *Old English Sports*. T. F. Unwin, 1907.

Harwood, Dix. *Love for Animals and How It Developed in Great Britain* ed. by Rod Preece and David Fraser. The Edwin Mellen Press, 2002.

Hausman, Gerald and Loretta. *The Mythology of Dogs*. St. Martin's Griffin, 1997.

Hawtree, Christopher, ed. *The Literary Companion to Dogs*. Sinclair-Stevenson, 1993.

Henricks, Thomas S. *Disputed Pleasures: Sport and Society in Preindustrial England*. Greenwood Press, 1991.

Herriot, James. *James Herriot's Dog Stories*. 1972; rpt. St. Martin's Paperbacks, 1986.

———. *James Herriot's Favourite Dog Stories* illust. by Lesley Holmes. 1995; rpt. Michael Joseph, 1998.

Higginson, A. Henry. *"The Meynell of the West": A Biography of James John Farquharson*. Collins, 1936.

Hobbs, Jonathan, ed. *Greyhound Annual 2008*. Raceform, 2007.

Homan, Mike. *A Complete History of Fighting Dogs*. Howell Book House, 1999.

Hubbard, Clifford L. B. *An Introduction to the Literature of British Dogs: Five Centuries of Illustrated Dog Books*. Ponterwyd, 1949.

Itzkowitz, David C. *Peculiar Privilege: A History of English Foxhunting 1753-1885*. The Harvester Press, 1977.

Jaquet, Edward William. *The Kennel Club: A History and Record of its Work*. Kennel Gazette, 1905.

Jenkins, Garry. *A Home of their Own: The Heart-Warming 150-Year History of Battersea Dogs & Cats Home*. Bantam Press, 2010.

Jenkins, Roberts & Ken Mollett. *The Story of the Real Bulldog*. T. F. H. Publications, 1997.

Jesse, Edward. *Anecdotes of Dogs*. Henry G. Bohn, 1858.

Jesse, George R. *Researches into the History of the British Dog*, 2 vols. Robert Hardwicke, 1866.

Johns, Catherine. *Dogs: History・Myth・Art*. The British Museum Press, 2008.

Jones, E. Gwynne. *A Bibliography of the Dog: Books Published in the English Language 1570-1965*. The Library Association, 1971.

Lane, Charles Henry. *Dog Shows and Doggy People*. Hutchinson & Co., 1902.

Lee, Rawdon B. *A History and Description of the Modern Dogs of Great Britain and Ireland (Non-Sporting Division)*. Horace Cox, 1894.

———. *A History and Description of the Modern Dogs of Great Britain and Ireland (Sporting Division)*. Horace Cox, 1893.

———. *A History and Description of the Modern Dogs of Great Britain and Ireland (The Terriers)*. Horace Cox, 1894.

Leonard Maynard, ed. *The Dog in British Poetry*. David Nutt, 1893.

Longrigg, Roger. *The History of Foxhunting*. Clarkson N. Potter, Inc., 1975.

Lorenz, Konrad. *Man Meets Dog* trans. by Marjorie Kerr Wilson. 1954; rpt. Routledge, 2002.

Ludwig, Gerd and Sharon Vanderlip. *1000 Dog Names from A to Z*. Barron's, 2005.

Lytton, Mrs. Neville. *Toy Dogs and their Ancestors: Including the History and Management of Toy Spaniels, Pekingese, Japanese and Pomeranians*.

Duckworth & Co., 1911.
MacDonogh, Katharine. *Reigning Cats and Dogs.* Fourth Estate, 1999.
Manning, Roger B. *Hunters and Poachers: A Cultural and Social History of Unlawful Hunting in England 1485-1640.* Clarendon Press, Oxford, 1993.
McNeill, C. F. P. *The Unwritten Laws of Fox-Hunting.* Vinton & Co. Ltd., 1911.
Meeks, Trevor. *Foxhunting: A Celebration in Photographs.* Andre Deutsch, 2005.
Metcalf, Mark. *The Rich at Play.* RPM Publications, 2002.
Mitchell, Vanessa, ed. *Best-Loved Dog Stories.* A Reader's Digest Book, 1998.
Monopolies and Mergers Commission. *Greyhound Racing: A Report on the Supply in Great Britain of the Services of Managing Greyhound Tracks.* Her Majesty's Stationary Office, 1986.
Morris, Desmond. *Dogs: The Ultimate Dictionary of Over 1,000 Dog Breeds.* Ebury Press, 2001.
———. *Dogwatching.* 1986; rpt. Crown Publishers, 1987.
Nevill, Ralph. *Old Sporting Prints.* The Connoisseur Magazine, 1908.
NGRC and Roy Genders. *The National Greyhound Racing Club Book of Greyhound Racing: The Complete History of the Sport.* 1981; rpt. Pelham Books, 1990.
Noakes, Aubrey. *Sportsmen in a Landscape.* J. B. Lippincott Company, 1954.
———. *The World of Henry Alken.* H. F. & G. Witherby Ltd., 1952.
Ouida. *Dogs.* Simpkin, Marshall, Hamilton, Kent and Co. Ltd., 1897
Pearce, Frank. *The Kennel Club Calendar and Stud Book,* Vol. 3. The Kennel Club, 1876.
Pemberton, Neil and Michael Worboys. *Mad Dogs and Englishmen: Rabies in Britain, 1830-2000.* Palgrave Macmillan, 2007.
Petts, Leonard, ed. *The Histroy of 'Nipper' and the 'His Master's Voice' Picture Painted by Francis Barraud.* 1973; rpt. Manor Press, 1997.
Phillips, A. A. & M. M. Willcock, eds. *Xenophon & Arrian on Hunting.* Aris and Phillips Ltd., 1999.
Pickeral, Tamsin. *The Dog: 5000 Years of the Dog in Art.* Merrell Publications, 2008.

Radford, Mike. *Animal Welfare Law in Britain: Regulation and Responsibility*. 2001; rpt. Oxford Univ. Press, 2005.

Ridley, Jane. *Fox Hunting*. Williams Collins Sons & Co. Ltd., 1990.

Ritvo, Harriet. *The Animal Estate: The English and Other Creatures in the Victorian Age*. 1987; rpt. Penguin Books, 1990.

Robards, Hugh J. *Foxhunting in England, Ireland and North America*. The Derrydale Press, 2000.

Rogers, Katharine M. *First Friend: A History of Dogs and Humans*. St. Martin's Press, 2005.

Rooney, Anne. *Hunting in Middle English Literature*. The Boydell Press, 1993.

Rubin, James H. *Impressionist Cats & Dogs: Pets in the Painting of Modern Life*. Yale Univ. Press, 2003.

Sassoon, Siegfried. *Memoirs of a Fox-Hunting Man*. 1928; rpt. Faber and Faber, 1975.

Schmitt, Jean-Claude. *The Holy Greyhound: Guinefort, Healer of Children since the Thirteenth Century*. 1979; rpt. Cambridge Univ. Press, 2009.

Secord, William. *Dog Painting 1840–1940: A Social History of the Dog in Art*. 1992; rpt. the Antique Collectors' Club Ltd., 2002.

Singer, Peter. *Animal Liberation*. 1975; rpt. Ecco, 2002.

Smith, A. Croxton. *British Dogs*. 1945; rpt. Collins, 1946.

———. *Dogs since 1900*. Andrew Dakers Limited, 1950.

Smith, F. D. and Barbara Wilcox. *Sold for Two Farthings: Being the Views of Country Folk on Cruelty to Animals*. James Barrie, 1950.

Strutt, Joseph. *The Sports and Pastimes of the People of England*. 1801; rpt. Methuen, 1903.

Tanner, Michael. *The Legend of Mick the Miller: Sporting Icon of the Depression*. Highdown, 2003.

Taylor, Joseph. *The General Character of the Dog*. Darton and Harvey, 1804.

———. *Canine Gratitude; A Collection of Anecdotes of Dogs*. Dewick and Clarke, 1806.

Terhune, Albert Payson. *The Best-Loved Dog Stories of Albert Payson Terhune*. 1937; rpt. The American Reprint Company, 1978.

Thomas, Joseph B. *Hounds and Hunting through the Ages.* The Derrydale Press, 1928.

Thomas, Keith. *Man and the Natural World: Changing Attitudes in England 1500–1800.* 1983; rpt. Penguin Books, 1984.

Thompson, Laura. *The Dogs: A Personal History of Greyhound Racing.* Chatto and Windus, 1994.

Tuan, Yi-Fu. *Dominance and Affection: The Making of Pets.* Yale Univ. Press, 1984.

Turberville, George. *The Noble Arte of Venerie or Hunting.* 1576; rpt. Oxford Univ. Press, 1908.

Turner, James. *Reckoning with the Beast: Animals, Pain and Humanity in the Victorian Mind.* The Johns Hopkins Univ. Press, 1980.

Vesey-Fitzgerald, Brian, ed. *The Book of the Dog.* Nicholson & Watson, 1948.

Wallace, Ronnie. *A Manual of Foxhunting* ed. by Michael Clayton. Swan Hill Press, 2003.

Walsh, John Henry. *The Dogs of the British Islands.* 1867; rpt. Horace Cox, 1882.

———. *The Greyhound in 1864.* Longman, Green, Longman, Roberts, & Gren, 1864.

———. *The Dog: Its Varieties and Management in Health* with *Its Diseases and their Treatment* by George Armatage. Frederick Warne and Co., 1895.

Watson, Frederick. *Fox Hunting: A Century Ago.* David Rowlands, 1929.

Watson, John. *Poachers and Poaching.* Chapman and Hall Limited, 1891.

Whitbread & Co. Ltd., ed. *Inns of Sport.* Whitbread & Co. Ltd., 1949.

Wynn, M. B. *The History of the Mastiff.* Melton Mowbray, 1886.

〈その他の書物〉

Ashton, John. *The History of Gambling in England.* Duckworth & Company, 1899.

Atherton, Herbert M. *Political Prints in the Age of Hogarth: A Study of the Ideagraphic Representation of Politics.* Oxford Univ. Press, 1974.

Bailey, Peter. *Leisure and Class in Victorian England: Rational Recreation and the Contest for Control, 1830–1885.* 1978; rpt. Methuen, 1987.

Bain, Iain, ed. *The Watercolours and Drawings of Thomas Bewick and his Workshop Apprentices*, 2 vols. The MIT Press, 1981.

Beckford, William. *The Journal of William Beckford in Portugal and Spain 1787-1788* ed. by Boyd Alexander. Rupert Hart-Davis, 1954.

Bell, Thomas. *The History of Improved Short-Horn or Durham Cattle*. Robert Redpath, North of England Farmer Office, 1871.

Blake, William. *Complete Writings*. ed. by Geoffrey Keynes, 1959; rpt. Oxford Univ. Press, 1972.

Boulton, William B. *The Amusements of Old London*. 1901; rpt. Frederick Muller Ltd., 1971.

Brailsford, Dennis. *British Sport: A Social History*. The Lutterworth Press, 1992.

Bury, Edward. *The Husbandmans Companion*. London, 1677.

Butler, Samuel. *Hudibras*. D. Appleton & Company, 1856.

Cantor, Norman F. and Michael S. Werthman, eds. *The History of Popular Culture*. The Macmillan Company, 1968.

Chanceller, E. Beresford. *The Pleasure Haunts of London during Four Centuries*. Constable & Company Ltd., 1925.

Clutton-Brock, Juliet. A Natural History of Domesticated Animals. 1987; rpt. Cambridge Univ. Press, 1999.

Coleridge, Samuel Taylor. *The Complete Poems* ed. by William Keach. Penguin Books, 1997.

Colley, Linda. *Britons: Forging the Nation 1707-1837*. Yale Univ. Press, 1992.

Combe, William. *The Tour of Doctor Syntax in Search of the Picturesque*. 1817, rpt. Methuen & Co., 1903.

———. *The Second Tour of Doctor Syntax in Search of Consolation*. 1820, rpt. Methuen & Co., 1903.

———. *The Third Tour of Doctor Syntax in Search of a Wife*. 1821, rpt. Methuen & Co., 1903.

———. *The History of Johnny Quae Genus: The Little Foundling of the Late Doctor Syntax*. 1822, rpt. Methuen & Co., 1903.

Cooper, Jilly. *Class*. 1979; rpt. Corgi Books, 1999.

Cowper, William. *The Poetical Works of William Cowper*, Vol. 3. William Pickering, 1830.

Cox, Richard, Grant Jarvie and Wray Vamplew, eds. *Encyclopedia of British Sport*. ABC-CLIO, 2000.

Darton, F. J. Harvey. *Children's Books in England*. 1932; rpt. Cambridge Univ. Press, 1966.

Dent, Anthony. *Lost Beasts of Britain*. Harrap, 1974.

Downes, D. M. and Others. *Gambling, Work and Leisure: A Study across Three Areas*. Routledge & Kegan Paul, 1976.

Ebbatson, Roger. *An Imaginary England: Nation, Landscape and Literature, 1840–1920*. Ashgate, 2005.

Eden, Frederic Morton. *The State of the Poor: An History of the Labouring Classes in England*. 1797; rpt. Thoemmes Press, 1994.

Egan, Pierce. *Sporting Anecdotes*. Sherwood, Neely, and Jones, 1820.

Elias, Norbert and Eric Dunning. *Quest for Excitement: Sport and Leisure in the Civilizing Process*. Basil Blackwell, 1986.

Eliot, T. S. *Notes Towards the Definition of Culture*. Faber and Faber Limited, 1948.

Empson, William *The Structure of Complex Words*. 1951; rpt. Chatto and Windus, 1969.

Evelyn, John. *The Diary of John Evelyn* ed. by William Bray. M. Walter Dunne, 1901.

Fitz Stephen, William. *Norman London*. Italica Press, 1990.

Gascoign, Bamber, ed. *Encyclopedia of Britain*. 1993; rpt. Macmillan Press, 1994.

Gay, John. *Poems by John Gay* introd. by Francis Bickley. Simkin, Marshall, Kent & Co. Ltd., 1910.

George, M. Dorothy. *English Political Caricature to 1792: A Study of Opinion and Propaganda*. Oxford Univ. Press, 1959.

Gervais, David. *Literary England: Visions of 'Englishness' in Modern Writing*. Cambridge Univ. Press, 1993.

Golby, J. M. & A. W. Purdue. *The Civilization of the Crowd: Popular Culture in England 1750–1900*. Schocken Books, 1985.

Green, Mary Anne Everett, ed. *Calendar of State Papers, Domestic Series, of the Reign of Elizabeth, 1598-1601*. Longmans, Green, and Co., 1869.

Hale, Matthew. *A Letter of Advice to the Grandchildren*. Wells and Lilly, 1817.

Hallett, Mark. *Hogarth*. Phaidon Press Limited, 2000.

Hankins, John Erskine. *The Life and Work of George Turberville*. Univ. of Kansas, 1940.

Hargreaves, John. *Sport, Power and Culture*. 1986; rpt. Polity Press, 1998.

Harrison, William. *The Description of England: The Classic Contemporary Account of Tudor Social Life*. Dover Publications, 1994.

Hentzner, Paul. *A Journey into England*. Strawberry-Hill, 1757.

Hogarth, William. *Anecdotes of William Hogarth Written by Himself*. J. B. Nichols and Son, 1833.

Hoggart, Richard. *The Uses of Literacy*. 1957; rpt. Transaction Publishers, 2004.

Holt, Richard. *Sport and the British: A Modern History*. 1989; rpt. Oxford Univ. Press, 1992.

Hone, William. *The Every-Day Book and Table Book*. London, 1825.

Jones, Stephen G. *Sport, Politics and the Working Class: Organized Labour and Sport in Interwar Britain*. 1988; rpt. Manchester Univ. Press, 1992.

Landry, Donna. *The Invention of the Countryside: Hunting, Walking and Ecology in English Literature, 1671-1831*. Palgrave, 2001.

Laneham, Robert. *Robert Laneham's Letter: Describing a Part of the Entertainment unto Queen Elizabeth at the Castle of Kenilworth in 1575* ed. by F. J. Furnivall. Chatto and Windus, 1907.

Lawrence, John. *The Horse in All his Varieties and Uses*. M. Arnold, 1829.

———. *The New Farmer's Calendar*. C. Whittingham, 1800.

Lily, William. *Antibossicon*. Pynson, 1520.

Locke, John. *Some Thoughts Concerning Education*. 1693; rpt. Cambridge Univ. Press, 1889.

London School of Economics. *The New Survey of London Life & Labour*. P. S. King, 1930.

Lucas, John. *England and Englishness: Ideas of Nationhood in English Poetry 1688-1900*. The Hogarth Press, 1990.

Lyly, John. *The Complete Works of John Lyly*, Vol. 2 ed. by R. Warwick Bond. 1902; rpt. Oxford Univ. Press, 1967.

Lynam, Shevawn. *Humanity Dick: A Biography of Richard Martin, M. P. 1754-1834*. Hamish Hamilton, 1975.

Malcolmson, Robert W. *Life and Labour in England 1700-1780*. St. Martin's Press, 1981.

———. *Popular Recreations in English Society 1700-1850*. Cambridge Univ. Press, 1973.

Mayhew, Henry. *London Labour and the London Poor*, 2 vols. Griffin, Bohn, and Company, 1861.

McKechnie, Samuel. *Popular Entertainments through the Ages*. Sampson Low, 1931.

Misson, *M.* M. *Misson's Memoirs and Observations in his Travels over England* trans. by Mr. Ozell. London, 1719.

More, Thomas. *Utopia* trans. by Paul Tuner. Penguin Books, 1965.

Moryson, Fynes. *An Itinerary*. James MacLehose and Sons, 1908.

Muralt, Mr. *Letters Describing the Character and Customs of the English and French Nations*. London, 1726.

Musset, Lucien. *The Bayeux Tapestry*. Woodbridge Boydell Press, 2005.

Nevinson, H. W. *The English*. 1929; rpt. George Routledge & Sons, Ltd., 1930.

Ortelius, Abraham. *An Epitome of the Theatre of the World*. J. Norton, 1601.

Orwell, George. *The English People*. Collins, 1947.

———. *The Collected Essays, Journalism and Letters of George Orwell*, Vol. 2 ed. by Sonia Orwell and Ian Angus. 1958; rpt. Penguin Books, 1970.

Paulson, Renald. *Popular and Polite Art in the Age of Hogarth & Fielding*. Univ. of Notre Dame Press, 1979.

Pepys, Samuel. *The Diary of Samuel Pepys* ed. by Robert Latham and William Matthews. 1995; rpt. Harper Collins, 2000.

Pliny, the Elder. *Selections from the History of the World Commonly Called Pliny's "Natural History" in Philemon Holland's Translation* ed. by P. Turner. Centaur Press, 1962.

Pool, Daniel. *What Jane Austen Ate and Charles Dickens Knew: From Fox*

Hunting to Whist – the Facts of Daily Life in 19th-Century England. Touchstone, 1993.

Quiller-Couch, Arthur. *Studies in Literature,* Vol. 1. Cambridge Univ. Press, 1924.

Reynolds, Rowland. *The Character of a Town-Miss.* London, 1680.

Ripa, Cesare. *Cesare Ripa: Baroque and Rococo Pictorial Imagery* ed. by Edward A. Maser. Dover Publications, Inc., 1971.

Rogers, Ben. *Beef and Liberty: Roast Beef, John Bull and the English Nation.* Vintage, 2004.

Ruskin, John. *The Works of John Ruskin* ed. by E. T. Cook and Alexander Wedderburn. George Allen, 1903.

Sainsbury, W. Noël, ed. *Calendar of State Papers, Colonial Series, East Indies, China and Japan, 1513-1516.* Longmans, Green, Longman & Roberts, 1862.

Savory, Jerold J. ed. *Thomas Rowlandson's Doctor Syntax Drawings.* Cygnus Arts, 1997.

Shesgreen, Sean, ed. *Engraving by Hogarth.* Dover Publications. 1973.

Smith, Adam. *An Inquiry into the Nature and Causes of the Wealth of Nations.* P. F. Collier & Son Corporation, 1909.

Smith, John. *The General Historie of Virginia, New-England, and Summer Isles.* London, 1632.

Smollett, Tobias. *Travels through France and Italy* ed. by Thomas Seccombe. Oxford Univ. Press, 1907.

Southey, Robert. *Letters of Robert Southey* ed. by Maurice H. Fitzgerald. Oxford Univ. Press, 1912.

Stevenson, John. *British Society 1914-45.* 1984; rpt. Penguin Books, 1990.

Stone, Lilly C. *English Sports and Recreations.* 1960; rpt. The Folger Shakespeare Library, 1979.

Strong, Roy. *Country Life 1897-1997: The English Arcadia.* Country Life Books, 1996.

Thomson, Gladys Scott. *Life in a Noble Household 1641-1700.* Jonathan Cape, 1965.

Thomson, James. *The Seasons* ed. by James Sambrook. Oxford Univ. Press,

1981.

Tilley, Morris Palmer. *A Dictionary of the Proverbs in England in the Sixteenth and Seventeenth Centuries.* 1950; rpt. The Univ. of Michigan Press, 1982.

Trimmer, Mrs. (Sarah). *Fabulous Histories.* T. Bensley, 1788.

Walton, Izaak. *The Compleat Angler* ed. by Jouquill Bevan. Oxford Univ. Press, 1983.

Walvin, James. *Black and White: The Negro and English Society 1555-1945.* Penguin, 1973.

Wiener, Martin J. *English Culture and the Decline of the Industrial Spirit 1850-1980.* 1981; rpt. Penguin Books, 1992.

Woodforde, James. *The Diary of a Country Parson 1758-1802.* 1924-31; rpt. Oxford Univ. Press, 1978.

Wordsworth, William. *The Poetical Works of William Wordsworth,* Vol. 2 ed. by E. De Selincourt. 1944; rpt. Oxford Univ. Press, 1969.

Yoe, Eileen & Stephen, eds. *Popular Culture and Class Conflict 1590-1914: Explorations in the History of Labour and Leisure.* The Harvester Press, 1981.

Young, Thomas. *An Essay on Humanity to Animals.* 1798; rpt. John and Arthur Arch, 1809.

〈論　文〉

Baker, Norman. 'Going to the Dogs – Hostility to Greyhound Racing in Britain: Puritanism, Socialism and Pragmatism,' *Journal of Sport History,* 23, 2 (Summer, 1996), 97-119.

Derr, Mark. 'The Politics of Dogs,' *Atlantic Monthly,* 265 (March, 1990), 49-64.

Harrison, Brian, 'Animals and the State in Nineteenth-Century England,' *English Historical Review,* 88, 349 (1973), 786-820.

MacInnes, Ian. 'Mastiffs and Spaniels: Gender and Nation in the Englsh Dog,' *Textual Practice,* 17, 1 (2003), 21-40.

Scott-Warren, Jason. 'When Theaters Were Bear-Gardens; or, What's at Stake in the Comedy of Humors,' *Shakespeare Quarterly,* 54, 1 (2003), 61-82.

2. 日本語文献（50音順）

〈犬と犬文化に関する書物〉


今泉忠明『イヌの力――愛犬の能力を見直す』平凡社，2000年。

今川勲『犬の現代史』現代書館，1996年。

入江敦彦『恋愛よりお金より犬が大事なイギリス人』洋泉社，2003年。

大石俊一『犬とイギリス人――一つの国民性論』開文社出版，1987年。

小山慶太『犬と人のいる文学史』中央公論社，2009年。

オマラ，レスリー著／堀たか子ほか訳『犬のいい話』心交社，1992年。

グルニエ，ロジェ著／宮下志朗訳『ユリシーズの涙』2000年；みすず書房，2001年。

グレーフェ，彧子『ドイツの犬はなぜ幸せか――犬の権利，人の義務』2000年；中央公論新社，2009年。

小林照幸『ドリームボックス――殺されてゆくペットたち』毎日新聞社，2006年。

佐藤衆介『アニマルウェルフェア――動物の幸せについての科学と論理』東京大学出版会，2005年。

ザハー，ミツコ『パリ犬物語』主婦の友社，1997年。

下田尾誠『イギリス社会と犬文化――階級を中心として』開文社出版，2009年。

シンガー，ピーター著／戸田清訳『動物の解放』技術と人間，1988年。

スキャブランド，アーロン著／本橋哲也訳『犬の帝国――幕末ニッポンから現代まで』岩波書店，2009年。

ターナー，ジェイムズ著／斉藤九一訳『動物への配慮――ヴィクトリア時代精神における動物・痛み・人間性』法政大学出版局，1994年。

谷口研語『犬の日本史――人間とともに歩んだ一万年の物語』PHP 研究所，2000年。

トゥアン，イーフー著／片岡しのぶ・金利光訳『愛と支配の博物誌――ペットの王宮・奇型の庭園』工作舎，1988年。

トーマス，エリザベス著／深町眞理子訳『犬たちの隠された生活』草思社，1995年。

トマス，キース著／山内昶監訳『人間と自然界――近代イギリスにおける自然観の変遷』1989年；法政大学出版局，1991年。

富澤勝『この犬が一番――自分に合った犬と暮らす法』1993年；草思社，1994年。

――――『日本の犬は幸せか』草思社，1997年。

トルムラー，エーベルハルト著／渡部格訳『犬の行動学』中央公論新社，2001年。

成田青央『ペット虐待列島――動物たちの異議申し立て』リベルタ出版，2002年。

ニコル，C・W著／竹内和代訳『C・W・ニコルの「人生は犬で決まる」』小学館，1999年。

林良博ほか編『ペットと社会（人と動物の関係学　第3巻）』岩波書店，2008年。

福田直子『ドイツの犬はなぜ吠えない？』平凡社，2007年。

藤川良朗編訳『犬物語』1992年；白水社，1995年。

松本正代『英国式，犬と人生を豊かに暮らす法』NTT出版，2008年。

モリス，デズモンド著／竹内和代訳『ドッグ・ウォッチング――犬好きのための動物行動学』1987年；平凡社，1991年。

リトヴォ，ハリエット著／三好みゆき訳『階級としての動物――ヴィクトリア時代の英国人と動物たち』国文社，2001年。

ローレンツ，コンラート著／小原秀雄訳『人イヌにあう』早川書房，2009年。


〈その他の書物〉


会田雄次『アーロン収容所――西欧ヒューマニズムの限界』1962年；中央公論社，1967年。

青木人志『動物の比較法文化――動物保護法の日欧比較』有斐閣，2002年。

――――『日本の動物法』東京大学出版会，2009年。

池上俊一『動物裁判――西欧中世・正義のコスモス』講談社，1990年。

池田恵子『前ヴィクトリア時代のスポーツ――ピアス・イーガンの「スポーツの世界」』不昧堂出版，1996年。

石田戢『現代日本人の動物観――動物とのあやしげな関係』ビイング・ネット・プレス，2008年。

ウィーナ，M・J著／原剛訳『英国産業精神の衰退――文化史的接近』1984年；勁草書房，1987年。

エリアス，ノルベルト・ダニング，エリック著／大平章訳『スポーツと文明化――興奮の探求』法政大学出版局，1995年。

エリオット，T・S著／深瀬基寛訳『文化とは何か』1967年；清水弘文堂書房，1968年。

カエサル著／近山金次訳『ガリア戦記』岩波書店，1942年。

クーパー，ジリー著／渡部昇一訳『クラース』サンケイ出版，1984年。

黒岩徹『豊かなイギリス人——ゆとりと反競争の世界』中央公論社，1984年。

小林章夫『賭けとイギリス人』筑摩書房，1995年。

コリー，リンダ著／川北稔監訳『イギリス国民の誕生』名古屋大学出版会，2000年。

鯖田豊之『肉食の思想——ヨーロッパ精神の再発見』1966年；中央公論社，1975年。

シーグフリード，A著／福永英二訳『西欧の精神』1961年；角川書店，1966年。

菅豊編『動物と現代社会（人と動物の日本史3）』吉川弘文館，2009年。

ストラボン著／飯尾都人訳『ギリシャ・ローマ世界地誌』龍渓書舎，1994年。

塚本学『江戸時代人と動物』日本エディタースクール出版部，1995年。

ドゥグラツィア，デヴィッド著／戸田清訳『動物の権利』2003年；岩波書店，2009年。

ネヴィンソン，H・W著／石田憲次・石田泰訳『英国人』1956年；南雲堂，1977年。

根崎光男『生類憐みの世界』同成社，2006年。

福原麟太郎『英学三講』法政大学出版局，1967年。

富士川義之『きまぐれな読書——現代イギリス文学の魅力』みすず書房，2003年。

降旗節雄『イギリス——神話と現実』五月社，1978年。

プール，ダニエル著／片岡信訳『19世紀のロンドンはどんな匂いがしたのだろう』青土社，1997年。

ホガート，リチャード著／香内三郎訳『読み書き能力の効用』1974年；晶文社，1999年。

マーカムソン，ロバート・W著／川島昭夫ほか訳『英国社会の民衆娯楽』平凡社，1993年。

松井良昭『ボクシングはなぜ合法化されたのか——英国スポーツの近代史』平凡社，2007年。

森洋子編著『ホガースの銅版画——英国の世相と風刺』岩崎美術社，1981年。

山内昶『ヒトはなぜペットを食べないか』文藝春秋，2005年。

山下正男『動物と西洋思想』中央公論社，1974年。

〈論文その他〉

川島昭夫「狩猟法と密漁」：村岡健次ほか編『ジェントルマン――その周辺とイギリス近代』1987年；ミネルヴァ書房，1995年所収。

成廣孝「キツネ狩りの政治学――イギリスの動物保護と政治」（イギリス政治研究会発表論文　2004年９月25日　於立命館大学）〈インターネット上公開原稿〉。

松井良明「失われた民衆娯楽――イギリスにおけるアニマル・スポーツの禁圧過程」：有賀郁俊ほか著『スポーツ（近代ヨーロッパの探求８）』ミネルヴァ書房，2002年所収。

図版出典一覧

序　章

図序－1　著者撮影。

図序－2　著者撮影。

図序－3　'Bear-Baiting': Lily. *Antibossicon.*

図序－4　Hogarth. 'The First Stage of Cruelty': Hallett. *Hogarth.* Plate 139.

図序－5　Cruickshank. *Richard Martin, M. P. in Smithfield Market*: Lynam. *Humanity Dick.* p. 158.

第1章

図1－1　'Mastiff, Typical Large English Dog': Homan. *A Complete History of Fighting Dogs.* p. 10.

図1－2　'English Dogs' in a Dutch Print: George. *English Political Caricature to 1792.* Plate 13.

図1－3　*The Gallic Cock and English Lyon*: Atherton. *Political Prints in the Age of Hogarth.* Plate 26.

図1－4　Jones. *The Whipping Post*: Atherton. *Political Prints in the Age of Hogarth.* Plate 12.

図1－5　'John Bull Guards his Pudding': *Punch.* December 31, 1859.

図1－6　'Invasion, Indeed!': *Punch.* November 12, 1859.

図1－7　Alken. *Bull Baiting*: Fleig. *The History of Fighting Dogs.* p. 74.

図1－8　*Trusty*: Homan. *A Complete History of Fighting Dogs.* p. 65.

図1－9　Rowlandson. *Dog-Fighting*: Grossman. *The Dog's Tale.* p.158.

図1－10　Charlton. *Wasp, Child and Billy*: Homan. *A Complete History of Fighting Dogs.* p. 64.

図1－11　Alken. *Dog Fight in the Street*: Fleig. *The History of Fighting Dogs.* p. 89.

図1－12　'Family Group with Staffordshire Bull Terrier and Pup': Homan. *A*

Complete History of Fighting Dogs. p. 88.
図1-13 'Capture of a Gang of Dog Fighters in General Lane'. *The Illustrated Police News*, January 19, 1867: Homan. *A Complete History of Fighting Dogs*. p. 79.
図1-14 Busby. *Mad Dog*: Pickeral. *The Dog*. p. 16.
図1-15 Heath. *Hydrophobia*: Pemberton and Worboys. *Mad Dogs and Englishmen*. p. 35.
図1-16 Post Card of 'Girls in Terror of Wild Dogs': Homan. *A Complete History of Fighting Dogs*. p. 100.

第2章

図2-1 Edwards. 'The Bull Dog' in *Cynographia Britannica*: Secord. *Dog Painting 1840-1940*. Plate 63.
図2-2 Van Dyck. *The Three Eldest Children of Charles I*: Secord. *Dog Painting 1840-1940*. Plate 41.
図2-3 Hogarth. *The Strode Family*: Hallett. *Hogarth*. Plate 30.
図2-4 Hogarth. *The Painter and his Pug*: Hallett. *Hogarth*. Plate 100.
図2-5 Reynolds. *Miss Bowles and her Spaniel*: Smith. *British Dogs*. p. 42.
図2-6 Landseer. *Windsor Castle in Modern Times*: Secord. *Dog Painting 1840-1940*. Plate 202.
図2-7 Landseer. *The Old Shepherd's Chief Mourner*: Pickeral, *The Dog*. p. 223.
図2-8 Barraud. Reproduction of *His Master's Voice*: Pickeral. *The Dog*. p. 23.
図2-9 Ansdell. *Buy a Dog, Ma'am?* : Secord. *Dog Painting 1840-1940*. Colour Plate 114.
図2-10 Earl. *The Field Trial Meeting*: Secord. *Dog Painting 1840-1940*. Colour Plate 50.
図2-11 Marshall. *An Early Canine Meeting*: Secord. *Dog Painting 1840-1940*. Colour Plate 77.
図2-12 'Dog Shows As They Would Be in an Anarchical State': Lytton, *Toy Dogs and their Ancestors*. p. 282.
図2-13 'Dog Fashions for 1889': *Punch*. January 26, 1889.

第3章

図3-1 'Taking the Bend': NGRC and Genders. *The National Greyhound Racing Club Book of Greyhound Racing*. Between p. 246 and p. 247.

図3-2 'Greyhound Race Card': Thompson. *The Dogs*. p. 23.

図3-3 'Miners and their Greyhounds': Holt. *Sport and the British*. Plate 15.

図3-4 'Mick the Miller': By Courtesy of Brendan Berry.

図3-5 'Trev's Perfection, Pictured with Owner Fred Trevillion and Film Star Patricia Roc': NGRC and Genders. *The National Greyhound Racing Club Book of Greyhound Racing*. Betwen p. 246 and p. 247.

図3-6 'Bronze Figure of a Deer-Hound from the Third Century AD Shrine of the Healer-God Nodens at Lydney': Green. *Animals in Celtic Life and Myth*. Figure 8. 2.

図3-7 'Greyhounds in *The Bayyeux Tapestry*': Musset. *The Bayyeux Tapestry*. p. 90.

図3-8 'Greyhound in *The Master of Game*': Edward of Norwich. *The Master of Game*. Between p. 126 and p. 127.

図3-9 'Harehunting about 1680': Longrigg. *The History of Foxhunting*. p. 66.

図3-10 Marshall. *Hare-Coursing in a Landscape*: Pickeral. *The Dog*. p. 178.

第4章

図4-1 Alken. *The Kill*: Itzkowitz. *Peculiar Privilage*. Between p. 120 and p. 121.

図4-2 'Hunting': Strutt. *The Sports and Pastimes of the People of England*. Between p. 2 and p. 3.

図4-3 'A Seventeenth Century Fox Hunt': Car. *English Fox Hunting*. Plate 1.

図4-4 Seymour. *Full-Cry*: Itzkowitz. *Peculiar Privilage*. Between p. 120 and p. 121.

図4-5 'A Pack of Fox Hounds Passing through the Red Sea on their Way to India': Car. *English Fox Hunting*. Plate 20.

図4-6 'Mr. Briggs Has Another Glorious Day with the Hounds, and Gets the Brush': *Punch*. Vol. 18 (1850).

図4-7 'Mr. Briggs Has Another Day with the Hounds': *Punch*. Vol. 18 (1850).

図4－8　Rowlandson. *Hunting Scene*: Itzkowitz. *Peculiar Privilage*. Between p. 120 and p. 121.

終　章

図終－1　'Dog Map of the World': Goodman. *The Fireside Book of Dog Stories*. The Cover Jacket.

図終－2　'Map of the World: British Empire in 1886': Gascoign. *Encyclopedia of Britain*. p. 90.

図終－3　'A Prospecte of ye Zoological Societye－its Gardens': *Punch*. November 19, 1849.

図終－4　'The Happy Family in Hyde Park': *Punch*. July 19, 1851.

図終－5　'How Does He Like This?': *Punch*. October 26, 1889.

図終－6　Rowlandson. 'Dr Syntax Reading his Tour': Combe. *The Tour of Dr Syntax in Search of the Picturesque*. Between p. 174 and p. 175.